四川理工学院人才引进项目"晚明休闲审美意识研究"

项目编号： 2017RCSK12

明代

中晚期的
休闲审美思想

李玉芝 著

中国社会科学出版社

图书在版编目(CIP)数据

明代中晚期的休闲审美思想/李玉芝著. —北京：中国社会科学
出版社，2021.10
ISBN 978 - 7 - 5203 - 9143 - 6

Ⅰ.①明…　Ⅱ.①李…　Ⅲ.①闲暇社会学—美学—研究—中国
—明代　Ⅳ.①B834.4 - 092

中国版本图书馆 CIP 数据核字(2021)第 187309 号

出 版 人	赵剑英
责任编辑	郭晓鸿
特约编辑	杜若佳
责任校对	师敏革
责任印制	戴 宽

出　　版	中国社会科学出版社
社　　址	北京鼓楼西大街甲 158 号
邮　　编	100720
网　　址	http://www.csspw.cn
发 行 部	010 - 84083685
门 市 部	010 - 84029450
经　　销	新华书店及其他书店

印　　刷	北京明恒达印务有限公司
装　　订	廊坊市广阳区广增装订厂
版　　次	2021 年 10 月第 1 版
印　　次	2021 年 10 月第 1 次印刷

开　　本	710×1000　1/16
印　　张	17.75
插　　页	2
字　　数	215 千字
定　　价	99.00 元

目　　录

绪　　论

一　研究的对象和意义

本文是以明代中晚期为研究时段，从明代中晚期的休闲文化生活切入，研究休闲文化发展中的审美意识。明代中晚期是休闲文化实践大发展的时期。经过明代前期的沉寂后，明代中晚期休闲文化无论是在参与上还是在艺术创作实践上都可以说进入了一个全新的阶段。这一时期的审美趣味出现了很大的变化，在审美文化①发展的深度和广度上都达到了前所未有的程度。明代中晚

---

①　关于审美文化，不同的学者有着不同的定义。叶朗指出，"审美文化是审美社会学的核心范畴，所谓审美文化是指人类审美活动的物化产品、观念体系和行为方式的总和"（参见叶朗《现代美学体系》，北京大学出版社 1989 年版，第 259 页）；聂振斌指出，审美文化是人类文化发展的高级阶段，是当代文化的产物，是艺术和审美原则对文化和社会生活领域的渗透（参见聂振斌《艺术化生存——中西审美文化比较》，四川人民出版社 1997 年版，第 530 页）；朱立元指出，审美文化广义上的理解是指一切具有审美特性和价值的文化，狭义的审美文化是指当代文化尤其是专指大众文化（参见朱立元《"审美文化"概念小议》，《浙江学刊》1997 年第 5 期）；马宏柏支持将审美文化视为当代文化，在文化形态意义上，直接可用来专指大众文化（参见马宏柏《审美文化与美学史学术讨论会综述》，《哲学动态》1997 年第 6 期）；姚文放、张晶等学者都倾向于对审美文化的狭义理解，认为审美文化应该放在当代文化背景下进行研究。本文对审美文化的理解主要是将审美文化放在更为宽泛的意义上，审美文化是关于审美的文化，其内涵和外延十分广泛，既包括具有审美意义和价值的文化产品和文化活动本身，也包括审美活动中体现出来的精神文化意识，即一个社会的审美意识，包含审美趣味、审美理想和审美标准等。休闲文化是审美文化的具体体现，本文重点在于从审美意识的角度考察明代中晚期的休闲文化活动。

期休闲文化及其审美意识研究，是从审美文化的角度对明代中晚期休闲文化展开研究，这是一个牵涉广泛的课题，对明代中晚期文化和美学研究有深化价值的作用。对于审美意识的研究在中国古代美学史的学理性构建中正在逐渐得到重视。李泽厚主编的《中国美学史》提出："我们民族审美意识的丰富无比的内容，很大一部分并未反映和提升到美学理论的高度。……如果用广义的方式研究，既可以不受各个时代的美学理论的局限，对我们民族审美意识的孕育、产生、形成和发展的全貌加以详尽的阐述，又可以把那些还没有升华为美学理论的宝贵经验加以整理和总结。"① 蒋孔阳同样主张要重视在美学研究中对审美意识的研究，他指出："中国古代虽然没有美学这门专门化的学科，但却具有丰富的审美意识和美学思想，它们分别表现在哲学思想、文物器用以及文学艺术等当中。比较起来，文学艺术又最为集中地反映了中国古代的审美意识和美学思想。"②

（一）关于明代中晚期这个研究时段的确定

本文在时间段上选择中晚明这个历史时段，具体将明代中期定位在正德初（1506 年）到嘉靖末（1566 年），明代晚期定位在隆庆初（1567 年）到明代灭亡（1644 年）。对于明代中叶和明代晚期具体从什么时候开始，历来众说纷纭，笔者主要是从社会习俗变迁的角度确认明代的历史分期。根据《四库全书总目提要》（卷一三二"杂家类"存目）所说："正（德）嘉（靖）以上，淳朴未漓。隆万以后，运趋末造，风气日偷。"③ 至于明代晚期在

---

① 李泽厚、刘纲纪主编：《中国美学史》，中国社会科学出版社 1984 年版，第 5 页。
② 蒋孔阳：《蒋孔阳全集》第四卷，安徽教育出版社 1999 年版，第 291 页。
③ （清）永瑢、纪昀等修：《四库全书总目提要》，中华书局 1965 年版，第 1124 页。

时间上的界定，学术界历来没有定论，大致是归在万历到崇祯亡国（1573—1644）这个时间。笔者同意嵇文甫先生在《晚明思想史论》中的划分，"这一个思想史上的转型，大体上断自隆万以后"①。休闲文化的发展从来不是孤立的，它和整个时代的思想文化潮流的变迁有着密切联系，所以笔者将明代休闲文化的发展大致归在正德、嘉靖以后。文化的发展虽然会有一个大致划分，但是很难"一刀切"，在涉及具体的文化现象时，时间上也可能上溯到正德之前、下及清朝初年，尤其是晚明不少文人生活在清代初年，因此所谓的中晚期在时间上的界定只是一个大致的界限。确定明代中晚期这样一个历史时段具有重要意义，因为这一时期具有深刻的变革和文化转型意义，整个社会的生活和价值取向都呈现出新的特质，休闲文化从明代初年的沉寂中逐渐走出，显现出越来越多的独特审美内涵。主流的儒家文化虽然还占据统治地位，但是商业的大繁荣和城市的大发展使得以前处在边缘地带的休闲文化开始登上历史舞台，以小说、戏曲为代表的具有明确娱乐休闲作用的文学体裁、集中展现文人艺术和生命理想的园林文化、承载文人现实逸乐情怀的清玩文化等都获得了前所未有的大发展。本文选取这一时段作为切入点，就是希望结合明代中晚期社会史和文人的审美意识与诉求，以此来研究这一时期休闲文化的壮大与发展。

（二）关于"文人"这个概念的界定

休闲文化涉及的社会阶层非常广泛，本文对休闲文化的考察重点是文人阶层。主要是文人阶层最能够代表当时文化发展方向，尽管明代的商业文化得到很大发展，但是文人还是社会时尚

---

① 嵇文甫：《晚明思想史论》，东方出版社1996年版，第1页。

风气的主要制造者和引领者。"文人"这个概念很长时间都在"士"的阴影下不得彰显。广义上来说,一切从事和知识实践相关行为的人都可以被称为"文人"。狭义上则通常认为文人是由士阶层分化出来的,专擅辞章文藻的一个群体。汉代的王充大概是最早提出"文人"这个概念的,他在《论衡·超奇篇》中指出,"采缀传书以上书奏记者为文人,能精思著文运结篇章者为鸿儒。故儒生过俗人,通人胜儒生,文人逾通人,鸿儒超文人"①。可见在汉代,"文人"这个概念就其外延来说,主要应该还是指能够遣词造句、雕琢文章的人。《汉书·艺文志》中将文苑独立出来,自此经学和诗赋并列而存,文人和儒生之间的区分更为明显,儒生主要走的是学者和老师的道路,文人更多是指吟诵性情,雕琢文章之人。钱钟书先生认同对"文人"的这一狭义上的界定,他指出:"所谓文人者,照理应该指一切投稿、著书、写文章的人。文人一个名词的应用只限于诗歌、散文、小说、戏曲之类的作者。古人所谓'词章家'、'无用文人'、'一为文人,便无足观'的便是。"② 由于科举制度的原因,明代文人和儒生的区分更为明显。明代科举制度继承宋代王安石改革以来的通过经义取士,而不是以诗赋取士,因而诗词才能作为传统文人的标识,在明代更多只能作为自娱之用,而对科举考试没有直接作用。王世懋指出:"我国家右经术,士无由诗进者。放旷畸世之人,乃始为诗自娱。"③(王世懋《王承父后吴越游诗集序》)虽然文儒的

① 转引自王瑶《中古文人生活:中古文学史论之一》,棠棣出版社1951年版,第57页。

② 钱钟书:《论文人》,钱钟书:《写在人生边上》,中国社会科学出版社1990年版,第74页。

③ (明末清初)黄宗羲:《明文海》卷264《序五五·诗集》,文渊阁《四库全书》第1456册,第96页。

分野在明代区隔显著，但是"文人"这个概念的使用变得比较宽泛。顾炎武认为"雕虫篆刻之技"者也可以被称为"文士"①。陈宝良在《明代文人辨析》中指出，文人在当时是一个通称，在明代典籍中，对文人有着不同的称呼。根据陈宝良的统计，大概有以下几种："一是文人，亦有称诗人者；二是才子，又有称才人，才士者；三是文士，亦有称韵士者；四是慧人，亦有称慧业文人或慧男子者；五是词客，亦有称骚客、墨客、墨子者。至于名士，或籍诗文而名，或籍讲学而名，或籍谈禅而名，其间不一，很难一概而论。而高士，则为隐士的代称，与文士是同中有别。"②可见明代对"文人"这一概念上的使用是十分宽泛的，传统文人以能诗会文显达，到了明代，文人显然不是诗人或者辞赋家所能囊括，尤其是明代通俗文学发达，大量文人都从事小说、戏曲、民歌等为大众所喜爱的文学艺术创作。

明代文人不仅是在概念的外延上十分宽泛，在数量上比起宋元来说也更为庞大。明代教育发达，以至于识字人数增多，能够从事与文字相关的行业的人数大增，这从明代庞大的生员③数字中可见一斑。根据顾炎武的考证，宣德年间全国的生员只有3万人④，到了明末，其数目已经到50余万⑤，而科举名额并没有增加多少，可见当时科举竞争之激烈。通过科举进入仕途，自然是文人最重要的出路之一，但是能够通过科举制度进入仕途的文人毕竟是少之又少，大部分文人最后都不得不成为布衣文人。所谓

① （明末清初）顾炎武：《顾亭林诗文集》，中华书局1983年版，第170页。
② 陈宝良：《明代文人辨析》，（台北）《汉学研究》2001年第19卷第1期。
③ "生员"在明代初年主要是指明代中央国学的学生，后来也指地方政府兴办的官学里面的学生，属于具备参加科举考试资格最低一级的功名，地方学校出来的生员必须通过国学的考试才具备参加乡试的资格。
④ （明末清初）顾炎武：《日知录》卷17，上海古籍出版社1985年版。
⑤ （明末清初）顾炎武：《顾亭林诗文集》卷一，中华书局1983年版。

"布衣文人"，是指终身未能取得功名，不得不栖身民间的文人，通常是指知识分子中的下层。这部分文人在明代经常被称为"山人"①。"布衣文人"由于生计问题，常常不得不卖文为生，成为所谓的"职业文人"。"布衣"和"山人"虽然经常混用，但是也不是完全相同，比如，"嘉隆万历间，布衣山人十数以诗名者"②。此处"布衣"和"山人"混用，有些地方，这两者还是有比较明显的不同。"山人"一词多为自称，在朝为官者多用这个词表达自己的风雅之好；未能出仕者自称"山人"，则是表明自己绝意仕途之心。"布衣"多为他称，"布衣文人"可能暂时没有功名，但并不意味着对仕途的拒绝。

文人群体的扩大和明代中叶以后的社会发展有密切关系。一是明代中期以后，社会财富的不断积累使得文化成为当时社会追求的重要标准。晚明"山人"文化的兴盛与发展是当时社会热衷追逐休闲娱乐文化的一个重要表现。"山人"游走权贵和市场之间，以贩卖文化资本来换取财富，其兴盛与发展本身说明当时社会对娱乐性质的文化产品的巨大需求。因为文化市场的商品化发展，文人及其代表的文人趣味很大程度上被泛化和世俗化，文人这个概念也在极大程度上被扩大化，各色人等包括官员、儒生、学者、缙绅、书商、方外之人，甚至商人、太监、工匠、娼妓、

---

① "山人"一词本来是指隐居的清修之士。明代山人作为一个活跃的社会群体，在晚明达到极盛。晚明山人的行为和传统山人已经是大为不同。其一是传统"山人"大多隐居乡野，晚明"山人"活跃于朝市，所谓"昔之山人，山中之人，今之山人，山外之人"（谷应泰：《明史纪事本末·东林党议》，见《历代纪事本末》，中华书局 1997 年版）。其二，传统"山人"躬耕以自给，晚明"山人"多是"挟薄技，问舟车于四方之号也"（谭元春：《女山人说》，见《谭元春集》卷 14，上海古籍出版社 1998 年版，第 789 页）。因为晚明"山人"的游食特征，晚明山人在当时和后世都备受质疑。明人范濂批评山人："古人重高士，良有以也。今之托名山人者何比哉，往往迹寄林泉，心悬富贵，旦暮奔走，射利沽名。"（范濂：《云间据目钞》，泰山出版社 2000 年版，第 1249 页）

② （清）张廷玉等：《明史》，中华书局 1974 年版。

艺人等都有文集问世，都可以通过各种附庸风雅之事确立声名。"山人"在明末泛滥，以至于明人沈德符有"近来山人遍天下"①之叹。这也从侧面说明了当时社会对文人趣味的追捧。龚鹏程在《中国文人阶层史论》一书中也指出，明代尤其是明代中叶以后，文人在阶层在定位上变得复杂，文人兼有文化人的身份，文人的文化标识也随之扩大，琴棋书画、饮酒品茗、赏花闻香、品壶论陶等都是文人身份的指涉所在。文人显然不只是从文学素养上考察，而是对具有广泛艺术涵养的人的一种统称。

二是和明代发达的印刷业有关。明代印刷业发达，尤其是明代中叶以后，私人刻坊业发达，加上明人多好声名，时人大多以出版文集为傲，即使是深闺中的妇人也有诗文集刊行于世。如果取汉代以来对文人的狭义理解，明代文人的范围就可以说是前所未有的扩大，甚至名匠、太监、武将、方外之人等从前少有牵涉文事的阶层现在都有文集刊行于世。明代中叶以后，随着城市和市民文化的发达，传统文人和市民文化的联系越来越密切，文人作为一种身份和文化象征，其涵盖的范围越来越广。文人作为一个传统概念，在明代中叶以后，有变化的部分，也有不变的部分。不变的是文人对传统文人趣味的追求，变化的是生活中的身份。文人在民与官之间流转，其生活和文化品格一方面有传统文人的烙印；另一方面受市民文化影响，具有平民文化的特质。在思想和文化行为上，都展现出综合性和多元性，这一特征是明代中晚期休闲文化的重要内容，也是明代中晚期以后审美文化特征变化的重要原因，这一阶层不仅是休闲文化的对象，也是重要的实践主体。

---

① （明）沈德符：《万历野获编》卷二十三《山人》，中华书局1959年版，第586页。

（三）关注明代中晚期休闲文化审美意识的意义

1. 休闲文化

中国古代有着高度发达的休闲文化①。学者吴小龙指出："中国古代文人的精神和生活方式中，似乎从来就不曾缺少休闲，甚至可以说，他们的休闲远比近现代西方人高明，早就玩到了一种极致。"② 随着休闲时代的到来，现代学界对于休闲问题越来越重视，对于古代休闲文化智慧的整理工作也受到越来越多的关注。明代中晚期是中国古代休闲文化发展中的重要一环。明代中晚期休闲文化是继唐宋元之后，休闲文化发展的又一个高峰。明代中晚期文人在文学、艺术、文化生活等各个方面，将休闲的理念贯彻其中，从而造就了一个休闲文化大发展的时代。

首先，明代中晚期特殊的政治生态使得休闲文化及休闲心态成为当时一个重要的时代思潮。历史学家经常将嘉靖年间的"大礼议"事件③作为专制皇权的复兴。由于"大礼议"结束之后的大清洗，朝廷内部党争不断。嘉靖皇帝自 1534 年开始停止出席朝觐，在长达 30 年的时间里，沉迷药物和道教的长生之术，这使得

---

① 休闲文化：将休闲上升到文化的层面，是指人在社会必要劳动时间之外，为不断满足人的多方面需要而呈现的一种文化创造、文化欣赏、文化建构的生命状态和行为方式。休闲的价值不在于实用，而在于文化，它使人在精神的自由中历经审美的、道德的、创造的、超越的生活方式，呈现自律性与他律性、功利性与超功利性、合规律性与合目的性的高度统一，是人的一种自由活动和生命状态，是一种从容自得的境界，是人的自在生命的自由体验。

② 吴小龙：《试论中国隐逸传统对现代休闲文化的启示》，《浙江社会科学》2005 年第 6 期。

③ 对于"大礼议"，《辞海》解释为："明代宫廷中争议世宗本生父尊号的事件。武宗无子，武宗从弟世宗由藩王继帝位。即位后，使礼臣议本生父兴献王祐尊号。张璁等迎合帝意，议尊为皇考。杨廷和认为不合礼法，主张称孝宗（武宗父）为皇考，兴献王为皇叔父。争论三年，世宗于嘉靖三年（1524 年）追尊兴献王为皇考恭穆献皇帝。群臣哭阙力争，因此下狱的达 134 人，廷杖致死的 17 人，此外尚有谪戍和致仕而去。"（《辞海》，上海辞书出版社 2009 年版，第 632 页）

大批文人不愿意进入仕途。万历早期，虽然有过张居正的改革①，但是在张居正去世后，因为皇位继承的问题，万历皇帝后来基本不再上朝，朝廷官职大量空缺，却得不到及时补充，加上科举制度本身的高淘汰率，导致文人要想通过科举出仕变得异常艰难。"山人"作为一个特殊的社会群体在社会上的流行，实际上正是大量文人滞留民间，不得不为生计奔波，成为所谓的"帮闲文人"这一特征的体现。明代是一个奇特的朝代，一方面是高度集权的中央政府和发达的特务统治，另一方面是张居正对货币制度的改革使得白银成为主要的流通货币。白银货币化的重要意义在于国家对经济的绝对控制事实上已经不再那么行之有效。货币铸造自春秋以来一直是君主的权力，民间不得私自铸造，但是白银是天然矿藏，产量有限，国家难以像以前一样随心所欲地控制货币的发行。没有了对货币的绝对控制权，国家从商品流通的创始者和管理者转化为依赖于社会、市场的需求者。政府对社会的控制事实上不得不被严重削弱。② 加之，明代民间舆论的开放，结党的社团文化有了很大发展，在野文人的言路大开，使得明代中晚期政治上呈现出一种畸形放宽状态，这使得文人相对拥有一个比较自由放松的心态，从而保证其在文化创造上的自由。

其次，商品经济的高度发达和城市的繁荣是明代中晚期休闲文化发达的根基。明代中晚期是中国古代商业发展的高峰时期，尤其是城市经济发达，出现了资本主义的萌芽。以城市功能来

---

① 张居正改革的主要内容是清丈田粮，全面推进统一以白银作为财政计量单位，赋役合一、统一计银征税。张居正改革的意义，首先是逐步建立以白银货币为主的新的财政体系，清丈在全国的推行，使白银成为统一的国家赋税征收标准。其次是赋役征收的货币化，农民的赋税徭役负担，原则上转化为货币形态，意味着明代国家财政体系的根本性转变。

② 万明：《明代白银货币化与明朝兴衰》，《明史研究论丛》第六辑，黄山书社2004年版。

说，这一时期城市的功能主要是以经济、文化和休闲功能为主，休闲和娱乐是城市生活的主要内容。明代中晚期尤其是江南城市物质文明发展已经达到相当高的程度，消费文化得到很大发展，从而形成更大范围的休闲人群。城市中聚集了大量的手工业者、商人小贩、婢女仆佣等，从而会带来多样化的休闲文化需求，形成庞大的休闲人群。休闲群体的扩大有力地促进了休闲文化向着更丰富和更具有活力的方向发展。另外，明代中晚期在科举和民间教育的普及上，应该说比它的前代都要做得更好，这使得休闲文化的受众在受教育的层次上得到很大提升，更多具备经济实力和一定知识水平的平民加入休闲文化的行列。明代中晚期就私人的小众休闲来说，有发达的园林文化；就市民休闲来说，有各种发达的公共休闲文化活动，比如戏曲文化。在休闲文化的性质上，具有近代文明发展的不少特征。休闲文化往往能够直接反映人对于生命价值本体的追求，因而在休闲文化的发展中，很容易滋长新的人文意识，发展和接受新的理念和思潮，从而改变和丰富自身的文化内涵。明代中晚期休闲文化是新的社会思潮的重要载体和传播体，在其娱乐化和商业化的外衣下，体现的是中国近代文化的先声。

休闲文化经常被认为是关于"玩"的文化。叶朗指出："休闲文化的核心是一个玩字。玩是自由的，无功利的。……玩很容易过渡到审美的状态，所以休闲文化经常包含有审美意象的创造和欣赏。休闲文化所展示出来的意象世界，常常是社会美、自然美、艺术美的交叉和融合。"[①] "玩"是明代中叶以后文化转向的重要内容，这在休闲文化中体现得最为突出。然后是生活化和世俗化。从贵族文化中心到平民文化的变迁，常常被认为是古代文化

---

① 叶朗：《美学原理》，北京大学出版社2009年版，第229页。

和近代文化的分界。这一变化从宋代已经开始,"在不断的发展过程中,逐渐普及开来,促进了庶民阶级的兴起,根本上改变了从来都以贵族为中心的社会,而带来了较强的近代倾向"。① 这一近代化倾向在明代达到高峰。平民阶层的兴起和发展首先影响的是文化的生活化和世俗化走向。艺术和生活的融合是明代中晚期休闲文化发展的重要特征。休闲文化作为一种审美生活方式,讲究趣味和格调,审美融入生活,变成休闲。明代文化的多元化发展和明代文化浓厚的休闲文化氛围密切相关。文人喜欢在休闲生活中寻找生命存在的价值和意义。传统的文人文化日趋完美的同时,通俗文化也得到很大发展,渐趋和传统的雅文化有分庭抗礼之势。

2. 休闲与审美

休闲文化研究涉及多门学科,是典型的跨学科研究。当今不少学者认为中国古代休闲文化是一种审美文化,对古代休闲文化的研究更应该从美学角度介入。

张玉勤强调审美"应该成为观照和阐发休闲的重要理论视界"②。潘立勇指出:"休闲与审美之间有内在的必然关系。从根本上说,所谓休闲,就是人的自在生命及其自由体验状态,自在、自由、自得是其最基本的特征。休闲的这种基本特征也正是审美活动最本质的规定性,可以说,审美是休闲的最高层次和最主要方式。"③ 正是因为休闲和审美在本质上的相通,只有在审美的角度才能体现休闲

---

① [日] 和田清:《中国史概说》,吉林大学历史系翻译组、吉林师范大学历史系翻译组译,商务印书馆 1964 年版,第 128 页。

② 张玉勤:《审美文化:休闲研究新的理论视界》,《淮阴师范学院学报》(哲学社会科学版) 2007 年第 5 期。

③ 潘立勇:《休闲与审美:自在生命的自由体验》,《浙江大学学报》(人文社会科学版) 2005 年第 6 期。

的本质，审美只有深入生活本身，成为真正的文化实践，才能真正展示生命的价值和意义。强调审美的休闲旨趣或休闲意义，也就是强调了审美走向生活，强化了审美在生活中的实践指导意义，使美学从纯粹的"观听之学"成为实践的"身心之学"。

一是休闲成为审美的重要特征。和日常生活相关的题材逐渐成为艺术文化表现的重要内容。文学艺术里面，主要表现文人闲情逸趣的小品文获得极大发展。园林艺术里面，私人园林发展迅猛。宋明之前，中国古代园林的主流是皇家园林，皇家园林具有浓厚的政教功能，审美上讲究博大和恢宏的气势。宋代开始，以文人园林为代表的私家园林获得很大发展，在明代达到极盛。明代私家园林主要是私人休闲空间，在功能上强调生活休闲旨趣，在精神上注重意境的开发。园林本身大多是作为休闲娱乐的场所。在审美上，园林中的一草一木，一窗一阁都可以变成审美的对象，室内的各类清玩更是文人赏鉴把玩的重点。

二是审美提升休闲文化的品格。"闲"在古代文化语境里面，通常不单是指时间上的闲暇，更多是心境上的，是审美上的。因为有了审美的心胸，才有真正的闲适之意，才能够在生活中体会到超然的审美快感。小品文正是这一生活审美化的重要表征。小品文无论是记事、写人还是状物，都是对生活情趣的娓娓道来，具有鲜明的生活气息和审美情趣。之前的诸子散文和唐宋古文中都没有如此集中的展示生活中的审美情趣。"闲趣"成为小品文追求的重要目标。"闲趣"不同于严羽提出来的"兴趣"①，主要是要从生活中发

---

① "兴趣"，语见宋代严羽《沧浪诗话·诗辩》："诗者，吟咏情性也。盛唐诸人惟在兴趣，羚羊挂角，无迹可求。故其妙处，透彻玲珑不可凑泊，如空中之音，相中之色，水中之月，镜中之象，言有尽而意无穷。"严羽的"兴趣"说将"兴"和"趣"结合在一起，指出诗歌的兴象和情致结合产生的审美情趣和审美韵味。严羽的"兴趣"说强调了诗歌的抒情本质及其审美力量。

现美，感受美，很明显有市民文化对传统文人文化的影响。明人陆
绍珩说："晨起推窗，红雨乱飞，闲花笑也；绿树有声，闲鸟啼也；
烟岚灭没，闲云度也；藻荇可数，闲池静也；风细帘清，林空月
印，闲庭峭也。山扉昼扃，而剥啄每多闲侣；帖括因人，而几案每
多闲编；绣佛长斋，禅心释谛，而念多闲想，语多闲词。闲中滋
味，洵足乐也。"（陆绍珩《醉古堂剑扫》卷十二）可见，文人的
种种闲情闲心源自日常生活，是以审美的心胸去肯定和超越生活。

3. 明代中晚期休闲文化发展中的审美意识

从审美角度研究古代休闲文化是符合古代休闲文化发展实际
的。对于明代中晚期休闲文化的发展既不能只局限在休闲文化现象
的整理上，也不能空洞地停留在审美境界的描述上，而是要把两者
结合，具体从审美意识角度去关联政治、经济、哲学、宗教等，注
重发掘文化艺术、园林艺术、器物清玩艺术等具体的文化实践中蕴
含的审美意识，发掘明代中晚期在休闲文化的具象中传达出来的社
会文化心态和审美情感的流变。对休闲文化及其审美意识的发掘可
能会是中国古代美学史研究的重要基础。何谓"审美意识"？《文艺
心理学大辞典》这样解释："人类审美活动中所产生的观念内容的
总和。包括审美趣味、审美情感、审美感知、审美期待、审美理想
等内容。审美意识是由审美对象激发产生，同时与审美主体的主观
心理状态密切相关，是二者结合后的特定产物。审美意识与其他社
会意识相比，具有很大的特殊性，它往往不直接表现为明确的思想
观念、形态，而是常常表现为主体的一种心绪状态，具有很强的个
体性和不确定性。在人类的各种活动中，审美意识会自觉不自觉地
参与其中，以物态化的形式附着在物质产品和精神产品上面，成为
某一个时代或某一民族历史的化石。"[①] 从这个定义中，可以看到

① 鲁枢元等主编：《文艺心理学大辞典》，湖北人民出版社 2001 年版，第 67 页。

审美意识具有时代性和民族性，它会随着时代的变化而变化，每个时代都有属于自己的审美意识，作为审美意识形式的文化艺术自然也受到时代发展的制约。审美意识是社会文化实践的产物，直接反映审美对象和社会发展的水平。对明代中后期休闲文化及其审美意识的了解，将帮助我们更好地了解我们的民族及历史。

在明代中晚期，文人阶层热衷将生活审美化。审美渗透到了文人生活中的每一个细节上，所以从审美意识的角度研究明代中晚期社会与文化的发展是有必要的。休闲和审美息息相关，明代中晚期休闲文化蕴含丰富的审美意蕴，笔者相信对这一时期休闲文化的审美意识的研究具有重要意义。同时明代中晚期文人将生活审美化，在其日常生活中体现了高度的审美诉求。在休闲文化实践中，对艺术和审美的自觉追求，体现出极大的丰富性，这对于传统休闲文化在审美诉求上的发展流变具有重要意义。另外值得强调的是，尽管明代中晚期文化的发展具有世俗性，其文化的受众阶层展现出前所未有的广度，但是本文主要是选择文人士子作为研究对象。笔者认为文人士子作为审美风格的引领者，其休闲文化的特质更加能够体现那个时代的审美诉求及流变，对于古代休闲美学①研究来说更具有代表性。

审美意识比起美学思想，历史更为悠久，休闲文化及其发展

---

① 休闲美学，休闲美学是当代休闲研究中的一个重要维度。休闲美学主要是从美学的维度研究休闲文化。康德可能是比较早将艺术的本质归结为"游戏"的西方哲学家。他指出："艺术被看作是一种游戏，这本身就是一件愉快的事情，达到这一目的，就算是符合目的。"[康德：《判断力批判》（上），宗白华译，商务印书馆 2000 年版，第 249 页]游戏精神被认为是休闲文化的内在精神，王国维吸收康德审美无功利的思想，尤其是其关于"游戏"的理论，对于中国文化中游戏、娱乐、消遣等休闲文化生活中的美学意义格外关注。当代学者杜书瀛、罗筠筠等学者将休闲问题和审美关联起来论述，但没有明确提出休闲美学，一直到吕尚彬等编著的《休闲美学》出版，首次使用了"休闲美学"这一专有名词，至此从美学意义上认识和研究休闲问题成为休闲学的一个重要角度，相关成果日益丰富。

更是社会发展的主要表征，对明代中晚期休闲文化及其审美意识的研究，总结这一时期审美意识发展的规律和特点，对于我们了解和认识古代文化在审美趣味、审美理想、审美鉴赏等方面的作用有着积极意义，尤其是明代中晚期这样一个有着强烈变革的时代。这一时期审美意识在新旧之间交替，从而具有比以往更为丰富的内涵，深入挖掘这一时期的审美意识思想，不仅对于古代美学研究有重要意义，对于当代文化研究也有重要意义。

中国古代休闲文化的发展具有源远流长的特点。自先秦开始，就有不少关于"闲"的哲学思考。庄子很早就有"心闲"之说。《礼记》中有不少关于孔子闲居生活的记载。不过中国古代对于这一问题的认知长期以来停留在感性的生命体悟上。国外对于休闲文化的研究则很早就进入文化研究、社会学研究等综合型研究。进入 20 世纪 80 年代后，结合西方现代休闲文化理论，国内关于休闲文化的研究日益丰富，尤其是对古代休闲文化传统的研究，成果不少，但是致力于审美意识研究的学者并不是太多，对休闲文化的研究偏于社会学的收集和整理，本文专注于对休闲文化的审美意识研究，希望能够拓宽古代休闲文化研究的领域。

二　研究现状

（一）西方休闲文化研究概述

关于"休闲"的论述，西方积累了大量经验。亚里士多德可能是最早对"休闲"进行研究的哲学家之一，不过亚里士多德并没有专门对"休闲"进行研究，但是他将"休闲"视为事物存在的中心，只有在休闲的状态下，人才能够进行思考，而这是有思想的人存在的基础，也是哲学存在的前提。亚里士多德被称为西方休闲学之父，其对休闲的基本看法影响深远。席勒在《审美教育书简》中提出"游戏说"，强调只有在"游戏"的状态中，"人"才是完整意义上的"人"，这实际上是对亚里士多德休闲思想的继承和发展，强调"休闲"的非功利性。海德格尔提出"诗意的栖居"，可以说是对席勒思想的当代回应。美国学者凡勃伦①1899 年出版《有闲阶级论》，这通常被学界认为是现代意义上的休闲文化的开始，休闲文化真正开始成为一个独立的研究对象。该书从社会经济和消费的角度将休闲文化定义为一种有意义的社会生活方式。继《有闲阶级论》之后有不少关于休闲文化的著作诞生，其中最有影响力的是德国哲学家约瑟夫·皮珀②1952 年出版的《闲暇：文化的基础》，该书注重从哲学的角度研究"休闲"这一古老概念，书中将"休闲"视为人的一种精神状态，是主体为了迎接生命的自由和快乐的一种准备。美国学者杰弗瑞·戈比③出版《人类思想史中的休闲》一书，他从生命价值角度对休闲文化做了总结，他将"休闲"界定为摆脱外在环境压力之后，对生命价值和意义的一种追寻。美国学者约翰·凯利④在《走向自由》一书中指出，"休闲"是"成为人"的过程。云南出版社

① 凡勃伦（1857—1929），美国经济学家，制度经济学鼻祖，现代休闲研究的开拓者，开创性地将休闲和消费结合在一起进行研究，其在休闲研究上的代表作是《有闲阶级论》。《有闲阶级论》一书探讨了有闲阶级的消费问题，提出"炫耀性消费"这一影响深远的术语，这一提法虽然在当时没有得到足够重视，但是随着消费时代的来临，凡勃伦及其消费文化理念影响越来越大。

② 约瑟夫·皮珀（1907—1997），德国当代著名的哲学家、社会学家和自由作家。其代表作《闲暇：文化的基础》是西方现代休闲学的经典之作。

③ 杰弗瑞·戈比，美国当代休闲问题研究权威，曾任美国国家休闲研究院主席，国际休闲与娱乐协会学术委员会的顾问。他关注人类休闲问题的历史和现状，从跨学科角度系统研究人类的休闲问题，发表了一系列具有创新性的观点。其代表作包括《你生命中的休闲》《人类思想史中的休闲》《21 世纪的休闲与休闲服务》等。

④ 约翰·凯利，美国当代休闲学者，第一届世界休闲与娱乐协会研究委员会主席。其代表作《走向自由》是当代休闲学的必读之书。

2000 年翻译出版了一套"西方休闲研究译丛",其中就包括《人类思想史中的休闲》和《走向自由:休闲社会学新论》。荷兰学者约翰·赫伊津哈①在 1998 年出版《游戏的人》一书,这也是关于休闲文化研究的重要作品,他从游戏的角度论述休闲文化,将游戏作为休闲文化的本质,游戏被认为是人最自由和本真的所在,以游戏为核心的文化才是现代文明的代表。

西方当代休闲文化研究的中心在美国。云南出版社发行的第一套"西方休闲研究译丛"中翻译介绍的主要是美国学者的代表作。中国经济出版社出版发行的第二套"西方休闲研究译丛"所选取的也主要是当代美国休闲学研究的代表性成果。第二套"西方休闲研究译丛"主要选取了比较具有代表性的五本著作,分别为《休闲与生活满意度》《休闲教育的当代价值》《劳动、社会与文化》《美国人时间分配的调查与反思》《21 世纪中叶的休闲与休闲文化》。这五部作品展示了当代西方休闲学研究的多重视角,涉及政治、经济、社会、文化等多个方面。

从西方休闲学的翻译和介绍的代表作来看,西方休闲学对于美学的介入并不是很多,基本上没有专门对休闲文化审美意义的研究。《休闲与生活满意度》是由埃廷顿等多位学者共同完成的合著,主要是从休闲服务的角度,多方面阐释有关休闲产业、休闲服务、休闲管理、休闲产品设计等和生活密切相关的休闲文化内容。教育家布赖特比尔和莫布莱合作完成的《休闲教育的当代价值》一书,主要关注休闲伦理,诘问被物质欲望腐蚀的城市休闲文化,思考如何在消费主义盛行的今天建立合理的休闲理念。《美国人生活时间分配的调查与反思》的作者是杰弗瑞·戈比和

---

① 约翰·赫伊津哈(1872—1945),荷兰著名语言学家、文化学者。代表作有《中世纪的衰落》。其所著《游戏的人》是西方现代休闲学的经典书目。

约翰·罗宾逊，该书通过大量的抽样调查来研究当代美国人对休闲时间的占有和分配，有意思的是，尽管可供人们自由支配的时间在增加，但是人们真正用在休闲上的时间却是越来越少。《走向 21 世纪中叶的休闲与休闲服务》是杰弗瑞·戈比在休闲学上的又一代表作，该书从非常宏观的角度思考未来的休闲文化及其发展，包括环境、技术、文化、人口、交通等诸多方面。

（二）当代中国休闲文化研究概述

"闲"作为一个审美范畴，在中国美学发展史上有着很长的历史，但是对于休闲文化本身进行独立研究要到 20 世纪 90 年代。从那个时期开始，以于光远为代表的当代学者开始翻译和介绍西方休闲文化著作，中国的休闲文化研究有了长足进步，对于休闲美学的研究更是中国休闲学科建设的特色所在。中国古代有着悠久的休闲文化传统，关于古代休闲文化的研究是中国休闲文化研究的特色所在，在这一方面的研究论文大量出现，尤其是关于古代休闲文化的博硕士学位论文不断增加。

1. 关于古代休闲文化的整体研究

具有代表性的成果有：卢长怀《中国古代休闲思想研究》（博士学位论文，东北财经大学，2011 年）、苏状《"闲"与中国古代文人的审美人生》（博士学位论文，复旦大学，2008 年）、王晓琴《对休闲文化的美学思考》（硕士学位论文，四川师范大学，2003 年）、朱月双《中国休闲文化的哲学基础及影响》（硕士学位论文，浙江大学，2010 年），等等。

2. 明代以外的断代研究

具有代表性的论文有：章辉《南宋休闲文化及其美学意义》（博士学位论文，浙江大学，2013 年）、孙佳《唐代文士休闲文化研究》（硕士学位论文，华中师范大学，2012 年）、韩颖《宋代休闲生活初探》（硕士学位论文，东北师范大学，2011 年）、张野《先秦休闲文化研究》（硕士学位论文，辽宁师范大学，2010 年）、杨瑞璟《中古士人的休闲生活与审美情趣研究》（硕士学位论文，湖南科技大学，2010 年）、黄园园《唐代休闲文化之审美研究》（硕士学位论文，西北师范大学，2009 年），等等。

3. 关于明代休闲文化的研究

明代是休闲文化研究的热点，关于明代休闲文化研究的论文不少，代表作包括：赵艳平《晚明士人休闲文化研究》（硕士学位论文，山东师范大学，2011 年）、王晓光《晚明休闲文学》（博士学位论文，山东大学，2009 年）、文峰《明代中晚期成都休闲文化研究》（硕士学位论文，西南大学，2009 年）、曾琳《明清苏州休闲空间研究》（硕士学位论文，同济大学，2007 年），等等。

4. 关于休闲文化的审美研究

休闲文化是一个外延极广的概念，从美学角度对休闲文化尤其是古代休闲文化进行审视是一个重点。代表论文包括：章辉《南宋休闲文化及其美学意义》（博士学位论文，浙江大学，2013 年）、陆庆祥《苏轼休闲审美思想研究》（博士学位论文，浙江大学，2009 年）、苏状《"闲"与中国古代文人的审美人生》（博士学位论文，复旦大学，2008 年）、王晓琴《对休闲文化的美学思考》（硕士学位论文，四川师范大学，2003 年）、李平《王国维休闲美学思想》（硕士学位论文，暨南大学，2006 年），等等。

至于发表在期刊上的关于休闲文化的论文更是不少，成果斐然的包括早年的张法、马慧娣、杜书瀛等人，近年来在休闲文化尤其是古代休闲美学上面颇有建树的有潘立勇、谢姗姗、李爱军等人。在专著出版方面，充分涉及古代休闲文化的理论性著作不多，有吕尚彬主编的《休闲美学》（中南大学出版社 2001 年版）、赵树功的《闲意悠长：中国文人闲情审美观念演生史稿》（河北人民出版社 2005 年版）、李敬一编著的《休闲唐诗鉴赏辞典》（商务印书馆 2015 年版），等等。

从以上资料来看，休闲文化作为古代文化生活的一个重要形态，对它的研究已经引起相当多的关注。从目前的研究成果来看，角度是多元的，包括哲学思想、艺术文化、文学艺术、空间文化、地域文化等等，审美是其中的一个重要切入点。近年来关于古代休闲文化及其审美意识研究的论文更是不少，比较具有代表性的有：潘立勇《宫廷奢雅与瓦肆风韵：宋代从皇室到民间的审美文化与休闲风尚》（《徐州工程学院学报》2014 年第 1 期）、《宋代美学的休闲旨趣与境界》[《浙江大学学报》（人文社会科学版）2013 年第 3 期]、赵强《说"清福"：关于晚明士人生活美学的考察》（《清华大学学报》2014 年第 4 期）、胡建《"闲"范畴与明清市民美学思潮》（《宁夏师范学院学报》2013 年第 1 期），等等。

从时间维度上来看，关于明清休闲文化研究的论文不少，但是对明代休闲文化及其审美意识的研究还没有一个综合性的、全面的独立研究，重点关注明代中晚期休闲文化及其审美意识的研究更是一片空白。对明代休闲文化及其审美意识进行思考的论文不是没有，比如苏状的《"闲"与中国古代文人的审美人生》，重点辨析"闲"作为审美范畴的意义，明代是其中重要的一个历史阶段，但缺少对明代休闲审美意识发展的全面把握。赵强《"物"的崛起：晚明的生活时尚与审美风会》（博士学位论文，东北师范大学，2013 年），从通俗文化和城市生活美学的角度阐释晚明审美意识的流变。赵艳平《晚明士人休闲文化研究》，着重从晚明士人生活休闲文化角度研究，重点在于对休闲文化现象的罗列，对现象背后的审美意识认识不多。

从休闲文化及其审美意识发展的角度进行研究正在日益受到重视。例如巫仁恕《晚明的旅游风气与消费文化——以江南为讨论中心》（《"中研院"近代史研究所集刊》2003年第41期）一文探讨了晚明江南士人生活的士庶之别以及旅游对于士人身份确立的意义。文人对旅游这一休闲方式的选择体现了江南文人士大夫独特的审美追求，并且认为这一追求既是文人的自我标榜，也是对抗世俗，彰显文人传统的优越性的方式，是明代士商文化竞争态势的重要体现。陈宝良近年来发表多篇论文都是具体从休闲文化生活角度谈审美意识的变化，比如：《雅俗兼备：明代士大夫的生活观念》（《社会科学辑刊》2013年第2期）、《明代的服饰时尚与审美心理的转变》（《艺术设计研究》2012年第1期）、《从旅游观念看明代文人士大夫的闲暇生活》[《西南大学学报》（人文社会科学版）2006年第2期]，等等。不过目前对明代休闲文化及其审美意识研究是零散的，不够全面和深入。

三 本书的核心观点、 结构框架和拟要探讨的主要问题

明代中晚期是中国古代休闲文化的高度发达时期，既有对古代休闲文化传统的继承，也有自己独特的审美意识诉求。概括来说，其在审美诉求、审美趣味的流变上都有鲜明的时代特征，具体的我们将从艺术文化、园林文化和清玩文化等多个方面具体展示明代中晚期休闲文化中的审美意识特征。

本书的结构框架是：以审美意识的流变和特征为脉络，展开对明代中晚期休闲文化思想的研究。为了更好地认识明代中晚期休闲文化及其审美意识，本文除绪论外，可以分成下面几个部

分：第一部分论述明代中晚期休闲审美意识发展的背景，从政治、经济、思想等方面全面了解明代中晚期休闲文化发生和发展的土壤。第二部分对明代中晚期休闲文化的审美意识的总体特征做一个概括和总结。第三部分具体谈艺术文化发展中的休闲审美诉求的特殊性。第四部分从生活美学的视野观看园林文化中休闲审美意识的发展。第五部分从清赏文化角度探讨休闲意识如何参与文化的价值建构。结语部分论述明代中晚期休闲文化发展具有的重要意义，阐释明代中晚期休闲审美意识的当代价值。

本书论者希望对明代中晚期休闲文化及其审美意识进行专门的研究和探讨，系统探求"闲"之于中国古代文人的审美意义。本文希望将明代中晚期作为一个重点，全面展示明代中晚期休闲文化的审美意识。休闲文化的发展和时代发展密切相关，所以对明代中晚期休闲文化及其审美意识的研究必须要放在明代中晚期社会发展的大背景下考察，重点在于当时的政治经济文化，尤其是商品经济和城市文化对休闲文化发展及其审美意识流变的意义，着重梳理明代中晚期丰富多彩的休闲文化现象背后的审美取向，总结审美趣味的流变，比如休闲文化从乡村到城市，从隐逸到入世，从单一到多元等。休闲文化的研究对象本来就包蕴甚广，本文对休闲文化的研究虽然集中在审美意识研究上，但是其涉及艺术文化、园林文化、清赏文化等多个方面。

明代在中国文化发展史上是一个充满矛盾的时代，一方面是儒家文化发展最为保守的时期；另一方面是各种思潮迭起、文人个性最为解放的时期，而这种解放多是来自文人丰富多彩的休闲文化生活，尤其是因为明代中叶以后商业和城市文化的发展，休闲文化在一定程度上具有近现代文明的发展因子，这一时期的审美思想既是对前代的继承和总结，也是新的审美意识发展的重要时期。对于明代中晚期休闲文化及其审美意识这一研究领域的开拓研究，具有承前启后的重要意义，对于丰富文艺美学领域的研究具有重要意义。

　　本书论者希望以美学理论的高度来整理和分析明代中晚期林林总总的休闲文化现象，对当代休闲文化发展提供有益借鉴。本文希望能够从美学的高度来认识明代中晚期休闲文化，并且期望能够对当代的文化建设具有一定的借鉴意义。休闲与审美的联结，是从美学的角度去观照休闲文化生活，是对人类自古以来就有的休闲文化活动的提升。从这个意义出发，休闲文化不仅仅是时间意义上的闲暇，也不仅仅是经济意义上的消费和消遣，更重要的是其文化意义，是审美上的非功利性，只有审美意义上的休闲才真正能够愉悦人心，只有在真正的"闲"的状态下，才能够实现人的真正解放。中国古代历来对"闲"的价值和意义都有明确认识，其发展和成熟是中国古典文化的重要组成部分。古代休闲文化及其审美意识发展对于我们今天建立和谐向上的休闲社会仍然具有重要参考价值。对明代中后期休闲文化及其审美意识的整理，既是对传统文化的重新认识，也是今天精神文明建设的重要借鉴，而传统文化的古为今用，也是其焕发新生命的重要保证。

第一章

明代中晚期休闲文化的背景分析

　　明代中晚期是中国休闲文化发展的重要时期，对明代中晚期休闲文化发展的重视有利于我们全面了解明代中晚期文化的全景。休闲文化的发展自然不会是一个孤立的文化现象，它和社会发展的整体状况息息相关，尤其是嘉靖、万历以后，这一时期通常被认为是中国社会文化的深刻变革和转型期，社会的价值取向和审美诉求在这一时期出现了很多新的变化。文人在传统科举仕途追求之外，更注重在多姿多彩的休闲文化生活中展现其生活理想和审美诉求，从而开拓出极为繁复的休闲文化形态，而精英文人的这一文化取向变化带动了整个社会文化的更迭和流变。要了解明代中晚期休闲文化思想及其审美诉求，首先要从整体上把握明代中晚期文化的全貌。文化上的流变是一个综合工程，明代中晚期社会的变迁直接或间接影响了中晚明休闲审美意识，同时影响了休闲文化的整体特征，因此，对明代中晚期社会发展大背景的交代是非常有必要的。

第一节　明代中晚期休闲文化的政治背景分析

对闲暇的追求是中国古代文人文化的传统，但是就形成盛极一时的休闲文化时尚来说，还是在明清时期。休闲文化在明代的大发展，就时间上来说，主要归到明代中叶以后。这个历史阶段的确定，首先和明代中叶以后特殊的政治文化有密切关系。

一　两京格局

明太祖于 1368 年建都南京，开启大明盛世。南京成为王朝中心以后，太祖曾经两次进行大规模建设。第一次是从洪武二年（1369）到洪武六年（1373），主要是对皇城的整修。第二次是洪武二十三年（1390），主要是针对外城的建设。明朝经过这两次大的城市建设，基本上建立起了一个规模宏大的帝都。成祖朱棣开始迁都之前，南京一直是帝国的中心。永乐四年（1406），明成祖朱棣正式下诏营建北京。前后历经十四年，北京城的营建工作基本完成。永乐十八年（1420），成祖迁都北京，大明王朝独特的"两京"时代开始。南京作为留都，在建制上保留和北京大致一样的行政机构，南京称应天府，北京称顺天府，合称"二京府"，其在机构设置和官员品级认定上基本相似。两京格局的形成对于明代中晚期尤其是江南地区的休闲文化发展有着直接影响。

首先，应天府格局和设置虽然和顺天府相似，但是官员大多有职无权，被安排在南京的官员大多是政治舞台上的落败者，远离帝国的政治决策中心，虽然其在待遇上和北京政府相同，但是大多是虚职闲位。另外，太祖朱元璋虽然开国之初选择定都南京，但是朱元璋是从北方发迹，后来和盘踞江南的张士诚政权对峙多年，江南地区多有张士诚的拥护者。朱元璋建都南京以后，针对江南文人不出仕的行为，打击极为严酷。明成祖朱棣发迹北方，其登基以后，重用的多为北人，南人为相的很少，尤其是吴人徐有贞之后，徐阶之前，基本上没有南人拜相，以至于王鏊专门写过一篇《相论》，驳斥当时社会上关于"南人不可为相"的说法。庙堂政治的现实使得陪都南京的大部分官员只能闲适度日，谈论诗文，玩赏时玩。上行下效，这对江南社会竞尚清雅的闲适之风有直接影响。

其次，江南地区自宋元以来就是文化中心，荟萃来自全国各地的文人学子。江南是明代中晚期科举文化和地方教育最为发达的地区，也是文人文化最为兴盛的地区。"两京格局"的确定，基本上意味着从宋元开始的政治和文化中心分化情况的加剧。学者周振鹤在《中国历史文化区域研究》中指出："明代全国三十五个工商业城市，就有二十四个在南方；明代科举，南人的数量十倍于北人，以致不得不采用南北分卷制，以勉强维持南北人数的均衡。"[①] 周振鹤指出了从元代开始，南北在政治和经济上的分而治之就已经成为常态。明代"两京格局"加重了这一趋势，文化中心基本上实现了南迁。根据李昌集先生的考察："明代从嘉靖开始，文化界的主要代表都是'南人'，吴越人（今江浙一带）尤为主体。"[②] "两京格局"在政治上让江南士大夫阶层长期处于边缘状态，他们中的大部分精英分子没有多少机会在朝堂上获得声名和荣誉，尤其是在张居正去世以后，万历皇帝因为皇位继承问题拒绝上朝，整个北京机构处于半瘫痪状态，这个时候大部分

---

① 周振鹤：《中国历史文化区域研究》，复旦大学出版社1997年版，第365页。
② 李昌集：《中国古代曲学史》，华东师范大学出版社2007年版，第230页。

的官吏处于无所事事的状态，何况是作为"陪都"的南京，这使得他们对于政治的渴望不再那么急迫，他们对于政治上的边缘角色身份能够更为平静地接受，加上林下闲居本来就是江南文化的传统，这些都促使更多的文化精英将大部分精力投入闲暇生活。休闲文化在江南地区蓬勃发展，并且波及全国。

　　江南是明代科举的重镇，通过科举考试进入仕途，依然是江南文人主要的事业之一，但是他们和政治的关系发生了重要变化。一方面江南文人中的佼佼者，相比较残酷的官场竞争，更加乐意致仕回家，过着悠游林下的闲适生活。另一方面，江南城市经济文化的繁荣使得文人可以在和政治保持一定距离之后，在地方获得声名和权威。例如明代文人文集中大量存在记录自己闲暇生活的文章，这在公安派的领袖人物袁宏道的文集中表现尤为明显。长期处于政治权力的边缘，使得他们更乐于回归自我，对生活和生命本身价值的关注会更多一些，这是记载文人日常生活轨迹和对生命意义关怀的小品文在明代中叶以后变得异常发达的重要原因。江南文化领袖人物大多对于北京的政治斗争没有表现出过多的热情。比如嘉靖年间对朝野影响巨大的"大礼议"事件，作为一场持续三年之久的"正名"之争，基本上没有江南文人的声音，文徵明①虽然当时在朝为官，但是基本上没有发出自己的声音。虽然可以解释为文徵明当时只是位列九品的翰林院待诏，职微言轻，但是当时闲居在家的王鏊②对于这场关乎国本的斗争

---

　　① 文徵明（1470—1559），字徵明，号衡山居士，世称文衡山。与沈周共同开创"吴派"，诗文上和唐寅、祝允明、徐祯卿并称"吴中四才子"，在绘画上和沈周、唐寅、仇英并称"吴门四家"。
　　② 王鏊（1540—1524），字济之，号守溪，又称震泽先生，吴县人（今江苏苏州）。明代名臣，历任户部尚书、文渊阁大学士等重要官职。正德九年（1509）因时局之伤，请辞回乡隐居，后虽然多次被廷臣荐举，但一直到1524年去世，终究未曾复出。

也没有发表多少个人意见，反而对于地方上的重税表现出极大热情。王鏊在乡居期间所作《赵处士墓表》（王鏊《震泽集》卷26），对于为本郡重赋之事仗义执言的赵同鲁大加赞赏，可见江南文人在政治性格上的变化。他们变得更加实际，对于抽象的道德伦理斗争变得不太感兴趣。

二　秩序危机

明前期，太祖以相当强硬的姿态建立了空前强大的中央集权制度。赵翼《廿二史札记》记载："明祖惩元季纵驰，特用重典驭下，稍有触犯，刀锯随之。时京官每旦入朝，必与妻子绝，及暮无事，则相庆以为又活一日。法令如此，故人皆重足而立，不敢纵肆，盖亦整顿一代之作用也。"① 历史学家黄仁宇指出明王朝"既无崇尚武功的趋向，也没有改造社会、提高生活程度的宏愿，它的宗旨只是在于使大批人民不为饥荒所窘迫，在'黎民不饥不寒'的低标准下维持长治久安"②。嘉靖朝经常被当作明代历史的转折点，其中一个重要原因是嘉靖朝以前，明帝国虽然保守，但是基本上是在良性运转的轨道上。从嘉靖朝开始，明代这样一个一直以来似乎运转良好的庞大机器开始逐渐失去控制。历史学家孟森将嘉靖朝历时三年的"大礼议"事件视为明代政治衰败的开始，也是直接导致君臣离心的引子。正德十六年，明武宗在还没有皇位继承人的情况下猝崩，武宗的堂弟朱厚熜为帝，改元嘉靖，史称世宗。嘉靖即位后，为了追封自己的亲生父母，从而开始了长达三年的"大礼议"。"大礼议"以嘉靖皇帝的胜利告终，其父被尊为"睿宗"，孝宗被改称"皇伯考"，在事实上剥夺了孝

---

① （清）赵翼著，王树民校证：《廿二史札记校证》，中华书局 1984 年版，第 744 页。
② ［美］黄仁宇：《万历十五年》，中华书局 2006 年版，第 44 页。

宗和张太后的正统身份，确立了皇帝个人的绝对权威，同时也将朝廷带入党争的旋涡，朝廷风气至此大坏。嘉靖十七年后，内阁14个辅臣中，如徐阶、顾鼎臣、严讷、夏言、郭朴、严嵩、袁炜、高拱、李春芳等，大多是靠着对君主的绝对服从而起家的，面对如此腐败险恶的政治生态，不少的正直文人士大夫选择了引退。嘉靖六年在"大礼议"事件中落败退隐的朱希周乡居三十多年，其中历经30多次的征召，也没有再次出仕。江南文化领袖文徵明当时担任翰林院待诏，深感官场险恶，这可能是他后来致仕不出的直接原因。文徵明在这一期间写的家书中有对这场政治斗争的描述："杖死者十六人""充军者十一人""为民者四人"。实际上，"大礼议"中被迫害的文人数量远不止这个数字，"仅仅是嘉靖三年的'左顺门哭谏'事件中，四品以上的被夺俸，五品以下被杖责的就多达180余人，其中被杖打至死的就有17人之多"。"大礼议"事件是开启明代政治乱象朋党之争的根源。严嵩在长达十年的时间里控制朝政，任人唯亲，致使朝纲不举。1567年隆庆皇帝继位，在位六年，耽于个人享乐，仅有两次召见朝臣的记录。万历皇帝年仅十岁接任皇位，虽然经过张居正改革，朝廷气象曾经为之一新，但是万历亲政不久后的长达几十年里消极怠政，使得朝政困局难破。万历皇帝在位四十八年，"不郊、不庙、不朝者三十年，与外廷隔绝"。① 万历皇帝的长期怠政，使得朝廷政务几近停滞。而朝野之内也是陷入党争旋涡，士人之间以相互攻讦求名取利，清代史学家赵翼指出："明之亡，不亡于崇祯而亡于万历。"②

嘉靖朝开始的政治乱象之一是士风大坏，庙堂内部党争频繁，朝廷上士人之间互相攻讦趋利，传统的政治伦理道德丧失殆

---

① 孟森：《明清史讲义》，中华书局1981年版，第246页。
② （清）赵翼著，王树民校证：《廿二史札记校证》，中华书局1984年版，第502页。

尽。大量正直文人逃离庙堂，在政治之外的社会和文化空间开拓
生命的意义和价值。明代文人或因为政治落败致仕，或是以老疾
乞归的现象特别多，即使是还留在朝廷为官，也是无心为政，一
心只以诗酒自娱，以求自保。如《明史》记录边贡①："贡早负才
名，美风姿，所交悉海内名士。久官留都，优闲无事，游览江山，
挥毫浮白，夜以继日。都御使劾其纵酒废职，遂罢归。"（《明史》
列传第一百七十四，《文苑二》）陈霆②为官不久后辞归，后隐居
三十年。李濂③被罢免后，居家四十余载，致力于学。明代政治
斗争的残酷血腥使得文人对于朝堂政治的远离之心更多出自本
心，所以明代文人退出庙堂之后，大多将精力花在闲暇生活上，
这可以从这个时候的文人大多喜欢在自己身上挥霍财富这一点上
窥得一斑。文人致仕后多以筑园为乐，比如顾璘④致仕后修息园，
陈霆在家舍后修"绿乡"等。因为没有元代隐士的家国之痛，避
世之怨，也没有宋代文人的家国闲愁，明人的闲暇生活少有愁苦
之气，倒是更多富贵闲人的风流闲适之意。

其二是貌似强大的中央集权背后是朝廷政治统治上的虚弱，
其主要表现在于道德伦理治理上的虚弱和朝廷在舆论管理上的力
不从心。

（一）伦理秩序危机

"大礼议"事件对于王朝统治的深远影响在"大礼议"以后

---

① 边贡（1476—1532），明代著名诗人、文学家。

② 陈霆（1477—1550），字声伯，号水南，浙江德清县人。弘治十五年（1502）进
士，历任刑部主事、山西提学金事。后辞官隐居，专事著述。主要代表作为《清山堂诗
话》《清山堂词话》等。

③ 李濂（1488—1566），字川父，祥符（今河南开封）人。历任沔阳知州、宁波同知、山
西金事等职。罢归后专心著述，其遗有的《医史》十卷，是中国最早关于医史人物的传记。

④ 顾璘（1476—1545），明代文学家。字华玉，号东桥居士，长洲（今江苏省吴县）
人，官至南京刑部尚书。著有《浮湘集》《山中集》《息园诗文稿》等。

逐渐显露出来，尤其是对士人阶层的道德伦理影响上。嘉靖皇帝虽然通过"大礼议"事件，确立了皇权的绝对权威，但是这一专制体制的弊端越来越明显。顾炎武谈到万历后期政局就说道："法令日繁，治具日密，禁防束缚至不可动，而人之智虑自不能出于绳约之内。"① 皇权对儒家传统道德伦理根基的破坏使得世风开始败坏，其突出表现就是逾礼越制开始逐渐成为常态，传统的文化秩序开始崩溃。

大明开国以来，太祖希望实行"衣冠治国"，建立贵贱有格的礼制社会。正德朝以前，由于明王朝基本上能够对社会进行有效管理，所以朝廷基本上还能够在形式上维持太祖初衷。正德、嘉靖以降，朝政逐渐倾颓，尤其是嘉靖年"大礼议"之后，朝廷法制由王朝最高统治者开始破坏，加之朝廷内外矛盾重重，政府的行政管控能力大为衰落，尤其是在礼制管理上。明代初年建立的大量维持礼法的制度都难以得到有效执行，长此以往，逾礼越制逐渐从一种个别行为变为社会常态。明代中叶以来，商业文化和城市的极大繁荣推动奢靡世风的盛行。士大夫文人或是醉心高蹈自适的享受生活，或是以治生为要，儒行贾生。新兴的市民阶层掌握了大量财富，其地位和价值逐渐上升，其利益诉求首先体现在消费上，这直接促成了社会上豪奢商品的极大丰盛，在这样一个纵情靡丽的时尚潮流面前，人们对礼制的逾越也就逐渐变为见怪不怪的常态。万历年间进士顾起元在《客座赘语》中总结当时的社会风气是："服舍违制，婚宴无节，白屋之家，侈僭无忌。"②

对于明代中晚期的奢靡世风和逾礼越制的消费热潮，当世和后世都不乏批判者，不少学者都将其视为明代覆灭的一个重要原

---

① （明末清初）顾炎武：《日知录》卷九，上海古籍出版社 1985 年版，第 687 页。
② （明）顾起元：《客座赘语》卷七，中华书局 1987 年版，第 140 页。

因。我们姑且不对其做出价值判断，而是换个角度，从休闲文化发展价值上来看，其意义深远。仅以戏曲和园林文化来说，如果明代中晚期一直处在太祖理想的礼制状态下，那么是不会有后来的兴盛状态的。比如就园林的建造来说，《明会典》对园林的规格建制是有明确规定的："在京功臣宅舍，地势宽者，住宅后许留空地十丈，左右边各许留空地五丈。若见住旧居所在地势窄隐，止仍旧居，不许那移军民以留空地。官员之家住宅，照依前定丈尺，不许多留空地，过此即便退出，令子孙赴官告给园地另于城外量拨。功臣之家，不许于住宅前后左右多占地丈盖造亭馆，或开掘池塘以为游玩。"① 但是明代中期以后，从经济和自然条件优越的江南地区开始兴起筑造私家园林的风潮。筑造私园不仅是少数有功名的士大夫家庭的行为，还是大多数家有余财的家庭的普遍行为，尤其是握有大量财富的商人家庭。明代中叶以后，私人园林发展迅速，甚至成为江南富豪争富斗奢的主要场所，关于这点，在后面关于园林休闲文化的审美诉求一章中有详细讲述。

再比如明初年戏曲发展一变元代兴盛局面，显得格外萧条，其重要原因在于朝廷对戏曲消费的严格管制。洪武三十年刊印的《大明律》明文规定："凡乐人搬做杂剧戏文，不许妆扮历代帝王、后妃、忠臣、烈士、先圣、先贤、神像，违者杖一百。官民之家容令妆扮者，与同罪。"② 戏曲内容被严格控制在教化范围内，戏曲的内容不能超越礼法伦理的边界，否则就是违背法律；严格限制官吏和娼优往来，从法律的角度隔断宋元以来在文人士

---

① （明）申时行等修：《明会典》卷六十二，中华书局 1989 年版，第 395 页。

② （明）刘惟谦：《大明律》卷二十六，《续修四库全书》史部政书类第 862 册，上海古籍出版社 2002 年版，第 601 页。

大夫阶层盛行的观剧听曲之风。事实上，明中叶以后，观剧听曲之风在文人士大夫之家可以说是蔚为风潮："惟今之鼓弄淫曲，搬演戏文，不问贵游子弟，庠序名流，甘与徘优下贱为伍，群饮酣歌，俾昼作夜，此吴越间极洗极陋之俗也。而士大夫不以为怪，以为此魏晋之遗风耳"①；"二三十年间，富贵家出金制服饰、器具，列室歌鼓吹，招至十余人为队，搬演传奇，好事者竞为淫丽之词，转相唱和，一郡城之内，衣食于此者，不知几千人矣，虽逾制犯禁，不知忌也。"②

（二）舆情失控

首先明代前期对文化的高压统治逐渐失去效果，不少所谓的禁令都成为一纸空文。以小说为例，尽管在元末，《三国演义》和《水浒传》就已经诞生，但是由于其中有犯禁的部分，并不能公开发行，所以其传播事实上受到相当大的限制。嘉靖元年，司礼监刊印发行《三国志通俗演义》，紧追其后的是武定候郭勋和都察院，随后私人书坊对这两部著作加以大量刊印发行，从而使得讲史和英雄传奇类章回小说的创作和传播相继进入发展高峰。万历年间，随着《金瓶梅》的流行，世情小说登上历史舞台，相继出现的还有公案小说、神魔小说等。其次，明代晚期甚至出现了具有近代意义的政治性的报纸杂志，以及以"贩卖新闻"为业的民间报人，这都证实了晚明在民间舆论的管理上具有一定的宽松度。以现存的《万历邸钞》来看，《万历邸钞》是对当时官方报纸《邸报》的摘抄汇编，其中除了皇帝的各种诏谕、官员的

① （明）管志道：《从先维俗议》卷五，《四库全书存目丛书》子部杂家类第88册，齐鲁书社1997年版，第464页。

② （明）张瀚：《松窗梦语》卷七《风俗纪》，上海古籍出版社1986年版，第122页。

升迁罢黜外，还有种种议论时局之言，甚至是对皇帝直言不讳的批评，如海瑞抨击世宗的《治安疏》、马经纶批评万历皇帝的"五罪"、雒于仁批评万历皇帝的《四箴疏》等。政府对民间舆论空间管理上的软弱，使得文人清议之风盛行，其中不乏言辞激烈、直指皇帝者。雒于仁《四箴疏》直言："皇上之病在酒色财气者也。"（《明神宗实录》卷二一八）其言辞激烈，却也未见万历皇帝有严厉的惩戒。李贽的书一度被定为"禁书"，"李贽诸书，怪诞不经，命巡视衙门焚毁，不许坊间发卖，仍通行禁止"（《明神宗实录》卷三六九）。虽是如此，但是李贽的书"行人间自若"（顾炎武《李贽》，《日知录》卷一八），可见朝廷在思想控制上的软弱。对于朝廷在思想统治上的无力状况，万历朝内阁首辅沈一贯曾经就此上书："往时私议朝政者不过街头巷尾，口喃耳语而已。今则通衢闹市唱词说书之辈，公然编成套数，抵掌剧谈，略无顾忌，所言皆朝廷种种失政，人无不乐听者。启奸雄之心，开叛逆之路。"[①]（沈一贯《请修明政事收拾人心揭帖》）

　　明代中叶以后，表面上强大的皇权在现实政治和思想文化管理上的软弱，在客观上突破了明代早年的"衣冠之治"，加之"两京格局"和江南文化传统的影响，都使得明代中叶以后，士大夫阶层对政治的疏离愈加明显。政治和文化向来是士大夫的两面，当文人同政治的关系日益疏远的时候，文人会获得某种自由，文人会更多转到文化里面去寻找安身立命之处，文人的治世理想自然就演变成为名士风流，其中归隐就闲成为风气所向。江南文化名流沈周、王宾、韩奕等人都是以布衣终老，绝意仕进。

---

① （明）沈一贯：《敬事草》卷三，《续修四库全书》史部第 480 册，上海古籍出版社 1995 年版，第 26 页。

致仕者多将精力投入个人生活的精心经营上，以至痴癖文化发达，有筑园成癖的、有痴迷戏曲的、有沉湎古玩清赏的。比如吴江派的代表人物顾大典（？—1596）在弃官归田之后，将大部分精力都花在其自建园林"谐赏园"中，或是与友人雅集宴饮，或是与家养戏班度曲自娱，余生再没有涉足官场政治。邹迪光（1550—1626），万历二年进士，曾经官至湖广学宪。万历十七年被罢免归乡，从此不再留恋仕途。其在家乡建筑园林，号为"愚公谷"，终日饮酒作乐，流连歌舞园林。雅集、宴饮、歌舞、园林等逸乐活动成为当时文人安顿自我生命的所在。文人和政治的隔阂迫使文人对生命意义重新定位，与之相关的是他们对社会和文化态度上的变化。文人的生命价值取向从庙堂文学的经世致用转向对内在自我的完善，从政治生命的实现转向个人主义的闲适追求。文人对文化空间和生命价值的投入，使得休闲文化和艺术得到前所未有的发展，这也可以说是明代中晚期政治的乱局从反面对休闲文化的促进作用。

第二节　经济背景

经过明代前期多年的发展，尤其是白银作为通用货币和赋税改革后，明代的商品经济得到了极大发展，整个社会的物质文明成果丰盛，这为明代中晚期休闲文化的勃兴提供了很好的物质保障，而经济的发展和休闲文化的发达往往是成正比的，明代中晚期经济的发展可以说是休闲文化发展的重要基础。

一　发达的商品经济

明代建国之初，一方面是经过多年战争，社会经济发展十分萧条；另一方面是太祖实行重农抑商政策，明代初年商品经济发展缓慢。明代中叶以后，经过多年的休养生息，社会的物质文明进入一个极为丰富的阶段，作为全国经济中心的江南地区经济尤为发达。

明代经济尤其是江南经济的发达得益于发达的商品经济。

第一，商品经济的发展首先是传统农业的商品化发展。农业是经济发展的基础，明代中叶以来，农业发展出现了新的格局。傅衣凌在《明代江南市民经济试探》中指出："明代中叶以后，在商品经济的刺激下，中国各地的农业经济已经采取多种经营的方式，而不是单一性的农业。"① 这里的多种经营方式主要指经济作物的大量种植。对于农业经济的这一变化，当时有大量的文献可以佐证。比如陆容谈道："严州及于潜等县，民多种桐、漆、桑、柏、麻、苎。绍兴多种桑、茶、苎。台州地多种桑、柏。其俗勤俭，又皆愈于杭矣。苏人隙地，多榆、柳、槐、樗、楝、榖等木。浙江诸郡，惟山中有之，余地绝无。苏之洞庭山，人以种橘为业，亦不留恶木，此可以观民俗矣。"② 传统的自产自用的粮食作物已经不是农民收入的主要来源。出于对利润的追求，具有商品价值的各种经济作物才是农民感兴趣的。仅仅就当时湖州一地来看："各乡桑柘成荫，今穷乡僻壤无地不桑。"③ 湖州正是借蚕桑之利成为江浙一带有名的富庶之地。棉花的种植也是相当普遍，尤其是在松江、苏州、湖州等棉纺业中心。以苏州为例：（苏州）"属邑逐末者少，皆务劳力穑，惟太仓、嘉定东偏，谓之

---

① 傅衣凌：《明代江南市民经济试探》，上海人民出版社1957年版，第7页。

② （明）陆容撰，李健莉点校：《菽园杂记》卷13，收入《笔记小说大观》，上海古籍出版社2005年版，第499页。

③ 《中国地方志集成·浙江府县志辑》，同治《湖州府志》卷30，上海书店出版社2000年版，第565页。

东乡，土高不宜水稻，农家卜岁而后下种，潦则种禾，旱则种棉花黄豆，比闾以纺织为业，机声轧轧，子夜不休，贸易惟棉花布，颇称勤俭"。① 可见以棉花为代表的经济作物的种植面积和产量大大超出自给自足状态，而主要是作为商品进入市场流通。

传统农业的这一商品化变局对于整个明代商品经济发展的意义重大。

首先是支援了明代中晚期市镇经济的发展，尤其是手工业的发展。比如从嘉靖年开始，棉花在黄河流域、长江流域的集中种植，直接推动了这些地区的棉纺织业的发展，不少城市甚至出现资本主义萌芽，其中江南地区的棉纺织业尤其发达。这些地区的产品销往全国各地。嘉定也是当时重要的棉纺基地，其市场也是面向全国，根据万历年间《嘉定县志》记载："邑之民业，首藉绵布，纺织之勤比户相属，家之租庸、服食器用、交际养生、送死之费，胥从此出，商贾贩鬻，近自杭歙清济，远至蓟辽山陕。其用之广，而利亦至饶。"②

其次是促成了农业人口的流动。由于经济作物和养殖业具有更为可观的利润，农村大量的土地被强权阶层兼并，用来集中种植各种获利丰厚的经济作物，或是从事养殖业，所以一直到明朝灭亡，土地兼并问题都是悬在帝国头上的一把利剑。土地兼并最直接的后果是农业人口的分化，大量农业人口在失去土地后进入市镇，为城市的发展提供了充足的劳动力。何良俊在《四友斋丛说》就有提到："大抵以十分百姓而言，已六七分去农。"③ 反映的主要就是当时传统农业发展中的这样一个变局。

---

① 《古今图书集成·职方典》第六百七十六卷苏州府部，北京图书馆出版社2001年版。
② 《中国方志丛书》，万历《嘉定县志》卷6，（台北）成文出版社1980年版，第476页。
③ （明）何良俊：《四友斋丛说》卷13，中华书局1997年版。

第二，传统农业的商业变局以及大量失去土地的农民进入城镇，从而为明代中叶以后手工业和制造业的发展奠定了坚实基础。另外明代中叶逐渐推行的"以银代役"政策也极大地促进了当时手工业的发展。成化二十一年（1485）奏准轮班工匠有愿出银者可代工役，当时南北工匠出银各不相同。嘉靖四十一年（1562），一律题准："行各司府，自本年春季为始，将该年班匠通行折价类解，不许私自赴部投当，仍备将各司府人匠总数查出，某州县额设若干名，以旧规四年一班，每班征银一两八钱，分义务四年，每名每年征银四钱五分，算计某州县每年该银若干，抚按官督各州县官，每年折完卖解，不许拖欠。"① 以银代役制度的实行对于手工业的发展影响深远。一是极大提升了工匠的劳动生产积极性。二是促进了民办工业的发展，同时官办工业开始衰落。如景德镇在嘉靖以后，民营窑厂得到很大发展，嘉靖间"聚佣至万余人"，万历时候"每日不下数万人"②，巨大的佣工数量，是景德镇瓷器发展的直接原因，而这主要受益于以银代役政策对劳动力的解放。就手工业发展来说，不少研究者指出当时的规模和发展程度已经可以说发展到出现资本主义萌芽的阶段。以江南来说，松江作为当时棉纺业的生产中心，光是专门的鞋袜店就各有一百余家，就规模上来看，都是大大超过前代。

第三，明代中期以后商业发达还有的一个重要表现是商业资本的集中。在经济发达的江南地区，出现了不少实力雄厚的大资本组织，尤其是大商店组织的出现，其获利十分丰厚，动辄上百万两银钱。以苏州著名的商人孙春阳来说，其商铺经营规模相当

---

① （明）申时行：《明会典》卷一八八《工部》九《工匠》二，中华书局1989年影印本。

② （清）萧近高：《参内监疏》，光绪《江西通志》卷四九《舆地略》，光绪七年刻本。

大，获利也是非常丰厚："苏州旱桥西偏，有孙春阳南货铺，天下闻名，铺中之物，亦贡上用。案春阳宁波人，万历中，……为贸迁术，始来吴门。……共为铺也，如州县署，亦有六房。曰：南北货房，海货房，腌腊房，酱货房，蜜饯房，蜡烛房，售者由柜上给钱，取一票，自往各房发货，而管总者展其纲，一日一小结，一年一大结，自明至今已二百三十四年，子孙尚食其利，无他姓顶代者。"① 这说明当时已经出现专业分工相当明确的商业组织，财富的集中化程度越来越高，当时苏州以机杼致富的甚至达百万者除了孙春阳以外，还有不少人，比如："潘氏起机户纾手，至名守谦者始大富，至百万。"② "正嘉以降，江南富室尤多，积银常至数十万两者。"③ 以地域为中心的商人群体扎堆出现，著名的有苏州商人、湖州商人、宁波商人、常熟商人等。大量的所谓"阀阅之家"出现。黄省曾的《吴风录》对此有记载："自刘氏毛氏创起利端，为鼓铸囤房，王氏债典，而大村名镇，必张开百货之肆，以榷管其利，而村镇之负担者俱困，由是累百万。至今吴中缙绅大夫多以货殖为急，若京师官店，六郭开行债典，兴贩盐酤，其术倍剋于齐民。"④ 明代商业文化的发达，从各种商业教科书的盛行也可见一斑，比如《商程一览》《水陆路程》《宝货辩疑》等，这些书的盛行，说明当时商业发达，从事经商的人非常多。

　　第四，明代中叶商业文化发达还表现在社会商品化程度上，以及由此带来的商品数量和品种上的极大丰富。昔日作为少数特

---

① （清）钱泳：《履园丛话》卷二十四，中华书局1997年版。

② （明）沈德符：《万历野获编》卷二十八，中华书局2012年版。

③ （清）陈梦雷等编：《古今图书集成·食货典》第三百五十八卷，北京图书出版社2001年版。

④ （明）黄省曾：《吴风录》，收入《吴中小志丛刊》，广陵古籍刻印社2004年版，第176页。

权阶级的休闲行为和休闲方式借助商品化的过程，迅速从奢侈品变为大众商品，而其背后的休闲行为自然也从小众走向大众。以陈贞慧（1604—1656）在《秋园杂佩》中提到的关于"五色石子"的商品化过程来看，可以看到五色石子如何从少数文人的雅好之物变成为大众喜好的商品："五色石子，出六合山玛瑙涧，雨后胭痕螺髻累累濯出。然山深地僻，往返六十里，非好事者不到。自万历甲午（二十二年，1594），饼师估儿，从旁结草棚以示酒食，于是负石者始众，蜂涌蚁聚，日不下数百，以白磁盘新水盛之，好甚者十不得一二。……独恨阛阓市儿，寸许石子，索价每以两许。"① 五色石子开始只是少数好事者喜爱赏玩之物，万历年间，其商业价值被发现，有了大规模的开采活动，在市场上被公开售卖，且价格不菲。五色石子被具体化为社会化的商品。

五色石子仅仅是当时社会商品化的一个个例，类似这种小众的甚至是个人化的雅好被商品化后，为普通民众所普遍实践的例子还不少。比如江南流行的食河豚之风，根据范濂在《云间据目钞》中提到食用河豚本来只是极少数人的行为，但是万历年间出现"竞食河豚"的风气，以至于"郡中遂有煮河豚店"②，从"渔人得之，皆弃去"的极少数人的消费行为到专门的吃河豚店子的出现，说明的也是食用河豚这一行为的商业化过程。

明代中叶以后，正是因为社会商品化程度的不断扩大，以前只是作为少数人休闲之用的物质借助商品的力量，得以普及，明代中叶以后的奢靡世风，很大程度上是社会商品化发展的结果。加拿大学者卜正民在《纵乐的困惑》中指出："商业的逐利本性

---

① （明）陈贞慧：《秋园杂佩》，商务印书馆 1936 年版。

② （明）范濂：《云间据目钞》卷五，载周应治《笔记小说大观》（第十三册），广陵古籍刻印社 1983 年版。

及其不稳定性，会带来出乎意料的结果，这种结果往往和大多数
人的预期不同"①；接着他又指出商业文明发展的后果在于："它
不仅是要改变经济资源的分配，而且要改变权力结构的分配，这
种变化都将显露在文化领域中"②。吴承明在《现代化与中国十
六、十七世纪的现代化因素》一文中持有同样的观点，他将中国
十六世纪开始的社会文化演变的原因主要归结于当时商业资本的
兴起，以及由此带来的社会结构的一系列变化。余英时在《士与
中国文化》一书中指出晚明社会普遍存在"弃儒就贾"的现象，
不少文人出于生计考虑，放弃科举之路成为商人，也有很多商人
在经商致富后，鼓励或是资助本族子弟参加科举考试，传统的士
农工商的等级秩序被严重破坏，曾经界限分明的士商阶层，在明
代中叶以后，在身份地位上并不是那么容易被厘清。余英时还提
到："十六世纪以后商人已逐渐发展了一个相对'相对自足'的世
界。"③ 虽然商人建立的这个"相对自足"的世界在其发展的过程
中主要倚靠财富的力量，对政治的改变不是那么多，但是对社会
和文化的改变却是贡献良多。

二 城市的发展和市民阶层的壮大

明代中晚期商品经济的发达催生城市的发展和市民阶层的壮
大，主要体现在三个方面。

一是城市人口和数量的增加，尤其是江南地区城镇的迅速发
展。明代中晚期城市发展无论是在规模上还是在繁华程度上都可
以说是中国古代城市发展的高峰。根据樊树志先生的研究，明代

---

① ［加拿大］卜正民：《纵乐的困惑：明代的商业与文化》，方骏等译，生活·读
书·新知三联书店 2004 年版，第 7 页。

② 同上书，第 264 页。

③ ［美］余英时：《士与中国文化》，上海人民出版社 2003 年版，第 542 页。

市镇发展很快,"江南苏、松、常、应、镇、杭、嘉、湖八府的大小市镇约 357 个。其中千户以上的大镇以分布在苏、松、太、常、杭、嘉、湖等地区为多,太湖周边的苏州与浙西各地都不乏万户以上的巨镇。以每户平均五人计算,则市镇聚集的人口数量已经是颇为不少"。①

　　二是城市功能的变化。明代中晚期城市发展的中心在江南地区,其星罗棋布的城镇少有承担传统意义上的政治和军事功能,主要是以经济和文化功能为主。尤其是明代的"两京格局",使得江南城镇主要承担了经济和商业功能。台湾学者刘石吉指出:"宋代以来,原来以行政及军事机能为主的城镇,也渐次蜕变转化为商业及贸易的重要据点。"② 傅衣凌将明代城市分为开封型城市和苏杭型城市两种。以开封为代表的城市经济主要是传统的地租经济,工商业对象主要是面向地主;以苏州和杭州为代表的江南城市虽然也存在传统的地租经济,但是其发展的主要动力来自工商业,尤其值得注意的是苏州和杭州周边城镇经济的发达。"此外还有不少和工商业生产直接有关的新兴市镇,如盛泽、濮院、王江泾、枫泾、洙泾等。"③ 当时江南不少市镇都是专门的手工业生产中心,比如江南的苏、浙两省是著名的纺织业中心,其中松江地区是棉纺中心,苏州和杭州以丝织业为主,不少城镇都出现了明确地按照专业功能划分的手工业区。以湖州为例,湖州是当时著名的丝织业中心,其生产的湖丝闻名遐迩。当时湖州府的双林镇、南浔镇、乌镇等都是以出产湖丝闻名:"至于市镇,如我湖归安之双林、菱湖、琏市、乌程之乌镇、南浔,所

环人烟小者数千家，大者万家，即其所聚，当亦不下中州郡县之饶者。"① 由于经济发达，江南城镇展现出来的是一派富庶的景象，这在当时文人的笔下得到了充分的描述。以苏州来看，苏州城内是一派盛世景象："阊檐辐辏，万瓦鳞鳞，城隅濠股，亭馆布列，略无隙地。舆马从盖，壶觞罍盒，交驰于通衢。水巷中，光彩耀目，游山之舫，载妓之舟，鱼贯于绿波朱阁之间，丝竹讴舞与市声相杂。凡上供锦绮、文具、花果、珍馐奇异之物，岁有所增。"② 苏州的繁华热闹可以说是当时整个江南气象的一个剪影，类似苏州繁华的城市比比皆是。

三是城镇是文人阶层聚集的主要地方，也是他们开展各种文化活动的主要场所。明代中期以后，不仅是农民大量进入城镇，文人阶层也主要集中在城镇。城市为规模日益扩大的文人阶层提供了广泛的治生渠道。城镇尤其是江南城镇集中了大量的有闲阶级，他们在教育和休闲上面广泛的文化需求，有利于文人寻找潜在的文化赞助者。城市文化市场的发展，比如印刷业、出版业、通俗文学和类书市场等的繁荣，为有着经济压力的文人提供更多的治生门路。例如明代山人的著名代表陈继儒，虽然是科举考试上面的失败者，但是作为地方知名的文化人，利用其卓越的写作才能和文化策划能力获得声望，并以此牟利。另外，作为科举考试支撑体系上重要环节的书院，其位置大多不是在偏远的乡村，而是集中在城镇。此外，藏书楼、寺院、园林等带有公共文化资源特点的教育文化资源主要集中在城市。同时文人文化活动的频繁又进一步促进了城市文化市场的繁荣。明代文化流派众多，其

---

① （明）茅绅：《茅鹿门先生文集》卷二，收入《续修四库全书》，上海古籍出版社1995 年版。

② （明）王锜：《寓圃杂记》卷五，中华书局 1984 年版，第 42 页。

往往以地域为中心。明代文化的世俗化也得益于城市在文化传播上的聚集和发散功能。江南城镇聚集了大量的士人学子，其中既有本土的，也有流寓城镇的外来文人。晚明不少文学艺术流派都是以地域为中心集结，比如虞山有著名的虞山诗派、虞山画派，还有虞山琴派等；娄东有娄东诗派、娄东画派；嘉兴梅里镇有著名的梅里词派。江南不少城镇长期举行规模很大的社团活动。比如复社的主要召集点在吴江，每次在复社大会召开之际，都会有大批文人士子从全国各地聚集在吴江。明代文化的巨匠大多隐居城镇，江南城镇是他们生活的主要地点，比如常熟的钱谦益、徐祯卿；娄东的张溥、吴伟业和王时敏；昆山的归庄、顾炎武；嘉兴的朱彝尊等。城市经济的繁荣，为文化的发展和传播提供了坚实的物质基础，明代发达的园林、工艺美术等为文化的发展提供了载体。

城市的繁荣和发展必然带来市民阶层的发展和壮大。傅衣凌在 20 世纪 50 年代就指出："明清时代商人与商业资本的发展……加快了中国封建社会的解体，对于货币资本的形成和集中有积极促进作用，同时加快直接生产者，即小私有者的破产，……特别是在中国封建社会里创造了广大的商人层。"[①] 这对休闲文化的发展意义重大。城市文化和乡村文化有很大的不同。城市文化发展的基石在于消费，消费和城市有如孪生兄弟，有着天然的不可分割的关系。市民阶层的休闲行为和传统农业社会的消费有着很大不同，其消费更多不是要满足生存需要，而是非必要的消费品需求。在城市里面，休闲文化本质上是一种消费文化，尤其是在城市文化大发展的背景下，人们对消费的选择已经不仅仅是生存需要，而主要是精神和文化上的发展需要。随着市民阶层的壮大以及休闲文化市场的发展，休闲主体也逐渐从统治阶层到普通民

---

① 傅衣凌：《明清时代商人及商业资本》，人民出版社 1956 年版，第 41 页。

众，从少数的文化精英到普罗大众。从艺术休闲来看，明代最具
有代表性的是小说和戏曲，其都体现出良好的大众流行趋向。小
品文作为集中体现文人闲雅生活的文学体裁，是当时最受市场欢
迎的休闲文学之一。古玩鉴赏之类的书籍也在图书市场很受欢
迎。正是因为大量的市民进入传统的文人文化领域，休闲文化审
美上展现出"竞相清雅"的态势。一方面是市民阶层在品味和身
份上对士人阶层的倾慕；另一方面也是文人阶层对休闲文化世俗
化走向的抗议和不满。市民阶级拥有的财富使得本来为少数上层
文化精英垄断的文化行为得以更广泛的传播。葛兆光指出："在
嘉靖以后，城市、商业、交通以及印刷技术和造纸技术的发展加
快了知识传播的速度，官方意识形态对知识的控制越来越难，士
绅与市民渴望用财富开拓出新的思想表达和知识传播的渠道。"①
财富所造就的新贵阶层对上层文化生活的热爱，使得明代初年颇
为严格的礼仪秩序遭到破坏，传统文人所渴望的文化秩序上的严
肃性和等级性都受到财富和金钱力量的挑战。

三　文化市场以及印刷文化的发达

　　明代中叶以后，商品经济的大发展使得全国范围的市场形成，
其中尤其需要提到的是文化市场的发展。这对于休闲文化的发展具有
重要意义。其中知识商品化是明代商品经济发展的一个重要特点。

　　明代知识商品化首先得益于印刷业的繁荣。英国文化学者彼
得·伯克指出，"印刷术刺激了所有知识的商品化"②，"出版业的
变迁过程可以说是书籍的商品化过程"③。明代印刷业以江南为代

---

①　葛兆光：《中国思想史》，复旦大学出版社 2009 年版，第 300 页。

②　［英］彼得·伯克：《知识社会史》，贾士衡译，（台北）麦田出版社 2003 年版，第 268 页。

③　同上书，第 289 页。

表。根据当时文人记载："吴会、金陵擅名文献，刻本至多，巨帙类书，咸荟萃焉。海内商贾所资，二方十七，闽中十三，燕、越弗与也。然自本方所梓外，他省至者绝寡，虽连楹丽栋，搜其奇秘，百不二三。盖书之所出，而非所聚也。"① 可见，当时苏州、南京两地的出版市场就已经具备相当规模。明代刻坊分为官营和私营。李伯重在《明清江南的出版印刷业》一文中指出，江南地区和福建地区从宋代开始在出版印刷业一直处在领先地位，万历以后，福建印刷业逐渐衰微，江南印刷业一枝独秀，"到了明末，江南出版印刷业在全国已独占鳌头"。② 对于江南在出版印刷业的地位，当时有不少学者都谈到这个问题。谢肇淛说："天下刻书最精者，为南京、湖州和徽州，江南即占其二。"③ 可见江南在全国的文化地位，一直到清代，江南印刷业在全国的中心地位都没有改变。

关于明代出版刻印业的发达原因，清初文人钱泳曾经说道："明书皆可私刻，刻工极廉。闻前辈何东海云：'刻一部古注十三经，费仅百余金。刻稿者纷纷矣'。尝闻王遵岩、唐荆川两先生相谓曰：'数十年读书人，能中一榜，必有一部刻稿，屠沽小儿，身衣饱暖，殁时必有一篇墓志。此等板籍，幸不久即灭，假使尽存，则虽以大地为架子，亦贮不下矣'。"④ 张秀民在《中国印刷史》中也说道："明代书皆可私刻，无元代逐级审批手续，只要有钱，就可任意刻，而刻字工资极低廉，又纸墨易得，故纷纷出版。"⑤ 明代印刷成本的低廉还得益于市场的成熟与良好互动。明

---

① （明）胡应麟：《少室山房笔丛》卷4，中华书局1958年版，第55—56页。
② ［日］大庭修：《江户时代日中秘话》，徐世虹译，中华书局1997年版，第61—62页。
③ （明）谢肇淛：《五杂俎》卷13《事部》，上海书店出版社2009年版。
④ （清）钱泳：《履园丛话》，中华书局1997年版。
⑤ 张秀民著，韩琦增订：《中国印刷史》，浙江古籍出版社2006年版。

代中叶以后的印刷业已经形成一个比较完善的市场机制。印刷物从原材料、加工、出版、贩售等各个环节紧密相扣，充分体现明代文化市场机制的成熟。成熟的市场运转机制会极大推动书籍刻版生产的发展，同时书籍良好的销售机制会使书籍这一文化产品更容易在市场中被买到，从而使更多的人得以加入阅读这一休闲文化行为中来。由于市场的扩大和发展带动技术的革新，商品的价格也会下降，价格的下降又会进一步扩大市场，形成一个市场的良性循环。而阅读书籍正是在这样一个生产—消费互促互进的循环中，变得日益大众化、普遍化。明代中晚期发展的比较好的是以追求商业利益为主的私人刻坊。赢利是私人刻坊的主要目的。为了获得更多利益，它们服务的主要对象自然会从少数上层文化精英变成新兴的有闲有钱的市民阶层。新兴的市民阶层作为城市文化的主要承载者，满足他们的文化品味自然成为文化市场的重要风向标，所以明代中晚期文化的商业化和世俗化发展自然是顺理成章。明朝前期"政治性和教化性读物在江南出版印刷业产品中还占有很高比重"①，但是到了明代中期以后，出版印刷的主流思想是面向现世的世俗文化生活，其出版印刷的主要是为市民所喜爱的通俗小说、戏曲，以及各种具有实用性质的类书，包括各种善书、童蒙课本、科举用书等。

明代印刷出版业的发展对于明代审美文化走向有着重要意义。作为明代著名的出版家，冯梦龙有一段话值得引起重视："所纂皆逸士之清谭，文人之清课，俗肠不能作，亦未许俗人看也，白玉麈尾是王谢家物……舞剑可以悟书，磨杵可以悟学，局戏可以悟河图，善读书者历日账簿，俱能佐腹笥之用。宜任永叔

---

① 张秀民：《明代南京的印书》，《文物》1980 年第 11 期。

读尽天下奇书，成一博物君子，勿但以八股拘束，作俗秀才出身
也。"①（冯梦龙《〈枕中秘〉跋语》）作为一个成功的出版家，冯
梦龙显然很清楚市场需求所在。正是因为商业利益上的考虑，在
传统儒家文化那里不值一提的各种小道，比如舞剑、仵作，乃至
日用账簿等都成为出版对象，这直接反映了世俗文化的发展。随
着城市市民阶层的不断壮大，他们对文化的强大需求，直接促进
了刻书出版业的大发展，知识商品化的程度越来越高，从而推动
文化的下移和传播。雕版印刷业虽然在两宋时期已经得到相当发
展，但是那个时期，图书版本不多，图书本身是学术智识以及意
义的功能载体。刻版文化的发展，改变了知识和文化的性质。在
抄本时代，士人学子握有文化和知识权力，书籍本身代表一种文
化特权。明代中叶以后，由于刻版技术的发展，尤其是私人刻版
的发展，不仅印刷数量上剧增，更重要的是阅读人口以及文化
参与层面大大扩展，传统书籍及其承载的知识不只是局限在传
统士人学子之间的文化传承，其商品化的取向越来越显著。商
品化了的知识借助市场的强力推动，有了向外进行拓展的条件
和动力。本来只是供应少数人所用的书籍在市场的推动下，呈
现在大众消费者面前；本来是文化等级的象征，现在作为商品，
成为一般民众的消费对象，和其相关的休闲文化行为也成为一
般民众的选择，这直接促成明代休闲文化审美意识的世俗化
演变。

第三节　思想文化土壤

对于明代的思想史家来说，正德是一个备受瞩目的年号。明

---

① 高洪钧：《冯梦龙集笺注》，天津古籍出版社 2006 年版，第 145 页。

代思想文化历史从这一时期开始，进入一个转型期。这一时期被认为极具价值的是社会思想文化观念上的革新。这一革新将社会的物质生活和文化生活推进到一个极具变化的新阶段。

一　禅悦士风

明代是儒道释三家实现融合的重要时期。在长期的互相排斥、互相融合中，儒道释三家在这一时期基本上实现了和平相处。这一时期，三教合一的理念基本上已经被普遍接受，儒道释的学说常常混杂在一起，很难严格区分。明代禅宗的主要代表人物大多和儒家有密切联系，他们大多都对世俗生活表现出浓厚的兴趣。明代四大高僧之一的紫柏真可提倡三教本同，学佛之人也要学儒，要以儒解佛："儒者，释也，老也，皆名焉而已，非实也。实也者，心也；心也者，所以能儒能佛能老者也。噫！能儒能佛能老者，果儒佛老各有之耶？共有之耶？又，已发未发，缘生无生，有名无名，同欤？不同欤？知此，乃可与言三家一道也。而有不同者，名也，非心也。"① （紫柏可真《长松茹退》）明代中叶以后，佛教发展以禅宗为主。禅宗强调因悟成佛，在现实生活的基础上进行超越，将本来烦琐的佛教学说简单化、直接化，尤其是其实用主义和世俗主义的转型，使得禅宗在儒家士子那里风行起来。儒道释发展到明代中叶，共同在世俗化的道路上越走越远。儒学到明代中叶以后，随着王学的兴起，其浸染世俗之意渐趋显著。王阳明指出："圣人之学日远日晦，而功利之习愈趋愈下。其间虽尝瞀惑于佛老，而佛老之说卒亦未能以胜其功利之心。……盖至于今，功利之毒沦浃于人之心髓。而习以成性也，几千年矣。"（王守仁《答顾东桥书》，《传习录》中卷）道家大

① （明）紫柏著，曹越主编：《紫柏老人集》卷九，北京图书馆出版社2005年版。

师张宇初也指出道儒本是一家："道不行则退而独善，以其全进退于用舍之间而已矣。故高举远引之士，将欲超脱幻化，凌厉氛垢，必求夫出世之道焉，则吾老庄之谓是也。"（张宇初《岘泉集》卷一）明代中叶以后还诞生了专门宣传三教合一的"三一教"。"三一教"的理论口号就是"夫道一而已矣，而教则有三"，提倡以儒家来统一道家和佛家。李贽主张三教合流、以儒为本的"三教归儒说"。李贽之后，文人士子多喜修习禅法，以禅解儒，同时汲取道家任情自然的思想，主张"任情而为"，包括道家的求仙、炼丹、房中术等末流也在士人中间十分流行。

参禅问道是明代士大夫日常生活不可或缺的内容。士人学子和僧道交往非常频繁："万历以后，禅风浸盛，士大夫无不谈禅，僧亦无不欲与士大夫结纳。"① 和佛道人士交游，这是晚明文人闲雅生活的重要内容之一。当时有人说道："近来士大夫谢病，多挈一僧出游，以表见其高。人见之，便谓苏长公、佛印作用。"②对此袁宏道也有诗为证："假寐日高春，青山落枕中。水含苍藓色，窗满碧畴风。适性营花石，书方去鸟虫。酒人多道侣，醉里也谈空。"（袁宏道《柳浪杂咏》，《袁中郎全集》卷五）士子学人和僧道的交往不只是在私人交际上，在社团活动上也是互动频繁。陈宝良就指出，"在明代后期江南结社之风中，僧道和士人结成的社团大量出现"③，其中比较有名的是"放生社""月会""金粟社"等。晚明还有不少名士最后直接皈依佛门，尤其是在明末清初，不少著名文人都遁入空门。逃禅之风盛行，著名代表就是李贽。文人到道家的任性自然和佛教的空灵飘逸中寻找人生

① 陈垣：《明季滇黔佛教考》，河北教育出版社 2000 年版，第 127 页。
② （明）张凤翼：《谭辂》，《笔记小说大观》第 38 编第 4 册，（台北）新兴书局 1985 年版。
③ 陈宝良：《中国的社与会》，浙江人民出版社 1996 年版，第 348 页。

价值的定位，对闲适生活的追求成为文人士子生活的重要内容，文人的精神世界为之一变。

儒道释三家的合一，虽然是以儒家文化为底蕴，但是明代文人敏感于生命的脆弱，这常常让他们生出人生大梦一场的感悟。在对于生命流逝的焦虑和思索中，道家的饮酒作乐、山水解忧，释家的参禅彻悟等策略自然成为文人对抗虚无的武器。明代不少文人或是只有短暂的仕途生涯，或是根本没有出仕，而是用整个生命来实践闲适优雅的生命哲学。沈周："引壶觞以抒怀，寄啸咏于高闲。或矶石而孤坐，或振策以清般。鸟飞鸣而滕余，盼芳条之可攀。悠然临水，畅然登山。信造物之逆顺，更惘惘而长叹。"（沈周《自慰辞有序》，《石田诗选》卷一）这是沈周在休闲文化生活中实践自我的超脱之道，所以到了古稀之年，沈周在《题八十三岁像赞》里面说："陶潜之孤，李白之三杯酒，相对旷达犹仙。千载而下，我希二贤。"袁中道《寒食郭外探青，便憩二圣禅林》云："我自未老喜逃禅，尘缘已灰唯余酒。一生止用曲作家，万事空然柳生肘。终日谈禅终日醉，聊以酒食为佛会。出生入死总不闻，富贵于我如浮云。"[1]

二　异端思潮

明代初年，提倡"存天理，灭人欲"的程朱理学代表官方主流意识形态。太祖曾经训诫："人之害莫大于欲，欲非止于男女宫室饮食服御而已，凡求私便于己者皆是也。然惟礼可以制之，先王制礼，所以防欲也，礼废则欲肆。为君而废礼纵欲，则毒流于民；为臣而废礼纵欲，则祸延于家。故修礼可以寡过，肆欲必至灭身。"[2]

---

[1] （明）袁中道：《珂雪斋集》，上海古籍出版社 1989 年版，第 661 页。
[2] （明）姚广孝等修：《明太祖实录》卷一二六，（台北）"中央研究院"历史语言研究所 1962 年版，第 2009 页。

明代中叶以后，阳明心学成为主流，袁宏道说"当代可掩前古者，惟阳明一派良知学问而已"①（袁宏道《又答梅客生》）。王阳明和朱熹一样也讲"天理"，但是"天理"不是"心"之外的本体存在，而是存在于每个人的内心，所以他以"心"为本体，提出："心即理也。此心无私欲之蔽，即是天理，不须外面添一分"；"吾心之良知，即所谓天理也"②；"天地间活泼泼的，无非此理，便是吾良知的流行不息"③，而"良知是造化的精灵。这些精灵生天生地，成鬼成帝，皆从此出，真是与物无对"。④ 阳明"以心为理"可以说开启了晚明的人性解放思潮。泰州学派王艮则进一步在百姓日用中求道："圣人之道，无异于百姓日用。凡有异者皆谓之异端。"⑤ 李贽继承其衣钵，将人的各种物质利益诉求合理化："如好货，如好色，如勤学，如进取，如多积金宝，如多买田宅为子孙谋，博求风水为儿孙福荫，凡世间一切治生产业等事，皆其所共好而共习，共知而共言者，是真迩言也。"⑥ 这些世俗之福因为出自人的天性本能，所以其存在具有合理性："盖声色之来，发于情性，由乎自然，是可以牵合矫强而致乎？故自然发于情性，则自然止乎礼义，非性情之外复有礼义可止也。"⑦ 既然合乎人的自然天性的就是礼义，人们的声色犬马追逐自然是合

---

① （明）袁宏道著，钱伯城笺校：《袁宏道集笺校》卷21，上海古籍出版社1981年版，第738页。

② （明）王守仁著，吴光等编校：《王阳明全集》卷一，上海古籍出版社1992年版，第2页。

③ 同上书，第123页。

④ 同上书，第104页。

⑤ （明）王艮：《重刻心斋王先生语录》卷上，《续修四库全书》子部儒家类，第938册，上海古籍出版社2002年版，第324页。

⑥ （明）王守仁著，吴光等编校：《王阳明全集》卷一，上海古籍出版社1992年版，第40页。

⑦ 同上书，第132页。

理的，是不应该被压抑的。李贽提出的童心说："童子者，人之初也；童心者，心之初也。夫心之初曷可失也。"① 在现代休闲学那里，童心是休闲的重要特征，休闲文化学者杰弗瑞·戈比指出："（成年人）依然渴望过着像孩子一样自由、天真无邪的快乐人生，只有还保留着部分童心的人才可能过着快乐的生活，他们从来就没有停止过游戏。"②

　　心学对个人的重视，对欲望的疏导，使得在传统礼制中本应用理性来加以节制的各种世俗欲望，比如筑园林、营居室、事博弈、易古董等，不仅变得合理，甚至是得到鼓励，所以在明代中叶以后，流连光景，毕生以闲雅自适为价值追求的士子大有人在，他们对自然任性生活的赞赏可以说信手拈来："七情顺其自然之流行，皆是良知之用。"（王守仁《传习录》下，《王阳明全集》卷三）"士贵为己，务自适。"（李贽《答周二鲁》，《焚书》卷一）"不必矫情，不必逆性，不必昧心，不必抑志，直心而动。"（《为黄安二上人三首》，《焚书》卷二）"性之所安，殆不可强。率性而行，是谓真人。"（袁宏道《识张幼于茂铭后》，《袁宏道集笺校》卷四）钱谦益在《瞿少潜哀辞》中也有讲到："世之盛也，天下物力盛，文网疏，风俗美。士大夫闲居无事，相与轻衣缓带，流连文酒。而其子弟之佳者，往往荫藉高华，寄托旷达。居处则园林池馆，泉石花药；鉴赏则法书名画，钟鼎彝器。又以其间征歌选伎，博簺蹴鞠，无朝非花，靡夕不月。"③

---

　　① （明）李贽：《焚书》卷三，中华书局 1975 年版，第 97 页。
　　② ［美］托马斯·古德尔、杰弗瑞·戈比：《人类思想史中的休闲》，成素梅、马惠娣、季斌、冯世梅译，云南人民出版社 2000 年版，第 197 页。
　　③ （明末清初）钱谦益著，钱曾笺校，钱仲联标校：《牧斋初学集》，上海古籍出版社 2009 年版，第 1690 页。

可见心学在思想上解放了文人，文人在光景流连和物欲上的享乐主义有了充分的思想根据。情感和欲望的释放和宣泄显然要比道德的清修来得更加容易，所以"闲""趣"等审美范畴成为明代中晚期文人热衷追求的境界。文人在物力蕴藉、匠作精良的物质文明的发展中，对物质文化的渴望自然不会局限在生存层面，其中能够体现文人闲居雅境的莫过于清玩之风的盛行。清玩之风并非始于明代，但是在明代中叶以后成为一时之盛。其重要拓展在于，清玩对象不只是古玩书画等传统的文人韵事，其被延展到日常的生活饮食起居上，就连睡眠都被文人视为难得之福："帐中有此（托板），凡得名花异卉可作清供者，日则与之同堂，夜则携之共寝……若是，则身非身也，蝶也，飞眠宿食尽在花间；人非人也，仙也行起坐卧无非乐境。予尝于梦酣睡足、将觉未觉之时，忽嗅蜡梅之香，咽喉齿颊尽带幽芬，似从脏腑中出，不觉身轻欲举，谓此身必不复在人间世矣。既醒，语妻孥曰：'我辈何人，遽有此乐，得无折尽平生之福乎？'"①

三 价值流变

科举考试在明代中叶以后，其制度弊端越发明显。一方面是每年具有参加考试资格的生员数量激增。顾炎武首先注意到明代中晚期生员群体扩大所带来的社会问题，据其所云，宣德时全国共有生员三万人，至明末则到了五十余万人。另一方面是朝廷每年通过科举选拔官员的数量远远赶不上参加科举考试的人数，无数的学子被困在拥挤的仕途科举路上。虽然醉心科举、皓首穷经的腐儒不少，但是也有不少的有识之士认清科举弊端，尤其是其对自我人生价值的摧残，从而对科举考试以及随之而来的仕途经

---

① （清）李渔：《闲情偶寄》，中华书局 2009 年版，第 209 页。

济产生极大怀疑。江南文人中就有不少厌倦科举功名后选择放浪世俗，在享乐中闲度人生。以江南文坛领袖沈周来看，其终生未曾出仕。文徵明曾经这样记录其生活："先生去所居里余为别业，曰有竹居，耕读其间，佳时胜日，必具酒肴，合近局，从容谈笑，出所蓄古图书器物，相与抚题品玩以为乐。晚岁益盛，容至益多，户屦常满。"①（文徵明《沈先生行状》）像沈周这样家资丰厚的文人毕竟还是少数，大多数失意科举的文人家境贫寒。他们在仕途经济无望后，首先面临的是生存问题。这直接后果是大量士子进入文化市场，成为职业文人，而城市商业文化尤其是文化市场的繁荣，使得文人有了选择多样化人生的可能。文人治生是个古老的话题，但是古代没有哪一个时期文人对金钱和财富的追求和狂热达到这样一个程度。文化市场和职业文人队伍的空前壮大，文化主题和功能多元化，世俗文化的力量越来越大，对文化的休闲娱乐品格的追求日益突出，逐乐、消闲、娱乐成为重要主题。

（一）不耻言利

明代中晚期士商混杂是个普遍现象。余英时指出弃儒就贾在十六、十七世纪表现得最为活跃，商人的数量也许在这个时期曾经大幅上升："弃儒就商为儒学转向社会提供了一条重要渠道，其关键在于士和商之间的界限从此变得模糊了。"② 士商的频繁互动，明代中晚期民间浓厚的商业文化氛围，致使商人的活动十分引人注目，这在"三言""二拍"中有充分体现。明人文集中也

---

① （明）文徵明著，周道振辑校：《文徵明集》卷二十五，上海古籍出版社1987年版，第595页。

② ［美］余英时：《士与中国文化》，上海人民出版社2003年版，第531页。

有大量的关于当时大贾的传记，包括各种寿序、碑墓铭文，如李维桢的《大泌山房集》、汪道昆的《太函集》等。

弃儒就贾的风气使得文人的观念悄然发生变化，诸如四民、义利、贾道、治生观等都发生了根本性变化，很多文人不再耻于言利，不少文人士大夫（包括其家庭成员）加入了经商队伍，不少商人都是儒生出身或者是来自商人家庭。明代小说中有不少反映文人弃儒就贾的故事。比如李渔《觉世名言十二楼》："明朝嘉靖年间，北京顺天府宛平县有两个少年，一姓金……一姓刘……两人同学攻书，最为契厚。只因把杂技分心，不肯专心举业，所以读不成功。到二十岁外，都出了学门，要做贸易之事。"① 可见当时不少文人儒生从事商业活动，不完全是生活所迫，有不少人是确实心有所好。这从一个侧面反映，从事商业活动对于文人儒生来说已经是正常的人生选择。经商常常被看作是读书、科举之外的最好选择："四民之业，惟士为尊，然而无成，不若农贾。"② 何良俊以正德为界，谈到当时人们在观念上的转变："昔日逐末之人尚少，今去农而改业为工商者，三倍于前矣。"③ 不仅是社会上对商人价值的认识改变，朝廷官员对于商业的看法应该说也有很大变化。汪道坤出身商人家庭，在就任兵部右侍郎的时候曾经给万历皇帝上书："窃闻先王重本抑末，故薄农税而重征商。余则以为不然，直壹视而平施之耳。日中为市，肇自神农，盖与耒耜并兴，交相重矣……商何负于农。"④ 明代官员的薪酬微薄，不少官僚家中都从事工商业经营，比如徐阶为相时，"家中多蓄织妇，岁计所织，与贾为市"（于慎行《谷山笔麈》卷四）。既然当

---

① （清）李渔：《觉世名言十二楼·萃雅楼》，江苏古籍出版社 1991 年版，第 111 页。
② （明）李维桢：《大泌山房集》卷 106，齐鲁书社 1997 年版，第 154 页。
③ （明）何良俊：《四友斋丛说》卷一三《史九》，中华书局 1997 年版，第 112 页。
④ （明）张居正：《张太岳集》卷八，上海古籍出版社 1984 年版，第 99 页。

朝首辅都经商获利，不怪乎"士大夫多以纺织求利"。

　　仕途上的进与退本来就是文人传统文化选择的两面，而明代中晚期城市经济和文化的发展显然让更多的文人有机会开拓新的人生道路。对于家财雄厚的文人来说，出于对黑暗世道的抗议，他们中间很多人都选择做一个纯粹的文人，在文化和艺术的领域实现生命的价值和意义。文人尤其是中下层文人出于治生需要，不少人会选择凭借自己的文化资本谋生，曾经只是文人个人抒写心志的诗文书画不少都成为文化市场上的商品。明代中晚期是一个职业文人辈出的时代，鬻文获利在以前可能还是遮遮掩掩的事，但在明代中晚期，可以说是文人尤其是有一定知名度的文人主要的治生手段。文人卖文获利的一个重要方面是为商人作传，包括为商人写大量的寿序、家传、墓志铭等，这些文字记载了大量关于商人的活动，我们今天对明代商业及商人的了解多是来自这些记载。当然文人谀墓取酬，不是这一时期才有的，自古就有之，只不过为润笔费而大量为商人写寿序和碑传，是明代的新现象，这一现象在当时应该已经司空见惯。《明史》关于李维桢的《本传》有写道："维桢为人，乐易阔达，宾客杂进。其文章，弘肆有才气，海内请求者无虚日，能屈曲以副其所望。碑版之文，照耀四裔。门下士招富人大贾，受取金钱，代为请乞，亦应之无倦，负重名垂四十年。"① 李维桢大量为商人写墓碑来收取金钱之事迹被毫不讳言的载入《明史》，可见当时社会在价值观念上的变化。无怪乎汪道昆声称"良贾何负闳儒"（汪道昆《太函集》卷五十五）。唐寅有一首著名的言志诗："不炼金丹不坐禅，不为商贾不耕田。闲来写就青山卖，不使人间造孽钱。"唐寅虽然自

---

　　① （清）张廷玉等：《明史》卷二八八《文苑四·李维桢传》，中华书局1974年版，第7386页。

诩卖画之举是"闲来"所作，但是其商人家庭出身的背景，使得其对于卖画为生显然是不引以为耻。明代中期以后，书画市场在"院体"衰落之后，迅速进入文人画时代。明代的文人画和宋元有所不同，其虽然承袭自宋元画风，但是和宋元纯粹的文人写意不同的是，其世俗化气息更为厚重，在审美趣味上，为了迎合市场的需要，更注重写实性和装饰性，这种审美趣味上的转变主要来自书画文化的在一定程度上的商品化发展。明代中晚期版画的盛行更能体现当时文化市场商品化的浪潮，版画广阔的市场前景吸引了像陈洪绶这样优秀的文人画家的加入，从而极大提升了版画的艺术质量。

（二）奢靡世风

从宫廷到民间，奢靡之风成为明代中晚期一个重要的社会文化现象。关于这一点，当时有不少文人对此都有详细记载。出生在松江地区，历经嘉靖、隆庆时期社会变迁的范濂在《云间据目钞》中有描述："吾松素称奢淫黠傲之俗，已无还淳挽朴之机。兼以嘉隆以来，豪门贵室，导奢导淫，博带儒冠，长奸长傲，日有奇闻叠出，岁多新事百端，牧竖村翁，竞为硕鼠，田姑野媪，悉恋妖狐，伦教荡然，纲纪已矣。"①

明代中晚期世风的转变当然不是骤然而至的，随着城市商业文化的发展，奢靡之风本来就已经悄然兴起，只是在恭谨有制的孝宗皇帝离世后，从最高统治阶层开始，明帝国的社会风尚开始急速向骄奢淫逸方向滑落。当一个王朝经济发展到一定程度之后，在休闲文化消费上或多或少都会出现奢侈消费问题，但是没

---

① （明）范濂：《云间据目钞》卷2《记风俗》，《笔记小说大观》第6册，广陵古籍刻印社1983年版，第508页。

有哪个朝代如同明王朝一样，奢靡成为王朝的一个普遍现象，在当时和后世都影响深远。从地域来说，明代中晚期后期的奢靡世风是全国性质的。傅衣凌指出："像这种社会风气从俭到奢的记载，封建上下秩序的颠倒，并不是个别现象，而是十五、六世纪以后南北各地所普遍存在的。"① 其中学者对经济发达的江南地区的奢靡现象研究最为集中，成果也最为丰富。徐弘、牛建强、陈江、王卫平等人对此都作了相当深入的专题研究，收集整理了大量历史事实，嘉靖以后的地方志都有大量关于地方奢靡世风的相关记载，如《万历建阳县志》里面记载："乡间视城市差胜，而巨村大姓，亦渐染成俗。是诚贾生所为太息而荀悦所为深虑者也。"② 另外樊树志的《江南市镇的民间信仰与奢侈风尚》、刘志琴的《晚明城市风尚初探》、巫仁恕的《明清湖南市镇的社会与文化结构之变迁》等论文都比较详细讲到了奢靡世风在明代中晚期市镇中的普及，不仅是有钱有闲阶级追逐奢靡的生活，下层的贩夫走卒也是渐染习气，当时不少的县府志对此都有描述："驵侩庸流么麽贱品，亦戴方头巾，莫知禁厉。其俳优隶卒、穷居负贩之徒，躡云头履行道上者踵相接，而人不以为异。"（万历《通州志》卷二《风俗志》）"虽仆隶卖佣，亦轩然以侈靡相雄长。"（嘉靖《衡州府志》卷一《风俗志》）"甚者娼优服饰侈于贵族。"（嘉靖《广平府志》卷十六《风俗志》）

可见随着商品经济的发展和城市文化的日益成熟，奢靡之风溢出少数统治阶层，可以说是蔓延至整个王朝，具有普遍性质。根据贝里对奢侈做出的定义："无论在何种社会，奢侈的对象无

---

① 傅衣凌：《明清社会经济变迁论》，人民出版社1989年版，第15页。
② （清）李再灏：《道光建阳县志》卷二转引《万历志》，建阳县志办公室影印道光十二年刻本1985年版。

外乎饮食、居所、衣着、娱乐休闲，这四大类既与人类生存的基本需要相联系，也和奢侈与享乐欲望相联系——奢侈总是与物质或感官上的愉悦相连。"① 明代中晚期的奢靡就其具体内容和表现来说，自然在衣食住行、休闲娱乐中表现得最为充分，因此对明代中晚期休闲文化的考察，有助于我们认识那段历史。

文人士子在物质文化的盛宴面前逐渐褪去了道德的枷锁，酒筵曲会、风花雪月中的纵情逸乐代替了儒道的理想主义。沈德符在《万历野获编》中描写嘉靖以后世人对奢靡生活的追逐："嘉靖末年，海内宴安，士大夫富厚者，以治园亭、教歌舞之隙，间及古玩。如吴中吴文恪之孙，溧阳史尚宝之子，皆世藏珍秘，不假外索。延陵则嵇太史，云间则朱太史，吾郡项太学、安太学、华户部辈，不吝重赀收购，名播江南。南都则姚太守汝循、胡太史汝嘉，亦称好事。"② 钱谦益在晚年追忆明末风流时谈道："世之盛也，天下物力盛，文网疏，风俗美。士大夫闲居无事，相与轻衣缓带，留连文酒。而其子弟之佳者，往往荫藉高华，寄托日广达。居处则园林池馆，泉石花药；鉴赏则法书名画，钟鼎彝器。又以其闲征歌选伎、博簺蹴鞠，无朝非花，靡夕不月。太史公所谓游闲公子，饰冠剑，连车骑，为富贵容者，用以点缀太平，敷演风物，亦盛世之美谭也。"③ 谢肇淛有对晚明前后之"闲"进行对比："所谓闲者，不殉利，不求名，淡然无营，俯仰自足之谓也。而闲之中，可以进德，可以立言，可以了生死之故，可以通万物之理。所谓'终日乾乾欲及时'也，今人以宫室之美，妻妾

---

① 〔美〕克里斯托弗·贝里：《奢侈的概念：概念及历史的探究》，江红译，上海人民出版社 2005 年版，第 11 页。

② （明）沈德符：《万历野获编》卷二十六，中华书局 2012 年版，第 654 页。

③ （明末清初）钱谦益著，钱曾笺校，钱仲联标校：《牧斋初学集》卷 78，上海古籍出版社 1985 年版，第 1690 页。

之奉，口厌粱肉，身薄绒绮，通宵歌舞之场，半昼床第之上，以为闲也，而修身行己、好学齐家之事，一切付之醉梦中，此是天地间一蠹物，何名利不如之有？"①

在谢肇淛看来，古人求"闲"是"进德""立言""了生死之故"，是"通万物之理"，这都是道德上的修炼和精神上的境界追求，而今人则相反，追求的都是身体的安逸享乐。明代灭亡之后，追忆往昔的盛世繁华是清初文学的一个重要母题，其中文人虽然也会有道德的矫饰和自责，但是对于整个时代的浮华世风，是被作为文明之成就来加以追忆的，甚至在 16 世纪，还出现了对奢靡的社会功能的肯定。嘉靖年间学者陆楫（1515—1552）《蒹葭堂杂著摘抄》中从经济和消费的角度对奢靡加以肯定，指出："治天下者将欲使一家一人富乎？抑亦欲均天下而富之乎？予每博观天下之势，大抵其地奢则其民必易为生；其地俭则其民必不易为生者也。何者？势使然也。今天下之财赋在吴、越，吴俗之奢莫盛于苏、杭之民。有不耕寸土，而口食膏粱；不操一杼，而身衣文绣者。不知其几何也。盖俗奢而逐末者众也。只以苏杭之湖山言之：'其居人按时而游，游必画舫肩舆、珍馐良酝，歌舞而行，可谓奢矣。而不知舆夫、舟子、歌童、舞妓仰湖山而待爨者，不知其几'。故曰：'彼有所损，则此有所益。'若使倾财而委之沟壑，则奢可禁。不知所谓奢者，不过富商大贾、豪家巨族，自侈其宫室、车马、饮食、衣服之奉而已。彼以粱肉奢，则耕者、庖者分其利；彼以纨绮奢，则鬻者织者分其利。"陆楫对奢靡的辩护着眼于现实利益，在他所受的儒家教育那里找不到多少可以引经据典的根据，更多是根据社会的实际情况提出来的，这可以说是当时社会价值流变的一个重要佐证。

---

① （明）谢肇淛：《五杂俎》卷十三，上海书店出版社 2009 年版。

（三）淫逸夸饰

明代中期以来，由于物质财富的极大丰富，一般民众在物质生活上多有追求时尚潮流之举，以致僭越礼制之行为多有发生。李渔在《闲情偶寄》卷首"规正风俗"中谈道："风俗之靡，日甚一日。究其日甚之故，则以喜新而尚异也。"① 万历《新修余姚县志》："四乡小民……近且趋奇炫诡、巾必骇众而饰以玉，服必耀俗而缘以彩，……至于妇女服饰，岁变月新，务穷珍异，诚不知其所终也。饮食者流，惟取属厌，无论穷海极陆，八珍四膳之奢。"② 可见趋奇炫诡、喜新尚异已经不是少数特权阶层的个别行为，而是具有普遍性的社会行为，尤其是在民众的日常生活风俗上。当代不少学者都注意到这个问题，比如台湾学者林丽月的《衣裳与风教：晚明的服饰风尚与"服妖议论"》、巫仁恕的《明代平民服饰的流行风尚与士大夫的反应》。徐泓也发表有多篇关于晚明社会风尚变迁的论文，都牵涉到明代中叶以后社会风尚的变化，尤其是关于日常生活消费上人们对时尚的追逐之风。

随着侈靡和违礼成为社会常态，儒家传统所推崇的安贫乐道的理想在强大的商业文明面前逐渐失去往日光辉，拜金、享乐、纵情等包含各种世俗欲望的词语成为明代中晚期社会的流行价值观，人们对金钱的追逐近乎狂热。"不汲汲于富贵，不戚戚于贫贱"的文人雅士对金钱财富的欲求甚至是不加掩饰的。袁宏道有讲："人生三十岁，何可使囊无余钱，囷无余米，居住无高堂广厦，到口无肥酒大肉也，可羞也。"③ 谢肇淛描述当时南京的奢靡

---

① （清）李渔：《李渔全集》卷三，浙江古籍出版社1991年版。
② 《中国方志书》华中地区第501号，卷五"风俗"，明万历年间刊本影印，第160页。
③ （明）袁宏道著，钱伯城笺校：《袁宏道集笺校》卷五《毛太初》，上海古籍出版社1981年版。

逐乐："金陵秦淮一带夹岸楼阁，中流萧鼓，日夜不绝。盖其繁华佳丽，自六朝以来已然矣。"① 何良俊写江南风尚："松江近日有一谚语，盖指年来风俗之薄，大率起于苏州，波及松江。二郡接壤，习气近也。谚曰：'一清诳，圆头扇骨楷得光浪荡；二清诳，荡口汗巾折子档；三清诳，回青碟子无肉放；四清诳，宜兴茶壶藤扎当；五清诳，不出夜钱沿门跄；六清诳，见了小官递帖望；七清诳，剥鸡骨董会摊浪；八清诳，绵绸直掇盖在脚面上；九清诳，不知腔板再学魏良辅唱；十清诳，老兄小弟乱口降。'"②

　　除了在衣食住行等日常生活上的奢靡之风，在男女之好上，尤其是在明末，仕宦娶妾以自娱之风盛行。古代实行一夫多妻制，娶妾之传统由来已久，魏晋南北朝贵族家庭盛行家妓，唐宋士大夫也多有在家庭中养有才貌双全、专供声色之娱的姬妾，比如白居易的侍妾小蛮、樊素之类。只是明末以前，娶妾多是出于繁衍后代需要，明末则多为自娱。李渔在《闲情偶寄》中说："凡人买姬，纯为自娱。"由于社会对女性才色情的追逐，使得"瘦马"买卖成为明末一个重要的商业现象。王士性（1547—1598）在《广志绎》中对这一行业有比较详细的描写："广陵蓄姬妾家，俗称'养瘦马'，多谓取他人子女而鞠育之，然不啻己生也。天下不少美妇人，而必于广陵者，其保姆教训严闺门，习礼法，上者善琴棋歌脉，最上者书画，次者亦刺绣女工。至于趋侍嫡长，退让侪辈，极其进退浅深，不失常度，不致悫嫠起争，费男子心神，故纳侍者类于广陵觅之。"③ 李渔所谓"买姬妾如治园圃"，《闲情偶寄》卷三设有专门的"声色部"，其中对于女子

---

① （明）谢肇淛：《五杂俎》卷三《地部》，上海书店出版社 2009 年版。
② （明）何良俊：《四友斋丛说》卷三五《正俗》，中华书局 1997 年版。
③ （明）王士性：《王士性地理书三种》卷二，上海古籍出版社 1993 年版，第 271 页。

的才色情如何塑造提出诸多训练原则和美学设想。"瘦马"这一特殊商品市场体现的是整个社会对感官欲望的追逐和商业利益的结合。

(四) 退守生活

明代中叶以后尽管仍有部分耿介之士希望能够以传统儒家思想整顿世事，但是世风已是大坏，清流领袖纷纷遇害，末流甚至演变为激烈的朋党之争，政治的黑暗常常浇灭文人的济世之心。袁中道《与丘长儒》："天下多事，有锋颖者，先受其祸，吾辈惟嘿惟谦可以有容。"（袁中道《珂雪斋集》卷二十三）陈继儒《文娱序》："吾与公此时，不愿为文昌，但愿为天聋地哑，庶几免于今之世矣。"文人沉默退守的姿态对政治来说是消极的，对于个人身心发展来说是积极的自我展现，对于休闲文化发展来说有着积极意义。正如李泽厚所说："他们虽然标榜儒家教义，实际却沉浸在自己的各种生活爱好中：或享乐，或消闲；或沉溺于声色，或放纵于田园；更多的是相互交织配合在一起。"① 不能说明代文人没有建功立业之心，而是文人生活的重心有很大一部分倾向个人生活，山水友朋、诗酒应酬、光阴之叹以至吃饭穿衣皆可敷衍成文，"心灵的安适享受占据首位，不是对人世的征服进取，而是从人世逃遁退避；不是人物或人格，更不是人的活动、事业，而是人的心境意绪成了艺术和美学的主题"。②

明代文人在政治上的退守，同时是在个人生命意义上的积极。明人将生命的价值意义导向自我，最能展现自我价值的地方就在于休闲文化，在于文学、山水、园林、艺术、宗教以至爱情，

---

① 李泽厚：《美的历程》，文物出版社1981年版，第154页。
② 同上书，第155页。

所以时人好称"闲"，作品亦好以"闲"来命名，又常常以亲身实践来说明如何忙处偷闲。以屠隆来说："含香之署，如僧舍，沉水一炉，丹经一卷，日生尘外之想。兰省簿牒，有曹长主之，了不关白，居然云水闲人。独畏骑款段出门，捉鞭怀刺，回飙薄人，吹沙满面，则又密想江南之青溪碧石，以自愉快：吾面有回飙吹沙，而吾胸中有青溪碧石，其如我何？每当马上，千骑飒沓，堀堁纷轮，仆自消摇仰视云空，寄兴寥廓，踟蹰少选而诗成矣。五鼓入朝，清雾在衣，月映宫树，下马行辇道，经御沟，意兴所到，神游仙山，托咏芝术，身穿朝衣，心在烟壑，旁人徒得其貌，不得其心，以为犹夫宰官也。"（屠隆《答李惟寅》）屠隆将官署看作僧舍，身穿朝服，却是心在烟壑，可焚香、读经，遐想方外、心游江南青碧山水之中。在朝为官者尚且心系老庄之事，没有公事缠身的布衣之士更是将主要心力花在休闲上，致力于山水云烟的追求和对家居生活的种种安排布置。文人好以"寄"或"癖"来自我解脱："人情必有所寄，然后能乐，故有以弈为寄，有以色为寄，有以技为寄，有以文为寄。古之达人，高人一层，只是他情有所寄不肯浮泛，虚度光景。"[1] 文人心态里面少有前代文人的贵族感觉，尤其是江南文人多热爱世俗生活，甚至有不少人热衷商贾货殖之事，"虽平时号士大夫者，矜夸矫饰，相习以非，相尚以利，曾不见怪。"（吴宽《吴府君墓志铭》，《家藏集》卷六十二）"至今吴中缙绅士大夫多以货殖为急。"（黄省曾《吴风录》）

明代文人多是聚集在城镇，他们对市井生活的归属感随着城市文化的发展愈加强烈。比如范濂记载："布袍乃儒家常服也，迩年鄙为寒酸，贫者必用绸绢色衣，谓之薄华丽而恶少文，且从

---

① （明）袁宏道：《袁中郎全集》卷二十一，上海古籍出版社1981年版，第954页。

典肆中觅旧段旧服翻改新起。"① 从服饰这样一个生活细节的认同上，我们可以窥见当时文人对市民生活的认可。事实上，明代大量兴办官学并且大大放宽了对于科举资格和身份的限制，从而导致士人群体的扩大，据顾炎武所云：明末全国仅"生员"就已达五十万人之多（顾炎武《亭林文集》卷一《生员论》）。文人如果要依靠科举出仕，入朝为官是非常艰难的事情，那么大部分"生员"都必须面对生存的挑战，毕竟出身优渥的"生员"极少。大量的平民文人都不得不投入生存的竞争中，从当时文人内部激烈的生活竞争中可以窥得一二。顾起元："富实之家才有延师意，求托者已麇集其门。"（顾起元《客座赘语》卷九）戴名世："余惟读书之士，至今日而治生之道绝矣。田则尽归富人，无可耕也；牵车服贾则无其资，且有亏折之患；至于据皋比为童子师，则师道在今日贱甚，而束脩之入仍不足以供俯仰。"（戴名世《戴名世集·种杉说序》）明代小说中也有不少篇章描写明代文人"治生"的艰难。陆人龙在《型世言》第十九回写当时要谋得一份教席的不易："要人上央人去谋。或是亲家，或是好友，甚是出荐馆钱与他陪堂，要他帮衬。"明代文人普遍存在的尚财好货的价值观，一方面固然和当时整个社会"世利交征"的社会风尚有关；另一方面不得不说和文人自身面临的巨大的生存压力有很大关系。在艰难生计面前，家无余财的文人在科举无望之余，也不得不回到生存层面，他们中的一部分开始贩卖传统的雅文化给城市的富裕阶层，明代中叶以后发展迅速的清玩鉴赏文化是其重要结果。另外一部分直接面向市民阶层，这一时期蓬勃发展的市民文学是一重要佐证，文化艺术本身成为商品，比如"三言""二拍"都是根据市场需要编辑整理创作出来的文化商品。

---

① （明）范濂：《云间据目抄》卷二《记风俗》，广陵古籍刻印社1983年版。

四　文化艺术的全面繁荣

宋元文化在休闲的方式和价值追求上是倡扬正雅去俗。宋元之后，尤其是明代中晚期，休闲文化的审美诉求总体上体现出雅俗不二、出雅入俗的特征。这和明代中晚期文化艺术的全面繁荣有密切关系。明代中晚期无论是传统的雅文化还是通俗文化都进入了一个全面发展的时期。

（一）文学的全面繁荣

明代中晚期诗文发展。明代中晚期在传统的诗文领域，虽然没有出现唐宋文学的盛况，但是胜在热闹。明代中晚期在流派和风格的多样化上可以说是前所未有。茶陵派、前后七子、唐宋派、"公安派"和"竟陵派"等，各自都对明代中晚期诗文的创作和理论研究做出了自己的贡献。在复古和反复古的话题争论中，明代中晚期诗文可以说是佳作迭出，群星闪耀。其中最为后世瞩目，最能够代表明代中晚期诗文特色的是小品文。小品文不是自明代开始，但是在明代中晚期发展到顶峰。这种文体并无定制，包括尺牍、日记、游记、序跋、短论等，其特点大致有三：一是通常篇幅不长，二是结构松散随意，三是文笔轻松而富于情趣。徐渭、袁宏道、王思任、张岱、刘侗等人在小品文上都颇有成就。其中的张岱，品行高超、个性坚强并富有民族气节，曾学"公安""竟陵"派风格，并能融其二家而独成一格。

通俗文学的大发展。明代中晚期是中国古代俗文学发展的高峰。俗文学是相对雅文学来说的，雅俗的界定并不是非常分明。通俗文学是一个模糊的说法，一般来说，在明代中晚期，俗文学主要是指小说、戏曲、民歌、笑话等，其主要区别体现于传统文人价值的世俗价值，主要以广大的平民阶层为受众，在艺术手法上偏重叙事。明代中晚期尤其是晚明，俗文学的各个门类由于整个通俗文化市场的繁荣都得到了极大发展。

古代小说在明代中晚期达到了一个新的高度。孙楷第先生称"吾国小说至明代中晚期而臻于极盛之域"，长篇章回体有历史演义、英雄传奇、神魔小说、世情小说。中短篇小说包括文言小说和白话小说。明代中晚期文言小说大多是以选集的形式编撰和刊印，其中既有纯粹面向文人雅士阶层的笔记小说和文人传奇，也常常会收录一些通俗文本，比如宋元的话本。这类小说选集不仅被文人雅士喜欢，在市民社会也有不小市场，是明代中晚期印刷出版业的明星产品之一。笔记小说集的代表包括何良俊的《语林》、慎蒙的《山栖志》、李邵文的《明世说新语》、焦竑的《玉堂丛语》。明初年的《剪灯新话》和《剪灯余话》打开了自宋以降几乎断裂的传奇小说创作。王世贞编辑有《剑侠传》、徐广编有二十卷的《二侠传》，文人创作传奇也逐渐蔚为风尚，其中具有代表性的是宋懋澄，其《九籥集》和《九籥别集》中收录的小说创作有四十四篇之多。白话小说主要以短篇为主，随着"三言""二拍"的前后刊印，其成为明代中晚期小说中最具有代表性的文学体裁之一。

明代戏曲以传奇闻名。四大声腔的成熟与发展是明代传奇盛行一时的重要原因："数十年来，所谓南戏盛行，更为无端。于是声音大乱。……今遍满四方，辗转改益，又不如旧。而歌唱愈谬，极厌观听，盖已略无音律腔调。愚人蠢工，徇意更变，妄名余姚腔、海盐腔、弋阳腔、昆山腔之类。变易喉舌，趁逐抑扬，杜撰百端，真胡说也。若以被之管弦，必至失笑。"（祝允明《猥谈·歌曲》）明代中晚期传奇在表演艺术上的日益成熟和其戏曲创作上的繁荣是相辅相成的。根据傅惜华《明代中晚期传奇全目》一书中统计的数字，今知明代中晚期传奇有950部，其中全本有207部，存佚曲者140部，失传603部。《宝剑记》《浣纱记》《鸣凤记》三大传奇的出现，标志传奇艺术的成熟，并使得昆腔成为文人骚客的心头爱，大量文人加入传奇的创作，诞生了大量文人传奇剧作，包括《玉簪记》《桃花人面》《红梨记》《红梅记》等，为戏曲这一源自民间的艺术注入文人特质，后来汤显祖的临江派和沈璟的吴江派在理论和创作上的争胜斗理，更是将明代中晚期戏曲发展带到一个新的高度。

民歌在明代中晚期有山歌、俚曲、小令、俗曲、时曲等别称，其来自民间，是明代中晚期平民文化审美趣味的集中反映。明代中晚期的民歌俚曲可以说相当发达。明人陈宏绪《寒夜录》称："我明诗让唐，词让宋，曲让元，庶几《吴歌》《桂枝儿》《罗江怨》《打枣杆》《银纽丝》之类，为我明一绝耳。"民歌的流行和鲜活的生命力吸引了当时不少文人的注意力。作为明代文坛领袖的李东阳和李梦阳都对民歌的价值进行了肯定。袁宏道不仅在理论上肯定民歌的价值，而且身体力行创作了不少拟乐府民歌。冯梦龙编辑整理了《挂枝儿》《山歌》，李开先辑录《市井艳词》（已轶）。梁乙真先生的《元明散曲小史》中将小曲和宋词、元曲等视。刘大杰的《中国文学发展史》和郑振铎的《中国俗文学史》都为明代中晚期民歌专列一章。章培恒主编的《中国文学史》明确指出李梦阳、袁宏道等人将民歌视为"文学的审美理想"。

（二）以书画艺术为代表的清赏文化的发达

明朝建国之初，太祖恢复了宋代的画院设置，朝廷通过荐举和征召的方式罗致了大量的优秀人才，以宫廷画家为主的"院体"成为明代中晚期前期的主流。正德以后，随着朝廷危机日益凸显，对文化思想领域的钳制放松，加之书画创作和流通上的商品化和市场化，代表官方意志的院体不可避免走向衰微，传统的书画艺术进入流派众多、异彩纷呈的黄金时代，其中以反映新兴市民文化审美取向的"吴派"最具有代表性。徐沁《明画录》著录的画家计有800余人，苏州一地，即占150余人，松、常、太仓三地可纳入吴门画派的也有150多人，可见当时吴门之浩大声势。

明中期以来书画艺术的发达和宋元有所不同，其推动力不仅来自传统的文人士人夫阶层，很大程度上来自书画市场的商品化发展。明代中叶以来，书画市场具有近代消费文化的因子，一方面明代中晚期波及各个阶层的求雅竞奢之风带动艺术文化消费品的消费热潮，另一方面大量文人投入书画艺术的商业化创作，出现不少以绘画为生的职业画家，出售书画成为不少文人治生的重要手段。

明代中晚期画家不仅创作了大量的传统画作，出于市场的要求，不少文人画家还参与了民间的年画和版画的创作，尤其是深受市民喜爱的小说戏曲插图的创作。如以福建建阳为中心的建阳版画，其画风粗豪简率，代表作有《水浒志传》《西厢记》等；以南京为代表的金陵派版画，画风清丽，线条流畅，布局疏朗，代表作有魏少峰的《三国演义》、刘希贤的《金陵梵刹志》等；以杭州为中心的武林版画，画面布局更重视景色刻画。

（三）工艺美术

明代是中国古代工艺美术文化发展的高峰，无论是在生产还是消费上都达到了前所未有的规模。明代中叶以后，奢靡之风的盛行推动自上而下的消费热潮，极大地刺激了工艺美术文化的发展，这在作为经济和文化中心的江南地区尤为突出，其风格意趣引领全国，被称为"苏式"，其完美体现了商业和文化的结合，雅和俗的审美趋向交相融合，重技艺的工匠传统和重超功利艺术精神的文人传统整合，共同将明代中晚期工艺美术推向高潮。

江南地区作为工艺美术发展的中心，无论是在集中化还是专业化程度上都有了进一步提高，其生产能力和工艺水平都有了显著发展。仅就江南吴县来说，根据崇祯《吴县志》记载，当地出产的时玩包括"珠宝花、翠花、玉器、水晶器、玛瑙器、雄黄雕器、香雕器、玳瑁器、象牙器、烧料器、金扇"等。其工艺水平已经达到相当的高度，仅就玉器工艺来说："琢玉雕金，镂木刻竹，与夫案漆装演、像生，针绣咸类聚而列肆马。其曰鬼工者，以显微镜烛之，方施刀错。其曰水盘者，以砂水涤滤，泯其痕纹，凡金银琉璃绮铭绣之属，无不极其精巧，概之曰苏作。"①

明代中晚期工艺文化除了承袭宋元以来的传统工艺以外，还开创了不少新的品种。明代不仅大量烧制青花瓷，还开发出工艺复杂、风格富丽的彩瓷和颜色釉瓷器，景德镇是全国的制造中心，遍布数以千计的官窑和民窑，素有"工匠来四方，器成天下走"的美称。宜兴的紫砂陶器、山西的玻璃器和法华器闻名全国，在技术和艺术上都达到了新的高度。明代中晚期家具在继承宋代传统继承上形成自己独特风格，被称为"明式"，其影响一直延续至今。明代中晚期是中国古代园林文化和清赏文化的高峰，其发展带动了与之相关的工艺美术产业的发展和繁荣，包括以观赏和装饰为主要目的的各种雕刻艺术和装饰文化，不少以前只是供少数上层文人雅士把玩鉴赏的古玩时器都变成了随处可见

---

① （明）牛若麟修，王焕如纂：《吴县志》卷29，收入《天一阁藏明代方志选刊续编》第25册，上海书店出版社1990年版，第799页。

的商品，不过一是古物毕竟有限，二是名人出品的时玩数量也非常有限，所以明代中晚期的仿古作伪产业相当发达，当时苏州不但是全国工艺文化的中心，也是仿古作伪产业的中心，这也从反面说明当时工艺文化的热潮。

　　明代中晚期工艺美术文化的发展热潮除了得益于明代中晚期社会商品经济发展的大潮，还和大量的文人雅士加入工艺美术文化发展大潮有重要关系。以工艺文化重镇苏州来说，其不仅是经济中心，也是文化中心，其不仅集结了来自全国的工艺名家，更是聚集了大量的文人雅士，彼时文人和工匠直接的阶层分化已经不是那么严格，其彼此交游可以说是相当频繁，在艺术上的合作更是常有之事，工匠尤其是知名工匠的价值在一定程度上得到文人的极大认可。张岱有说："竹与漆与铜与窑，贱工也。嘉兴之腊竹，王二之漆竹，苏州姜华雨之篆竹，嘉兴洪漆之漆，张铜之铜，徽州吴明官之窑，皆以竹与漆与铜与窑名家起家，而其人且与缙绅先生列坐抗礼焉。"（张岱《陶庵梦忆》卷五）明代中晚期不少文人都直接参与了工艺美术的设计和制作，如书画装裱中，卷轴的规格、绢绞的配色等往往都是文人亲自完成。另外，明代中晚期仿古作伪行业发达。对于古董的仿制，没有文人的指导参与显然是不可能完成。明代中晚期出现了大量关于器物设计、制作、陈设艺术等的专著，如计成的《园冶》、文震亨的《长物志》、李渔的《闲情偶寄》等。

　　工艺美术文化具有综合性发展的意义，其既是人们物质生活的重要内容，也是人文精神的集中体现，是实用和艺术精神的完美结合。明代中晚期工艺文化的极大繁荣体现了人们休闲生活的两大取向：一是生活的艺术化，文人将审美追求注入工艺品的制作消费文化中，托物言志，使得其成为文人意趣的代言，极大提升工艺美术文化的审美品位和价值；二是艺术的生活化，明代中晚期器物文化的发展和繁荣很大程度上得益于其在广大市民阶层的普及，许多以前属于文人士大夫休闲消遣的清玩古董都成为普通市民文化生活的重要内容，这对于整个文化的进步来说有着重要意义。

第二章

明代中晚期休闲审美思想的总体特征

　　明代中晚期是休闲审美文化大繁荣的时期。休闲文化的实质是人生哲学，其中必然包含对生命本质和人生意义的认识。明代中晚期是生活美学高度发达的时代，对生活本身意义的推崇是明代中晚期文化的基本特征之一。明代中晚期是"三教合一"的大发展时期，儒道释都强调对人的生命本质的探讨。具体表现在休闲文化的发展上，就是将其作为本体价值，以此为出口，思考人作为个体存在的情感和意义。在明代中晚期休闲文化的发展中，我们可以看到先秦时期就已经奠定了的关于休闲本体的哲学思考，而明代中晚期休闲文化及其审美意识发展在全面性和深刻性上都达到了前所未有的高度。

第一节　审美意识的深化发展

　　明代休闲审美意识的发展大致可以分为前后两个大的时期：第一个时期是明代初年，大概从明代开国到正德以前；第二个时期是从嘉靖万历到明亡。明代初年，因为明太祖推行"衣冠治国"，在娱乐和文化的消费上有着严格的礼仪制度规定，加上明代初年整个社会经济处于恢复时期，思想上受到程朱理学的严格限制，整个社会的文化都处于保守状态。明代中叶以后，朝廷客观上对社会控制力的减弱，以"心学"为代表的思想解放潮流、城市文化及商品经济的大发展等，形成一股合力，共同促进休闲文化的大发展。这一时期也是审美文化发展的成熟期和变革期。如果说此前审美文化思想的重点在于贵族文人的"雅"文化，那这一时期突出展现的是具有鲜明平民色彩的休闲文化审美思潮。

一　儒道释综合

明代中晚期是儒道释三家综合发展的重要历史时期。"心学"的代表人物王阳明早在青年时期就对儒道释都有爱好："始泛滥于词章，既而遍读考亭之书，循序格物，顾物理吾心终判为二，无所得入。于是出入于佛、老者久之。"① 儒家学说发展到明代中晚期，其以儒学为本，融合佛老的综合性质已经十分明显。对于这一点，冯友兰先生有比较明确的论述，他提出新儒家的来源除了传统的儒道两家，主要来自本土化佛教代表——禅宗，"在某种意义上，新儒家可以说是禅宗的合乎逻辑的发展"。②

明代中晚期"三教合一"、儒道释的融合发展决定了明代中晚期审美意识上的基本特质。休闲文化及其审美意识上的诉求深深地烙上了"三教合一"的印记。这一时期在审美追求上突破了传统儒家思想，"闲"和"适"的独立性在理论和实践上得到承认。和"闲"相关的情感、个体的独立价值都得到前所未有的重

---

① （明）王守仁著，吴光等编校：《王阳明全集》卷四十，上海古籍出版社 1992 年版，第 44 页。

② 冯友兰：《中国哲学简史》，北京大学出版社 1996 年版，第 229 页。

视，人们对文化艺术的本质以及文化和政治、伦理的关系问题都有了新的理解，这些转变实际上都反映了道家和禅宗对传统儒家思想的冲击。明代中晚期尤其是明季文人和政治的关系可以是前所未有的疏离。参禅问道是明季文人生活的主要内容，生活本身成为审美的目的和对象。文人或为儒，或求道，或参禅，都可以集中到生活这一基石上。人们对美的界定从来没有如此充满人间烟火的味道。文人从来没有这样热衷在人情物理中追求生命的价值和意义。这与禅宗将现实生活作为生命存在的本体意义有根本关联。佛教作为一个外来宗教，其发展到明代中晚期，基本上实现了本土化，禅宗就是代表。禅宗在士人阶层的盛行，与其世俗化演变有重要关联。禅宗相信不用通过艰苦的修行，不用斋戒念佛，只要有悟性，不用牺牲现世的快乐享受，就可以通过顿悟成佛。极简化的禅宗和推崇"致良知"的心学一拍即合，狂禅之风盛行一时。当代学者毛文芳指出："明代中叶以来，儒禅参融之思想型态与禅悦之风的流行，适与禅风变质的习气互相感染，加上阳明学标榜'狂者'的人格风姿，逐渐导出'狂禅'的文化风潮。是故，实在是窥探晚明文化现象的一个重要管道。"① 禅家对个体生命意义的重视，对真我本质的追求和心学对自然本性的追求结合在一起，不仅是对思想文化发展有重要意义，对于明代艺术文化发展也有极大促进意义。陈继儒在《艺苑赘言序》中的一段自白可以说是对明季文人出入儒道释的审美人生追求的最佳概括："方其翩翩为儒生也近儒；及其毁冠绅，游戏于佛奴道民之间近二氏；醉卧酒炉，高吟骚坛近放；遇人伦礼乐之事，扣舌屏气，斤斤有度近庄；好谭天文禽道及阴阳兵家言近迂；浪迹山根树林之傍，与野狖瘦猿腾跃上下而不能止近野。故余之游于世

---

① 毛文芳：《晚明"狂禅"探论》，（台湾）《汉学研究》2001 年第 19 卷第 2 期。

也，世不知其何如人，余亦不自知其何如人。其五行所不能束，三教之所不敢收者邪？盖宇宙之赘人也。"① 可见在休闲审美品格上，儒道释是共同统一在文人身上的。

二　本体认同

"从终极意义上讲，儒道都是认同宇宙之闲的本体地位的。"② 佛家也是认可"闲"作为本体的存在意义，唐宋以后，禅宗逐渐成为佛家主流。禅宗喜讲"闲"，华严隆禅师初参石门彻和尚曰："古者道，但得随处安闲，自然合他古辙。"（《言法华、华严隆禅师》，宋代惠洪《禅林僧宝传》卷二）禅宗之讲"闲"，说的是对当下生命状态的随性而安。这与儒家的"燕闲"、道家的"无江海之闲"在本体认同上有一致之处，都是强调"闲"作为审美本体的自得自在。对于"闲"的认知，有一个演变的历史。"闲"在《说文解字》中引申为"空隙""空闲""闲暇"。根据学者苏状的考证，"闲"本来可能是"閒"字，读作 jian，指的是空间上的间隙，后来引申为时间上的空闲，读音也变成现在我们熟知的 xian。后又假借防闲之"闲"来表示这个引申义，唐宋以后，多是用"闲"字代替"閒"字。③ 关于"闲"的意义，除了时间上的空闲，早在先秦，"闲"就常常被用来表示生命的本体状态，对于"闲"的本体认同一直存在。庄子的"心闲"之说就是将"闲"作为生命的最高境界加以认同。到了刘勰的《文心雕龙》，有"入兴贵闲"之说，"闲"可以说是艺术文化的本体，唐宋元

---

① （明）陈继儒：《陈眉公先生全集》卷十二，崇祯年间刻本。

② 潘立勇、陆庆祥：《中国传统休闲审美哲学的现代解读》，《社会科学辑刊》2011年第4期。

③ 关于"闲"的字源发展的说明，参见苏状《"闲"与中国古代文人的审美人生》，博士学位论文，复旦大学，2008年，第7—10页。

明一路发展下来，大量关于"闲""閒"的论述不绝如缕，"闲"作为审美本体的意义一直被延续下来。不过，古人说"闲"的时候实际上少有单用，多是说闲居、闲情等，多是和仕宦并称的。白居易写了大量的"闲适诗"，关于这些闲适诗的创作缘由，他在《与元九书》中谈道："又或公退独处，或移病闲居，知足保和，吟玩情性者一百首，谓之闲适诗。"他又说道："谓之讽喻诗，兼济之志也；谓之闲适诗，独善之义也。"① 可见所谓的闲适展示的主要是公事之余的闲暇时光，并且对闲适的理解是被框定在诗文吟诵之类的精神文化生活上，其审美诉求主要是"心闲"，强调的是精神境界上的"闲"，与现实生活的关联事实上并不大。

　　休闲文化发展到明代中晚期，对"闲"的认识可以说是有了本质变化。传统的休闲观强调的是超功利性的审美境界追求，"闲"的生命状态是片面性的。明代中晚期文人则普遍将"闲"的状态作为本体价值追求。他们对"闲"的认知，不仅仅是闲暇之余的闲情雅致和功业之外的短暂心灵安顿，而是生命的本体价值所在，甚至是生活的真正意义。"闲"作为明代中晚期文人希望在生活中致力打造的一个理想状态，其本身就是价值所在，而不仅仅是公务之余的点缀，所以明代中晚期休闲文化从"心闲"转入"身闲"。传统的休闲文化在审美追求上更多是境界化的超功利审美，少有涉及世俗欲望。明代中晚期休闲文化则不同，其更多关注"居处饮食及男女日用"。李渔称其为："居家有事之学"，应该要"人人可备，家家可用"。② 陆邵珩道："人言天不

---

　　① （唐）白居易著，朱金城笺校：《白居易集笺校》卷四五，上海古籍出版社1988年版，第2794页。

　　② （清）李渔：《闲情偶寄》卷六，中华书局2009年版，第308页。

禁人富贵，而禁人清闲，人自不闲耳。若能随遇而安，不图将来，不追既往，不蔽目前，何不清闲之有。"① 华淑深情地描述了"闲"的种种状态："晨推窗，红雨乱飞，闲花笑也；绿树有声，闲鸟啼也；烟岚灭没，闲云度也；藻行可数，闲池静也；风细帘清，林空月印，闲庭悄也。"② 可见明代中晚期文人毫不讳言自身对闲雅自在生活的追求，但是值得注意的是其往往就"闲"谈"闲"，极少和政治上的失意关联。"闲"本身代表的自由意志就是他们的审美诉求。休闲的意义在于其带给人们的自由体验。所谓的"闲"，指的是在摒弃名利之心后，能够以放松之心绪，俯仰之间得享自足之乐。正是因为对"闲"的认知是境界上的，所以晚明文人对"闲"的描述多是对身心的安顿，而不是时间意义上的余暇，或者是政治失意背后的闲隐之志。这样我们就可以理解汤显祖所说的"忙人"与"闲人"："何谓忙人，争名者于朝，争利者于市，此皆天下之忙人也。即有忙地焉以苦之。何谓闲人，知者乐山，仁者乐水，此皆天下之闲人也。即有闲地焉而甘之。"③

现代休闲学对休闲进行定义的一个重要方面就是在自由的层面上定义。西方现代著名的休闲学代表杰弗瑞·戈比和约翰·凯利都从自由文化的角度定义休闲，中国学者吴树波也撰文指出："尽管国内外学者对休闲的定义千差万别，但都肯定休闲的一个根本特征就是自由。"④ 明代中晚期文人虽然没有直接在理论上说休闲就是自由，但是从其意思追究，其是将自由作为休闲的本质

---

① （明）陆绍珩：《醉古堂剑扫》卷一《醒世篇》，岳麓书社2003年版，第19页。

② （明）华淑：《题闲情小品序》，收入《晚明小品文总集选》卷二"明文奇艳选"，上海南强书局1935年版，第100页。

③ （明）汤显祖著，徐朔方笺校：《汤显祖诗文集》卷34，上海古籍出版社1982年版，第1125页。

④ 吴树波、吴树堂：《佛教休闲思想初探》，《中国石油大学学报》（社会科学版）2011年第2期。

的。汤显祖的"唯情论"、李贽的"童心说"、公安派的"独抒性灵"等都体现了对人之自然本性的顺应和回响。"闲"还常常和野性结合在一起。对野性的肯定，实际上就是对人的自然本性的肯定，所以文人之"闲"要由"闲"到"赏"。"赏"的重点在于赏心悦目，在于安顿身心，在于逍遥适意，所以高濂将闲赏活动的重点放在古物文玩上面："遍考钟鼎卣彝，书画法帖，窑玉古玩，文房器具，纤细究心。更校古今鉴藻，是非辩正，悉为取裁。"（高濂《燕闲清赏笺》序）所谓的"赏"，强调的是审美的认知，"鉴"是品藻，具有判断、分隔的意义。

三 闭门求闲—退守私人领域

明代中晚期文人对休闲状态的表现中，对于公众性质的休闲活动的关注不少，但是值得注意的是，更多出现的是个体独处时的状态，或是邀请知己几人聚在私人的园林雅舍中求闲。文人的这一行为具有现代休闲学的意义。对于当代休闲学来说，将私人领域和公共领域区隔开来是非常重要的。要想真正达到休闲目的，就必须回到私人领域，真正的休闲是从个体回归私人领域开始。明代中晚期文人由于处在特殊的政治文化生态中，相比前代，更多文人选择退回到了私人领域。文人退回私人领域有两个方向，一个是以沈周、陈继儒等人为代表的富贵闲人，他们是回到以个人性灵为中心的书斋家居生活中："焚香、试茶、洗砚、鼓琴、校书、候月、听雨、浇花、高卧、勘方、经行、负暄、钓鱼、对画、漱泉、支杖、礼佛、尝酒、晏坐、翻经、看山、临帖、倚竹，又皆一人独享之乐。"① 对于这种理想生活的安排显然都是可以一人独享的，甚至是不必要苛求外在环境，在纯属自我的空

---

① （明）陈继儒：《太平清话》卷二，商务印书馆 1936 年版，第 27 页。

间里面，文人完全可以享有自我安排的行动自由。与之相应的是大量书写个人生活的文字出现，其代表就是明代的小品文。文人求"闲"的另一个方向是回到个人的内心世界，开始对自我进行观察和审视，不去拔高，不事虚饰，只讲人性的真实，其代表人物是徐渭和张岱。徐渭在四十五岁的时候给自己写墓志铭，说自己是"贱且懒且直"，还给自己编了一个年谱，命名为《畸谱》，历数自我生活中的种种离经叛道行为。张岱在历经国破家亡的巨大变故之后，在四十八岁时为自己写了《自为墓志铭》，成为中国最早的忏悔文学的代表，真实展示生命在极度繁华和幻灭之间的交替。

　　明代现在留存下来的大量小说和戏曲资料虽然有大量表现公共领域的作品，比如城市、酒楼、茶馆、青楼等公共空间，但是更多的是对园林书房、闺阁等私人空间的描写，大量表现人的衣食住行、男欢女爱、筑亭营居、博弈、清赏等关乎人的私人欲望的行为。明代中晚期文人对修建私家园林的热爱，在很大程度上是要建造属于私人的空间。明代中晚期文人对小品文的热爱可以说是文人渴望在治世的文字外对私人生活的记录。当代学者陆庆祥指出，要成为一个完整的人，就必须"关注私人领域，重视私人领域"，"将自己的命运寄托于外在的公共空间的人，则很容易失去自由，丧失本真的自我"。换句话说，"只有能够自由支配闲暇，才能展示自我生命的创造力"①。退回到私人领域后的休闲文化，意味着闲适生活不只是一个配角和补充，同样也可以成为生命的主要内容，所谓"会闲方称是男儿"（张镃《送陈同父》），说的就是休闲对自我实现的价值。中国古典文化对休闲的重视不是生产性的，而是在于它对于道德人格的完善意义。明代中晚期

---

① 陆庆祥：《苏轼休闲审美思想研究》，博士学位论文，浙江大学，2010 年，第 23 页。

休闲文化发展的一个重要方面在于，休闲行为和体道渐行渐远，尤其是在文人的私人领域。明代中晚期休闲文化在审美追求上去道德化的趋向越来越明显，文人希望致力展现的是个人的生活品位。文人对园林家居生活的安排虽然也有宗教情怀和道德人格上的理想追求，但是更多表现出来的是对这一情境和姿态的赏玩。

以万历文人屠隆的人生选择来说："何物美器横相加，藉藉声满长安陌。长安大道连平沙，王侯戚里纷豪华。银台画阁三千尺，绣箔珠楼十万家。省郎卜居穷巷里，车马趋之若流水。争设琼筵借彩毫，朝入西园暮东邸。摛辞尽道李王孙，执馨皆称魏公子。主人轰饮醉向天，淋漓红烛落花前。银汉半斜沉夜柝，繁霜歌罢弹哀弦。"① 这是万历文人屠隆对其京城生活的记录。在诗人的逸乐生活中，没有道德的愧疚，没有现实的痛感，更多的是诗人对京城歌舞升平气象的迷醉。另据沈德符《万历野获编》记载其放浪生活："西宁夫人有才色，工音律。屠亦能新声，颇以自炫。每剧场辄阑入群优中作技。夫人从帘箔中见之，或劳以香茗，因以外传。"② （沈德符《词曲·昙花记》）屠隆最终因为在京城放浪形骸遭人弹劾，被罢官还乡。屠隆的晚年生活基本上在其私家园林中过着放情纵情的诗酒生活，度曲演剧成为他生活的重心。在万历年间，其在戏曲创作上的名声甚至超过了汤显祖。屠隆对其归乡后的休闲人生有着这样自得的描写："时而与客婆娑树下，流连酒脯，参订老释，商略黄农；时而焚香摊书，煮茗啜粥；时而跏趺蒲团之上，尘缘外屏，真气内周，形留神往，八极一息。馆前后杂树桧柳、梧槐、梅桃、李杏、芍药……推窗卧

---

① （明）屠隆：《白榆集》卷三，《续修四库全书》集部别集类，第1359册，上海古籍出版社2002年版，第458页。
② （明）沈德符：《万历野获编》卷二十五，中华书局2012年版，第645页。

起，绿阴映入栓几，绕花散步，蜂蝶积我衣袂。……栖息其中，俯仰天地，足以自老。……一园如掌，一池如研，一楼如拳，而竹树蒙茸，草花阴翳，众芳庞集，莫能尽名。比于仙人，葫芦虽小，大地山河咸在焉。素位任真，乐而安之。"①（屠隆《凫园叙》，《栖真馆集》卷十）可见明代中晚期文人对"乐"与"闲"的认同，是将休闲本身作为实现生命价值的重要舞台。"闲"作为文人阶层文化身份的象征意义也是日益凸显。休闲文化的指向不仅是灵魂的安顿，其暗示的是由身体的享受到心灵的自由。休闲文化的发展其实给每个人的个性兴趣都提供了关注和张扬的可能，而且随着人们在物质上的进一步满足，人们会越来越将注意力投向内在目的性的需求上。

四　审美对象的多元化

中国古代一直有着休闲文化发展的脉络，明代中晚期休闲文化的发展尤其令人瞩目的重要原因在于其休闲主体的空前扩大，休闲文化本身呈现出来多元化的特征。

休闲文化在传统上的主体是文人士大夫。儒家有"天下有道则见，无道则隐"的传统，也有"知其不可而为之"的训诫。对儒家来说，入世才是人生真正价值所在，正如陆庆祥指出："中国古代的士人长时间地将自己的精神甚至生命都贡献于公共的领域，这在世界的历史中都是少有的现象，至少在中唐之前，大多数士人并没有表现出对私人领域的真正重视。"② 这种状况在明代发生了很大变化，一方面是由于教育的普及和发达，产生了大量的布衣文人；另一方面是科举人才供过于求，朝廷没有能力吸纳

---

① （明）屠隆：《婆罗馆清言》，中华书局 2008 年版，第 3 页。
② 陆庆祥：《苏轼休闲审美思想研究》，博士学位论文，浙江大学，2010 年，第 61 页。

如此多的科举人才，使得大批士人难以出仕。休闲文化的发达和商业化前景都为文人提供了多元的人生选择，家有余财的大可以在艺术文化里面流连忘返，有"治生"需要的文人可以进入文化市场里面以文谋生，大批文人由此进入商业文化市场。

另外，由于明代中晚期城市经济的发展、人口的膨胀以及教育的普及，市民阶层一跃成为文化艺术的主要受众之一。大量市民阶层加入休闲文化发展的行列，使得休闲实践的主体从文人士大夫延展到广大的市民阶层。以明代书籍出版来说，因为市民阶层是主要的受众群，以小说、戏曲为代表的通俗文学得以成为文化消费的主流；具有指导生活意义的各种实用性质的日用类书也是出版的热点。大量反映闲适生活的书籍被编辑出版，包括卫泳的《枕中秘》、程荣编《山居清赏》、陈继儒《宝颜堂秘笈》、汪士贤编《山居杂志》等。这类书籍对日常生活的描写极为精微细致。虽然从宋代开始，由于城市文化的发展，记录一事一物的谱录类书和物类相感的格物书就比较发达，但是文人编撰整理这一类书的主要目的是建构知识体系。明代出版的这类"闲书"则被冠以品鉴之意，将美学的意义引入其中，为读者提供审美生活的参考，可以说是广义上的闲适文化。

明代中叶以后是小说、戏曲等通俗文学高度发展的时期。值得注意的是小说戏曲类的出版以图像版居多。其重要原因在于，文化水平参差不齐的市民阶层正在成长为艺术文化的重要受众群。谢肇淛批评凌濛初刻《庄子》《离骚》等传统经书粗制滥造，而对于受到市场欢迎的通俗文学作品，出于经济的考量，则是精雕细琢："吴兴凌氏诸刻，急于成书射利，又悭于倩人编摩其间，亥豕相望，何怪其然。至于《水浒》、《西厢》、《琵琶》及《墨谱》、《墨苑》等书，反覃精聚神，穷极要眇，以天巧人工，徒为传奇，耳目之玩，亦可惜也。"① 通俗文学的发达以及版画和插图本的流行，都说明文化的受众在扩大和分化，其中既有知识精英，也有以商人和市民为代表的市井之人。

再则，女性成为休闲文化的重要审美对象。长期以来，家庭是妇女生存的唯一空间。以文学来说，女性在文学发展中长期以客体身份存在，是男性欲望和审美理想的投射。就主题和体裁来说，文学的内容多是历史演绎、英雄传奇、道德教化、文人闲雅生活等方面，少有和妇女生活情感真正密切相关的内容。明代中晚期城市经济的发展带来都市休闲文化的发达，上层统治者和文人精英对女子教育事业的投入、心学对情感力量的肯定、社会对妇女地位在一定程度上的宽容，使得妇女在一定程度上从家庭走向公共生活领域，文学领域中妇女话题的广泛出现是这种变化的一个突出表现，与女性相关的大量话题越来越多的成为当时流行文学的主题，涉及女性的婚姻、情感、家庭、教育、地位、权力等，其中显示了与传统主题的不同，比如大量关于才女的主题、关于女英雄的传说、关于女子的教育、关于平等爱情的主题等，甚至对女子情欲的肯定和重视，对于妇女长期受到的不平等对待和歧视也是当时人们讨论的话题之一。

女性不仅是休闲文化的主要受众，女性力量在休闲文学和文化中开始有了自己的声音。明代中后期就知识女性来说，以知识和学问谋生的职业女性颇为不少。其中有在历史上留下姓名的，比如黄媛介、王端淑、文俶等人，也有不少没有留下姓名的闺塾师；男性垄断的印刷业也有以周之标为代表的女性出版家出现。周之标以女性出版家的身份，出版有女性诗集《女中七才子兰咳

---

① （明）谢肇淛：《五杂俎》卷十三，转引自夏咸淳《晚明士风与文学》，中国社会科学出版社1994年版，第277页。

集》《女中七才子兰咳二集》，收有十四位女诗人的著作，并加有评语，还编辑有小说集《香螺卮》、骈文选集《四六琯朗集》等。胡文楷的《历代妇女著作考》作了一个大概统计，中国古代女作家大约有 4000 人，绝大多数集中在明清时期，"单单一本《明词综》就载闺阁词人 49 人、风尘词人 34 人，故言女性诗词，必以明清为大宗"。胡文楷还特别指出，明代中晚期的女性作者不仅活跃在传统的诗词领域，在弹词和戏曲领域中也有一定建树，这在前代基本上是没有的。值得注意的是，明代女作者常常是以家族的形式闻名于世。譬如吴江地区的叶氏家族，除了著名才女叶小鸾外，其长女叶纨纨、次女叶小纨、五女叶小繁、儿媳沈宪英在当时都是以诗词闻名；山阴的祁氏家族以商景兰为中心，她是晚明著名文人祁彪佳的妻子，商景兰的三个女儿德渊、德琼、德茝，媳妇张德蕙、朱德蓉，妹妹商景徽在当时都颇具才名。女性除了涉足传统的诗词，在小说、戏曲、文学评论和出版等领域都有新的开拓。汤显祖在《哭娄江女子二首·序》中记载有俞二娘的事迹："吴士张元长、许子洽前后来言：在娄江女子俞二娘秀慧能文词，未有所适，酷嗜《牡丹亭》传奇，蝇头细字，批注其侧。幽思苦韵，有痛于本词者。十七惋愤而终。元长得其别本寄谢耳伯，来示伤之。"明代著名才女叶小鸾读《牡丹亭》《西厢记》后写有《又题美人照》，点评杜丽娘和崔莺莺。晚明叶绍袁编刊《午梦堂全集》，其目的是要将妻女著作"为检其遗香零玉，付之梓人"，避免其"湮没不传"。高彦颐在《闺塾师》中记载有当时著名的一段文学佳话，文人吴山的三任妻子都痴迷于汤显祖的《牡丹亭》，其前两位夫人都耗尽心力在《牡丹亭》版本的校正、评点上，第三任夫人为了使她们的努力不至于湮没于闺阁中，耗尽自己的全部嫁妆出版其两位姐姐评点批注的《牡丹亭》。

　　明代中晚期文人结社之风盛行，但是在明代中晚期以前，这似乎是男性文人的专利，到了明代中晚期，社会上也出现了不少由女性组成的诗文社团。明代中晚期颇具声名的女性社团包括两类，一是以家族为纽带建立起来的社团，其因为有家族作为后盾，不仅数量不少，而且这种形式一直延续到清代末年。其中最具代表性的是明晚期吴江的叶氏家族，其核心人物是叶氏主母沈宜修。还有一类是由当时名妓结成的带有社会交际性质的文社，著名的有柳如是的"几社"、王微之的"圣湖社"、王曼容的"结社"等。

　　中国古代女性无论是在阅读权利还是在写作上，在礼教的重重桎梏下一直处在失语的客体状态，明代中晚期女性读者在阅读和写作上的艰难拓展具有重要意义。女性写作在体裁和主题上的突破，是一个重要的开始和转折，女性文人由传统的闺阁靡靡之音逐渐走向家族内的小面积唱和，甚至是具有公众性质的结社，其展现的是女性独特的审美气质。女性文学体现的气质虽然还显得不够成熟，但是明代才女文化以及广大女性读者群的存在，在男性主导的中国古代文化史里面，毕竟是涂抹了一层异色。女性在文化空间中的艰难开拓，女性写作对女性话语主题的开拓与丰富，突破了长久以来女性形象塑造上的符号化和抽象化。女性对德、学、容的追求，是女性在严酷的礼教下的自我设计和自我拯救，是对自我身份的新认知。写作常常被视为自身情感的天然表达。在广泛的阅读和写作中，妇女的生活空间已呈拓展之势，这无疑会为她们走出家庭、参与到更为广泛的社会公共生活中提供更多的动力和机会。由于休闲文化具有的公共性质，妇女在这个阅读与接受行为中会置身于一个更为复杂和广阔的社交网络之中。明代滋生的种种"异端"思想，可能成为滋生女性"自我意

识"的温床,其发展到清代乃至近代,会有更多女性作者来拓展
女性文学的发展领域。当然这是一个漫长的过程,但是不可否认
的是,明代中晚期女性对休闲文学从多个层面的参与会是一个很
好的开始。

第二节　趋俗尊情

明代社会是一个高度发展的世俗社会。明代中期以后,由于
经济上基本从明代初年的百业凋敝中恢复过来,商品和城市经济
得到极大发展。权力和文化的商品化浪潮对于传统的文人文化冲
击极大。即使是文人阶层的上层也不例外。《明史·李东阳传》
记载李东阳罢政归家后,有以笔墨酬劳贴补家用:"既罢政居家,
请诗文书篆者填塞户限,颇资以给朝夕。"既然作为内阁大学士
的李东阳都不再耻于营生之道,文人中的中下阶层更是如此。文
化市场高度的商品化发展使得这一时期的通俗文化得到前所未有
的发展。文人文化和通俗文化进入了一个特殊的合作时期,这给
明代的审美意识发展带来勃勃生机。明代中期以后,整个社会的
审美意识发展进入一个多元化阶段,文人文化从来没有这么富于
世俗的情感。晚明色情文化的泛滥一定程度上是这一时期唯情主
义发展的极端表现。

一　商业化和世俗化

过度的消费和欲望的放纵被认为是政治的隐患、道德的原
罪,因此儒家不赞成对"物"进行占有,对"物"占有的行为通
常被认为是"玩物丧志",是要加以批判的:"玩物丧志"——即
便所玩之"物"是经籍、诗文、书画等,只要心有所系、沉溺其

中，也会遭致非议，更不消说花木、禽鱼、茶酒、文玩、日用器物等与感官欲望直接相关者了。① 明太祖更是直接将元代的败亡视作是元代世风奢靡的结果。根据《明太祖实录》记载，太祖曾经告诫朝臣："古之帝王之治天下，必定礼制以辨贵贱、明等威，是以汉高初兴，即有衣锦绣绮縠、操兵乘马之禁，历代皆然。近世风俗相承，流于僭侈，闾里之民，服食居处，与公卿无异；而奴仆贱隶，往往肆侈于乡曲。贵贱无等，僭礼败度，此元之失政也。"② 为了吸取元代灭亡的经验教训，太祖提倡"衣冠治国"，《明史》中的"礼志""乐志""舆服志"对文化生活和日常生活的用度标准有非常明确的规定，在国家机器的强权推动下，明代早期社会风气淳朴，基本上是遵循儒家传统的理性休闲。明代中叶以后，随着政治的稳定、经济上的发展，社会的物质文明得到极大发展。王锜在《寓圃杂记》中对苏州的描写可以说是当时社会的一个缩影："闾檐辐辏，万瓦甃鳞，城隅濠股，亭馆布列，略无隙地。舆马从盖，壶觞罍盒，交驰于通衢。水巷中光彩耀目，游山之舫，载妓之舟，鱼贯于绿波朱阁之间，丝竹讴舞与市声相杂。凡上供锦绮、文具、花果、珍羞奇异之物，岁有所增，若刻丝累漆之属，自浙宋以来，其艺久废，今皆精妙，人性益巧而物产益多。至于人材辈出，尤为冠绝。"③ 可见当时物质文明发展之盛。商业文明的极大发展改变了休闲文化的审美诉求，商业文明和传统的礼教文化隐约有分庭抗礼之势，休闲文化的发展不可避免走向商业化和世俗化。

---

① 赵园：《说"玩物丧志"——对明清之际士人的一种言论的分析》，《中国文化》2009 年第 2 期。

② （明）姚广孝等修：《明太祖实录》卷五五，台北"中央研究院"历史语言研究所 1962 年校印本，第 1067 页。

③ （明）王锜：《寓圃杂记》，中华书局 1984 年版，第 42 页。

（一）商业气息浓郁的山人文化

作为文化精英的文人士大夫和商业文明及金钱的纠葛日益复杂。最具代表性的是明中叶以后出现的"山人"现象。鲁迅先生曾经讽刺其为"帮闲""蔑片"，"明末清初的时候，一份人家必有帮闲的东西存在的。那些会念书会下棋会画画的人，陪主人念念书、下下棋，画几笔画，这叫做帮闲，也就是蔑片"①！作为一个专门依靠自己的文化资本为人提供消遣娱乐服务的这样一个独特群体，在明季可以说是达到了全盛，在当时不少人看来，他们的行为已经和商贾无异。李贽指出："名为山人而心同商贾，口谈道德而志在穿窬。"② 让李贽鄙视的是山人打着隐士的幌子，行的是商品贩卖之事，追逐的是金钱富贵，偏偏还要以风雅不俗自居。值得注意的是，明代中叶以后，商业文化呈现鼎沸之势，对于山人群体打着名士的旗号行商贾之事，虽然时人不乏批评的声音，后世也颇有人鄙薄，明代有名的"山人"陈继儒被清代戏曲家蒋士铨称为"隐奸"，说他是"妆点山林大架子，附庸风雅小名家。终南捷径无心走，处事虚声尽力夸。獭寄诗书充著作，蝇营钟鼎润烟霞。翩然一只云间鹤，飞来飞去宰相衙"，但是也有不以为然者，不少文人投身商业活动，直接以商贾自居。归庄就直接以"沽者"自居："既卖文、卖书画，凡服食器用，一切所需，无不取办于此，是余亦为沽者之事。"③ 归庄以商贾自诩的态度代表了当时中下层文人在价值导向上的重要变化，我们所熟知的蓝瑛、唐寅也是卖画为生。文人士大夫尤其是中下层文人是明

---

① 《鲁迅全集》卷七，人民文学出版社 2005 年版，第 404 页。

② （明）李贽：《李贽全集》卷二，中华书局 2009 年版，第 49 页。

③ （明）归庄：《归庄集》卷十《笔耕说》，上海古籍出版社 2001 年版，第 491 页。

代中晚期休闲文化发展风尚的主要参与者和品味建设者，所以他们在审美心态上的变化是整个休闲文化发展的重要基础，他们对世俗文化的深度参与，使得休闲文化审美中的商业化气息更为浓厚。从正面来说，文人的大量参与提升了整个休闲文化市场的品质，但是不容忽视的是，商业文化逐利本质对浮华奢靡世风起了推波助澜之功。

（二）士商混杂

明代中晚期基层教育的发达和科举制度的弊端，使得大量的科举人才与传统的官宦道路无缘，大部分的文人士子只能混迹市井，或是风流自售，比如陈继儒，或是直接从商治生。受益于城市商品经济的发展，在中国传统社会中一直被视为贱业的"贾"日渐获得社会的认可，并成为一个对文人来说颇具吸引力的社会职业，弃儒就贾的文人明显增加，特别是商品经济发达的江南地区。大量文人和商业的勾连使得文人热衷"治生"成为当时一个突出的社会现象。比如明代中晚期文人的卖文为生，本来只是个别的现象，后来渐渐变成文人治生的一个主要手段。例如万历年间被罢免回乡的屠隆："纵情诗酒，好宾客，卖文为活。诗文率不经意，一挥数纸。"（《明史》卷二百八十八）陈继儒终身未曾出仕，靠着兜售文人风流过着不错的闲居生活。

随着文人大量被卷入商业性的文化活动中，士商之间的界限越来越模糊，士商之间的交往越来越密切，文人走出以前相对比较封闭的圈子，社会交往的范围大为扩展，文人对商人的社会价值积极加以肯定，提出："夫商与士，异术而同心也。"① 诸如泰州学派的成员除了传统的文人士大夫之外，还有樵夫朱恕、陶匠

---

① （明）李梦阳：《空同集》卷四六《明故王文显墓志铭》，影印文渊阁四库全书本。

韩贞、田夫夏廷美等来自底层的成员。士商之间交际应酬的文学作品众多，以至归有光感叹："今为学者其好则贾而已矣，而为贾者独为学者之好，岂不异哉。"① 文学艺术也不再只是文人的孤芳自赏，而是走入大众文化的潮流中。当时不少声名显赫的文人雅士都是书画市场的常客。文人雅士对金石器物、园林声伎的追逐不仅是士林阶层的文化标识，而且是社会的流行时尚，尤其是拥有一定经济实力的市民阶层大量加入这一传统领域，士商因为在文化和商业上的这种频繁往来而日渐模糊了阶级的界限。文人在世俗享乐的追逐中常常斯文扫地。沈德符在《敝帚轩剩语》中有一段关于文人风流韵事记载："元杨铁崖好以妓鞋纤小者行酒，此亦用宋人例，而倪元镇以为秽，每见之辄大怒避席去。隆庆中，云间何元朗觅得南院王赛玉红鞋，每出以觞客，座中多因之酩酊。王弇州至，作长歌以纪之。"② 可见当时一些士子文人的丑陋行径使得文人的道德优越感荡然无存。

（三）"享生人应有之福之实际"

儒行贾业，文人和商业文化越来越密切的接触，不可避免的使他们的生活情趣和价值观念走向世俗化，他们"把世俗作为一种审美的对象，在审美中超越，也在审美中逃避"③。明代文人对"闲"的理解更多集中在对生命的养护和装饰价值上。求福求乐成为文人休闲生活的重要价值。文人由对道德和崇高审美的追求转向长寿和安乐的现实追求。这种立足现实生命的浅层次追求，

---

① （明）归有光：《归先生文集》卷二一《詹仰之墓志铭》，四库全书存目丛书本，第 698 页。

② （明）沈德符：《万历野获编》卷二十三，中华书局 2012 年版，第 600 页。

③ 俞香云：《在高雅与世俗之间对自由人格理想的追寻——晚明文人心态新论》，《北方论丛》2008 年第 6 期。

在休闲功夫上来说简单易得，所以袁宏道说："世间第一等便宜事，真无过闲适者。"（袁宏道《识伯修遗墨后》）此等闲适不是要隔离充满各种欲望的现实人生，而是要"享生人应有之福之实际"。（李渔《闲情偶寄》卷六）李渔针对老子的"无为论"明确提出："不见可欲，使心不乱"，"常见可欲，亦能使心不乱。何也？人能摒绝嗜欲，使声色货利不至于前，则诱我者不至，我自不为诱，苟非入山逃俗，能若是乎？使终日不见可欲而遇之一旦，其心之乱也，十倍于常见可欲之人。不如日在可欲之中，与若辈习处，则是'司空见惯浑闲事'矣，心之不乱，不大异于不见可欲而忽见可欲之人哉？老人之学，避世无为之学也；笠翁之学，家居有事之学也。二说并存，则游于方之内外，无适不可"。①

李渔以为要"日在可欲之中"，才能够在声色货利之前泰然自若。和李渔秉持同样观念的大有人在。张岱在《自为墓志铭》中回忆亡国之前的生活："好精舍，好美婢，好娈童，好鲜衣，好美食，好骏马，好华灯，好烟火，好梨园，好鼓吹，好古董，好花鸟，兼以茶淫橘虐，书蠹诗魔。"②公安三袁毫不讳言对世间一切可乐之事有着极近狂热的占有欲望。袁中道说："四时递推迁，时光亦何远。人生贵适意，胡乃自局促。欢娱即欢娱，声色穷情欲。"（《咏怀四首》）袁宏道以为人生有五乐："目极世间之色，耳极世间之声，身极世间之鲜，口极世间之谈。"（《龚惟长先生》）袁宗道将"狂饮""谑谈"视为"人间第一乐事"。（《答陈徽州正可甫》）学者张维昭总结晚明文人常见"痴癖之病"：痴花、痴书、痴酒、痴游③。可以说明代中晚期名士是以为现实人

---

① （清）李渔：《闲情偶寄》卷6，中华书局2009年版，第339页。
② （明）张岱：《琅嬛文集》，岳麓书社1985年版，第199页。
③ 张维昭：《悖离与回归——晚明士人美学态度的现代观照》，凤凰出版社2009年版，第88页。

间的纵情享乐为"极乐国",这在客观上促进了明代中晚期休闲
文化在范围和规模上向世俗文化的大规模推进。正是因为明代中
晚期文人审美诉求上对世俗化的热爱,推动了明代中晚期文化格
局的大变动:以小说、戏曲、民歌等通俗文学成为明代中晚期文
学的代表;"专门供休闲消遣之用"的小品文的兴起;以适用美
观的世俗审美为导向的审美趣味成为休闲文化的主流,被视为
"末枝"和"小技"的琴棋书画、金石古玩的地位随着这股风尚
扶摇直上,袁宏道甚至直接指出"凡艺到极精处,皆可成名,强
如世间浮泛诗文百倍"(《寄散木》),所以"作诗不成,即当专
心下棋","又不成,即当一意蹴鞠挡弹",这不得不说是休闲文
化发展带来的文化艺术观念上的巨大变革。

二　感官化和享乐主义

明代中晚期休闲文化发展还有一个重要表现是感官文化的发
达。对声色犬马的热爱当然不是明代中晚期文人休闲文化生活所
独有的,应该说历代都存在,但是没有哪个朝代像明代一样,其
对声色犬马的追求成为一个时代的鲜明标志。

(一)"人情以放荡为快"

与"逾闲荡检,反道乱德"(《明史》卷二二四《列传》第
一百十二)的社会风气相一致的是,明代中晚期文化在性爱关系
上也呈现出前所未有的开放姿态,这在明代中晚期的小说、戏
曲、民歌等休闲类文化艺术中有集中体现。关于这一点,现代不
少学者对此都有共识。鲁迅指出明代:"小说亦多神魔之谈,且
每叙床第之事也。"① 郑振铎也指出明代中叶以后,整个社会风气

---

① 鲁迅:《中国小说史略》,上海古籍出版社1998年版,第128页。

类似罗马帝国的后期，处处显示出淫逸的味道来："在那一个淫佚的时代，差不多任何秽亵的作品，都是可以自由刊行的。所以像《金瓶梅》附着二百幅插图（其中有一部分简直是春画）的也能够立即风行一代。而如《隋炀艳史》《肉蒲团》诸亵书也不断的刊行无忌。南曲也多妖艳佚荡之语，著名的南曲集《吴骚合编》也还公开的在插图中列着春画。"① 李泽厚指出："一直到这时，禁门才开始被冲开，性爱被肯定地、大规模地仔细描述。……重要的是，这已成为一种风尚、风气和风流了。这风流不复是魏晋那种精神性甚强的风姿、风貌、风流，而完全是种情欲性的趣味了。"②

对于明代中晚期文化在情欲上的过度表现，当时的文人也有清醒的认识："闻以道德方正之事，则以为无味而置之不道；闻以淫纵破义之事，则投袂而起，喜谈传诵而不已。"③ 世情小说的代表作《金瓶梅》全文写性，其中有大量极为露骨的色情描写，是当时色情文学的集中体现。"三言""二拍"中有不少色情描写，不少篇目从题名就可见内容，比如《金海陵纵欲亡身》写偷情，《何道士因术成奸》《乔兑换胡子宣淫》都是写淫秽之事，《任君用恣乐深闺》《众名姬春风吊柳七》《闻人生野战翠浮庵》等篇目都有大段的色情描写，虽然其中也有道德劝诫之意，但是大多不过为写性而写性，对于人物命运和情节的推动并不见得有多少实际意义。比如色情小说《弁而钗》与《宜春香质》写男色之好，几乎通篇都是不堪入目的色情描写，与"三言""二拍"中还多少带有遮掩的情色描写相比，可以说完全是为写情色而写情色，其自然主义的写实手法有别传统情色小说多少有些文雅的

---

① 郑振铎：《中国文学研究》（上），人民文学出版社 2000 年版，第 376 页。

② 李泽厚：《华夏美学·美学四讲》，生活·读书·新知三联书店 2008 年版，第 200 页。

③ （明）屠隆：《鸿苞节录》卷二，收入《四库全书存目丛书》子部杂家类，第 89 册，齐鲁书社 1996 年版。

艺术表现。

（二）务求观美

　　明代中晚期休闲文化是充满感官性的。首先突出表现在视觉文化的开掘上。明代中晚期是一个版画的时代，小说戏曲的广泛影响和其图文结合的出版发行方式有关，当时不少插画的作者都在社会上颇具名声，如顾正谊、钱贡、王文衡等，都是当时有一定声望的画家。插画甚至成为书商推销图书的重要策略和手段。根据台湾学者徐文琴对当时盛行的《西厢记》的版本研究，书商为了迎合市场，抽取《西厢记》中广受好评的曲文作画，称为"曲意图"，有的"曲意图"甚至具有独立的叙事表现功能，崇祯年间茧室主人就指出"曲意图"版本上是："择句皆取其言外有景者，题之于本图之上，以便览者一见以想象其境其情，欣然神往。"① 中国古典绘画中人物画和叙事画一直以来是绘画艺术中的旁支，明代中晚期版画和插画借助小说戏曲的出版热潮的兴起，可以说是对古典绘画艺术的发展起到了重要的推动作用。

　　插画艺术的发展不只是体现在小说戏曲上，在传统诗文的传播上也起了重要作用。例如就词这种传统的休闲文学来说，其在传播上多了书画这一种类。马兴荣先生在《论题画词》一文中，论述了宋元明清四朝的题画词的特点。在文中他提到，宋代虽有零星的词人在写作题画词，"但大都偶一为之"。宋元之际的词人张炎，在入元之后曾创作过不少题画词，共计二十三首。他认为这些题画词只是词人表达怀念故国之情的一种形式而已，画与词未能完美结合在一起。明代中晚期是画家兴盛的时代，也是题画词勃兴的时期。马兴荣先生统计了《明词汇刊》中的题画词，有

---

① 蔡毅：《中国古典戏曲序跋汇编》，齐鲁书社 1989 年版，第 1190 页。

200余首,《全明词》中的题画词更是数不胜数。明代中晚期许多词人同时是著名的画家,如沈周、赵宽、吴宽、陈霆、唐寅、文徵明、祝允明等诸多词家,他们都是丹青高手、书法名家,以词题画是他们日常文化生活中常见的一种艺术创作活动。

其次明代文人对感官的开发十分充分,尤其是对生活中的感官文化的发掘。明代文人热爱将生活艺术化。生活艺术化的载体之一就是对感官世界的把玩。比如文人的品香文化开掘的是嗅觉、品茗文化发掘的是味觉、文物古玩强调触觉等,总之他们凭借感官上的体验传达情感,达到物我无间的超然境界。比如高濂《遵生八笺》里面将触觉作为器物把玩的要点,指出:"近日山东、陕西、河南、金陵等处,伪造鼎彝壶觚尊瓶之类,式皆法古,分寸不遗,而花纹款识,悉从古器中翻砂,亦不甚差。但以古器相形,则迥然别矣。虽云摩弄取滑,而入手自粗;虽妆点美观,而器质自恶。"又如:"近日淮安铸法古鎏金器皿,有小鼎炉、香鸭等物,做旧颇通,人不易识。入手腻滑,摩弄之功,亦非时日计也。"(《遵生八笺》卷十四)高濂是用手的触觉去辨别古物和时玩的区别,可见触觉感官被当作审美鉴赏的重要指标。

(三)养生文化

明代中叶以后,出现了大量的养生类书。这些养生书有一部分是从医家的角度写的,更多的是文人所作。文人对养生文化的热爱当然不是从明代开始的,但是在明代中晚期可以说是蔚然成风,这和文人热衷休闲有密切关系,享用清福,追求生命的健康和长寿成为当时文人的主要人生目标,而不是仕途人生的附庸。李时珍和张景岳二人是从医学的角度阐释养生之道,明代初期的瞿佑的《四时宜忌》、刘基的《多能鄙事》、韩奕的《易牙遗意》

则更多是从生活美学的角度谈养生之道。徐渭的《煎茶七类》从饮茶之道谈论养生之道；李贽《养生醍醐》是对历来养生之道的一个收集整理，其包蕴甚广，涉及四时、节气、饮食、房事等诸多方面；袁宏道《觞政》讲的是如何由饮酒之道中体悟养生之趣；高濂《遵生八笺》是一部养生巨著，其规模之宏大前所未有。《遵生八笺》共分八笺，荟萃历代养生名言，其中《饮馔服食笺》专门介绍品茗馔饮之道，其中涉及不少药物知识；《延年却病笺》总结历代饮食文化，对于养生中的各种饮食宜忌有详细记载，另外还介绍了不少按摩功法；《灵秘丹药笺》整理了大量古代的药方；《尘外遐举笺》记载了不少名士的养生趣闻。李渔以为养生第一要务是要行乐，他提出了贵人行乐之法、富人行乐之法、贫贱行乐之法，以及春夏秋冬、睡坐行立等随时即景就事行乐之法，所谓"睡有睡之乐，坐有坐之乐"（《闲情偶寄》卷十五），养生行乐之道被具体落实到生活的每一个细枝末节上。

明代文人对养生文化表现出来的热情是身体意识开始真正得到彰显的表现。魏晋是"人"开始觉醒的时代，身体的重要性在这一时期得到重视，但是不同的是，受玄学的影响，魏晋名士饮酒、服药、游仙、炼丹，率性而为，目的还是要超越身体，完成对精神的追求，文人之"情"是对人类普遍情感的认识，而不是"小我"的认知，所以作为血肉感性存在的"身体"并未得到彰显。明代的养生文化不一样，它真正是对身体的养护，是以身体作为肉体性存在作为前提，希望实现的是身体在物质世界里面的舒适和安乐。

三 主情尚趣

（一）求奇

明代中叶以后，尤其是在士风甚嚣的江南地区，传统儒家追求的中和之美逐渐失去市场。在对名士的品评上，士人更倾向有个性的奇人异士，袁宏道以为："余观世上语言无味、面貌可憎之人，皆无癖之人。"［袁宏道《瓶史》（下）"好事"］张岱也说："人无癖不可与交，以其无深情也；人无疵不可与教，以其无真气也。"（张岱《陶庵梦忆》卷四）所以明代中晚期多风流放荡之名士。放荡颓废、特立独行甚至是惊世骇俗，对追求名士风流的明代中晚期文人来说是自我标榜和夸耀的重要方式。比如吴中名士张幼于，好为各种奇诡之事："每喜着红衣，又特妙于歌舞，因著《舞经》。家有舞童一班，皆亲为教养成者。舞时，非臭味不欲另见也。又每日令家人悬数牌门首，如官司放告牌样。或书：张幼于卖浆，或书：张幼于卖侠，或书张幼于卖痴，见者捧腹不已。"（郑仲夔《矜奇》，《耳新》卷五）

　　狂士做派在中国古代一直存在，就是讲究中和美学的传统儒家也并不完全排斥文人的这种背离。孔子说："不得中行而与之，必也狂狷乎？狂者进取，狷者有所不为也。"（《论语·子路》）后世更是有如竹林七贤、李白等狷狂名士，其种种放荡任性之举大多成为士林佳话，但这不过是文人的个人行为，其影响和波及面都有限度。明代中叶以后，逐新求奇蔚为社会风尚，"心学"在理论上为其建立了思想基石。王阳明早年就以"狂者"自居："我今信得这良知真是真非，信手行去，更不着些覆藏。我近才做得个狂者的胸次，使天下之人多说我行不掩名。"（王守仁《传习录》下卷黄省曾录）后来心学后进多狂者，包括王畿、颜山农、何心隐、李贽等。黄宗羲在《明儒学案》就讲道："泰州之后，其人多能以赤手缚龙蛇，传自颜山农、何心隐一派，遂复非名教之所能羁络矣。"（黄宗羲《明儒学案》卷三十二）所谓"以赤手缚龙蛇"说的就是心学后人的"狂者"做派，蔑视权威，只凭己心对经典任意诠释。"吴中四才子"中的祝允明和唐寅也是以放诞不羁的名士做派闻名于世,钱谦益称祝允明是:"玩世自放,惮近礼法之儒,故贵仕罕知其蕴。"① 唐寅更是过着"笑舞狂歌三十年,花中行乐月中眠"的风流才子生活,常常"自放于酒,无人不醉,往往对人皆酒中语也。常持胡饼,独往来山中。或时髡髻裸祖于市"②。

(二)尚"趣"

"趣"作为审美范畴在古典美学中一直存在,但是"趣"作为一个独立的审美范畴还是出现的比较晚。直到宋代,由于理学的统治地位,对趣味的追求还不能脱离理性单独存在,宋代的通俗文化虽然有了很大发展,但是理趣还是社会的主流审美原则,"趣"主要还是"理"的点缀。明代中晚期是一个情胜于理、高举唯情主义大旗的时代。明人不仅是重视"趣",而且为"趣"而"趣","趣"本身是作为一个独立的审美范畴。明人谢榛也明确将"趣"单独提出作为一个与"兴""意""理"并列的审美范畴,指出"诗有四格,曰兴,曰趣,曰意,曰理"(《四溟诗话》卷二)。"趣"在评点上是一个重要的美学范畴,尤其是在通俗文学的评点上。李贽在《容与堂水浒传》中大量运用了这一标准,其中第五十三回的批语中说:"有一村学究道,李逵太凶狠,不该杀罗真人;罗真人亦无道气,不该磨难李逵。此言真如放屁。不知《水浒传》文字当以此回为第一。试看种种摹写处,哪一事不趣?哪一言不趣?天下文章当以趣为第一。"

---

① (明末清初)钱谦益:《列朝诗集小传》丙集,上海古籍出版社 1983 年版,第299 页。

② (明末清初)钱谦益:《列朝诗集小传》丁集下,上海古籍出版社 1983 年版,第635 页。

对于明代中晚期绘画、书法艺术来讲，同样如此。明朝初年是"院体"大行其道之时，绘画和书法是被纳入官僚体系管理的艺术行为，其行为本身少有是艺术家心志的真实反映，其表现出来的功能特征就如同唐代张彦远所说："夫画者，成教化，助人伦，穷神变，测幽微，与六籍同功。"（张彦远《叙画之源流》，《历代名画记》卷一）随着"院体"衰微，讲究个性和文人生活情致意趣的文人书画逐渐占据主流位置，意趣开始排在笔法之前，成为文人书画的主要审美追求。董其昌说："画之道，所谓宇宙在乎手者，眼前无非生机，故其人往往多寿。至如刻画细谨，为造物役者，乃能损寿，盖无生机也。黄子久、沈石田、文徵明皆大耋。仇英短命，赵吴兴止六十余。仇与赵虽品格不同，皆习者之流，非以画为寄，以画为乐者也，寄乐于画。自黄公望始开此门庭耳。"（董其昌《画源》，《画禅室随笔》卷二）从"以画为寄"到"以画为乐"，体现了书画艺术审美原则上的根本转变，文人对生机和意趣的推崇背后是崇尚个性和自由的时代美学精神。这一美学精神同样影响了明代中晚期的园林文化和器物文化的发展，文人化是这一时期园林文化、器物文化蓬勃发展的重要原因之一。

（三）唯情主义

中国古典美学在情与理的问题上，虽然对情感的审美诉求并不是绝对打压，但是传统儒家一直在伦理本位的基础上讨论情感问题。传统儒家认为道德心性才是维系世界的根本。明代中叶以后，情本论的发展，情感被认为是维系人际发展的根本。"情之一字，所以维持世界；才之一字，所以粉饰乾坤。"① 但是明代中

---

① （清）张潮:《幽梦影》，江苏古籍出版社 2001 年版，第 46 页。

叶以后，新的社会思潮冲击传统价值取向，情感尤其是专注个体特质的唯情主义开始改变旧的审美格局。这股具有近代浪漫主义特质的唯情主义思潮结合当时蓬勃发展的休闲文化，使得情感成为独立的审美诉求对象，加上当时奢靡世风的推波助澜，形成一股情感主义的巨潮，人们对情感和欲望的书写可以说在明代中晚期文化发展上留下了浓烈一笔。

第一，情欲并行。明代中晚期世风奢靡，文人热爱声色犬马、狎妓求欢的享乐人生，这和明季将享乐主义发挥到极致的社会风气密切相关。在文化实践上，除了民歌这一反映民间社会的文学形式以外，小说戏曲的繁荣也是其重要表现。汤显祖用他的戏曲作品《牡丹亭》为其唯情主义作了最好注脚。"三言""二拍"展示市民社会丰富多彩的情感伦理。兰陵笑笑生的《金瓶梅》将"欲"张扬到极致，代表当时社会色情文化的极大发展。沈德符在《万历野获编》中就谈到了当时《金瓶梅》的流行："袁中郎《觞政》，以《金瓶梅》配《水浒传》为外典，予恨未得见。丙午遇中郎京邸，问曾有全帙否？曰：'第睹数卷，甚奇快。今惟麻城刘延白承禧家有全本，盖从其妻家徐文贞录得者。'又三年小修上公车，已携其书，因与余借抄挈归。吴友冯犹龙见之惊喜，怂恿书坊以重金购刻。马仲良时榷吴关，亦劝予应梓人之求，可以疗饥……未几时，而吴中悬之国门矣。"①

情欲并行在晚明是一个普遍现象，这和"心学"有密切关系。晚明盛行的情感论认为情和欲不可分割，甚至因为礼教对身体情欲的过分压制，对情欲的张扬反而成为反对礼制压迫的一面旗帜。在明代中晚期民歌的发展中，这一结论会更有说服力。明代中晚期色情行业是城市休闲文化中不能够绕过的部分，妓女题

---

① （明）沈德符：《万历野获编》卷二十五，中华书局 2012 年版。

材也是通俗文学中的一个主要内容，不仅民歌中存在大量关于妓女的篇章，在小说中的比例也不少。值得注意的是，其中批判性的东西不多，更多的是为写性而写性，包括各种变态情爱的描写，其中突出的是男色文学的流行。

第二，日用伦理之情。明代中晚期之前的审美诉求不是说不重视情感，而是就情的内容来说，太多伦理内容，理性色彩压抑了情感的本来面貌。我们之所以强调明代中晚期文化对审美情感的追求具有独特之处，主要在于其审美上出现新的特征，那就是其对情感的世俗化和平民化特征的强调。李贽提出"童心"是真心，也是世俗之心，是对宋代以来一直为士大夫所反对的市民欲望和市民趣味的肯定。私心是人的个人欲求和个人目的，这是人行为的基础，连孔圣人也是如此，无论做任何事，只有清楚自己的个人欲求，讲出自己的个人欲求，才是真心，才是真人。正因为是以市民趣味为基础，李贽对新的文艺形式，譬如戏曲和小说，特别推崇。袁宏道关于"人生五乐"的描述集中体现的也是文人对世俗人生快乐的追求。可以说，对世俗情感、对日用伦理情感的强调，使得士人和市民在休闲文化生活的层面上合流，这是明代中晚期文化格局变化的一个重要原因。古代等级制度得以维持的一个重要原因就是各个阶层按照等级进行合理休闲，要以礼节情，但是明代中晚期士商之间在文化上的密切交流，在审美趣味上的融合，使得"情"这一传统审美范畴和生活本身一样具有了丰富多彩的含义。

明代中晚期文人的审美情感当然不能说和政治无关，不过他们对休闲本体意义的追求使得他们更看重生活本身的美学意义，他们更乐意在日常的生活情感中领悟生命的价值，因此明代中晚期是一个小品文盛行的时代。传统诗文推崇的崇高美学在小品文那里更多变成了生活的絮语。比起忧国忧民来说，他们更关心身边发生的各种小事、琐事中展现出来的亲情、友情、爱情，其中少有慷慨陈词的激烈，更多的是在日常的衣食住行中体现出来的日常情感的交流。作者对生活本身的吟咏超越了传统的功名追求。如沈周《晚出过邻家小酌》："两旬方一出，门外事纷挈。鱼促春波浅，鸟争林日斜。老夫倾竹叶，稚子捉杨花。小坐聊乘兴，犹堪感物华。"（《石田诗选》卷6）其诗写的就是日常的生活，平凡的伦理情感，淡淡的诗意。沈周虽然是当时文化界的领袖，对生活本身的热爱超越了传统文人对政教、对文以载道理想的热爱，他更为关注的是从生活本身去感受生命的价值和意义。

第三，"不尚功名惟尚志"。晚明时期，对个性自由的追求可谓是深入人心，以至于不少文人把它当作自己的人生理想，出现了一批所谓的狂人、豪杰、侠士，如徐渭、王艮、何心隐、李贽、"三袁"等。他们当时多是以放浪形骸的狂士身份闻名于世。对于他们来说，越是世俗礼法要求的，他们就越是厌恶。无论是对待艺术还是人生，他们都提倡无拘无束、放荡不羁的人生态度。他们食不厌精，醉酒嗜茶，不隐口腹之欲；好色纵情，狎妓蓄娟，不抑淫情肉欲。譬如袁宏道、张岱、范允谦、孙临这些文人墨客，均不隐其女色之好。唐寅甚至直接在个人志向和功名追求之间划上分割线："自言生长江湖中，八十余年泛萍梗。不知朝市有公侯，只知烟波好风景，芦花荡里醉眠时，就解蓑衣作衾枕。撑开老眼恣猖狂，仰视青天大如饼。问渠姓名何与谁？笑而不答心已知。元真之孙好高士，不尚功名惟尚志。绿蓑青笠胜朱衣，斜风细雨何思归？笔床茶灶兼食具，墨简诗稿行相随。"[①]（唐寅《烟波钓蓑翁》）唐寅所说"不尚功名惟尚志"，"志"强调的是个人

---

① （明）唐寅：《唐伯虎全集》卷1，中国书店出版社1985年版。

之"志"，与传统的圣贤、政事之志无关，是在"笔床茶灶兼食具，墨简诗稿行相随"之中，不必依附在所谓的功名之上。以唐寅所在的吴中画派来说，其主要是继承了元代文人画的风格，但是比起宋元绘画的高度抽象来说，其对自然山水的表现更加具有个人风格，他们更关注从自己的生活中汲取养料，因此他们笔下展现出来的景物大多富有世俗生活气息。比如沈周喜欢画身边各种小动物，包括家家户户都有的小鸡、小猫、小牛等。人物也是吴中画派的重要题材，而且其所画人物大多没有脸谱化，而是注入了艺术家个人的情感。比如唐寅在其仕女画《秋风纨扇图》中题诗："秋来纨扇合收藏，何事佳人重感伤？请把世情详细看，大都谁不逐悲凉？"显然画家在笔下人物身上寄托的是悲凉沧桑的生命体验，而不是政治失意后的求志之感。

第三节　休闲文化在审美风格上的变迁

明代中期被认为是中国近代文化转型的重要时期。中国古代文化转型的重要方面是审美风格上的转变。这一转变被不少学者定义为文化的内转。这一时期比较公认的时间是宋代。刘子健先生在他的代表作《中国转向内在》一书中指出，中国文化精英在12世纪变得前所未有的怀旧和内省，甚至是悲观。南宋文化的审美风格对比北宋的开放，整个趋向内敛。如果说南宋开始了中国审美的内向化，那么明代中晚期是这一内向化方向延续和成熟的重要阶段。

一　出雅入俗

文人在休闲文化传统中是求雅的，尤其是明代中晚期文人面临着来自商人阶层的挑战。商人挟财富进入文化领域，加上文人阶层本身的分化，不少文人与商人阶层关系密切。面对这种情况，文人为了标识自我的身份和地位，在休闲文化生活的选择上，更是刻意求雅，甚至其文化生活本身带有明显的行为艺术的表演特征。文人往往对其日常休闲生活进行艺术化的经营，将艺术、鉴赏、娱乐、静观等并置一处。袁中郎云："一行雅客，莳花、种竹、赋诗、听曲、评古董真赝、论山水佳恶、亦自快活度日。"（袁宏道《袁中郎全集》卷二十四）另袁中道云："兄归山中、焚香、啜茗、寄意情书、取乐鱼鸟，真不减飞天仙人。"（袁宗道《答萧赞善玄圃》，《白苏斋类集》卷十六）集中反映了文人对雅致生活的设计与实践。

另外，由于休闲文化市场的商业化发展，不少本来只是限于小众和私人范围的休闲文化及其形式，在很大程度上由于市场的介入，成为流行的大众文化。例如小品文，本来作为文人休闲生活的写照，是文人雅化生活的标志，由于市场对文人生活和文人文化的追逐，小品文成为当时最受欢迎的文学产品之一。这也是为什么小品文本来是展现文人生活的作品，是明代中晚期性灵文学的载体之一，是最应该展示风格的，但是却成为商品化的心灵鸡汤，主题和风格趋同化。清玩文化也是如此，一方面是文人对雅的强调，对好事者和鉴赏者进行区隔。另一方面是市场和商业元素的大量介入，大量的赝品在市场上流行，真假难辨，包括画家本人有时也是难辨真伪。

雅文化的商业化和世俗化发展与城市市民阶层的壮大与发展密切相关。经济学家傅衣凌认为："中国城市居民是很早就出现的，并且随城市的发展也有一定的人数。但是把城市居民初步赋予其近代性质的萌芽，那是在明代中叶前后，也就是十六世纪初年才开始存在的。"① 宋元以来，城市文明就有了相当发展，只是其规模不及明代中后期。明代中叶以后，市民阶层的壮大不仅是体现在财富的增长上，其社会地位也有了一定提高，尤其是市民中出现了一个为数不少的富裕阶层。这个阶层无论是在数量上还是在质量上都超过了宋元时期，关于这一点，谢肇淛在《五杂俎》中有描述："富室之称雄者，江南则推新安，江北则推山右。新安大贾。鱼盐为业，藏镪有至百万者，其他二三十万，则中贾耳。山右或盐或丝，或转贩，或窖粟，其富甚于新安。""平阳泽潞豪商大贾甲天下，非数十万不称富。"（谢肇淛《五杂俎》卷四）日趋庞大的市民阶层对于适合本阶层的文化艺术的发展会提出相应的要求，能够迎合新兴市民审美趣味的通俗文艺随之赢得更大发展空间，并且渐趋有和传统的士人文化分庭抗礼之势。宋元时代已经得到相当发展的市民文艺渐趋活跃，比如戏曲演出就一改明代初年的沉寂态势，进入历史性的繁荣时期，"嘉兴之海盐，绍兴之馀姚，宁波之慈溪，台州之黄岩，温州之永嘉，皆以习为倡优者，名曰戏文子弟"（陆容《菽园杂记》卷十）；西湖历来就是戏曲文化发达之处，这个时期更是"住西湖之人，无人不带歌舞，无山不带歌舞，无水不带歌舞。脂粉纨绮，即村妇山僧，亦所不免"（张岱《西湖梦寻》卷二"冷泉亭"）。

　　文人对通俗文化也展现了前所未有的热情。由民间话本整理出来的英雄传奇小说《水浒传》是当时不少文人的案头所爱。胡应麟说："今世之耽嗜《水浒传》，至缙绅文士，亦间有好之者。"（《庄岳委谈》，《少室山房笔丛》卷二十五）李开先将《水浒传》与《史记》并称："《水浒》委曲详尽，血脉贯通，《史记》而下，便是此书。且古来更无一将事而二十册者。倘发奸盗诈伪病

---

① 傅衣凌：《明代江南市民经济试探》，上海人民出版社 1957 年版。

之，此不知序事之法，史学之妙者也。"（李开先《词谑》）被视为淫秽之书的《金瓶梅》在文人中间颇为流传，袁宏道极爱此书，认为其书"云霞满纸，胜于枚生《七发》多矣"（袁宏道《与董思白》）。卓珂月将民歌作为明代文学的代表，认为民歌可以和唐诗宋词元曲一样具有时代代表性："我明诗让唐，词让宋，曲让元，庶几《吴歌》、《挂枝儿》、《罗江怨》、《打枣竿》、《银绞丝》之类，为我明一绝耳。"（陈鸿绪《寒夜录》引）

　　商业文化对传统文化市场的强势介入，市场的逐利本性在一定程度上促成了明代中晚期休闲文学的繁荣。大量的文人因为商业因素加入休闲文学的创作，其文学目的自然带有尾随市场的商业目的，但是还存在着对带有商业性质的流行小说的一定意义上的偏见，所以当时很多小说都是没有署名的。第一部独立由文人创作的世情小说《金瓶梅》虽然有署名兰陵笑笑生，其作者的真实姓名至今是个谜。但是不可否认的是，因为商业利润的巨大吸引力，确实有更多的文人加入文化市场的行列，他们或是创作者，或是整理编辑者，或是从事出版销售，这对休闲文学的整理和流传有重要意义。"二拍"就是书商的商业行为的直接产物。凌濛初在《拍案惊奇·序》中谈道："独龙子犹世所辑《喻世》等诸言，颇存雅道，时著良规，一破今时陋习，而宋元旧种，亦被搜括殆尽。肆中人见其行世颇捷，意余当别有秘本，图出而衡之。不知一二遗者，皆其沟中之断芜，略不足陈已。因取古今来杂碎事，可新听睹、佐谈谐者，演而畅之，得若干卷。"显然凌濛初编撰出版"二拍"的直接动机来自冯梦龙"三言"所展示出的良好市场前景。

　　明代中晚期书商对于休闲文学从创作到销售都颇费心力。王重民在《中国善本书提要》中有记载陆人龙、陆云龙兄弟为征集故事，公开向民间征稿："刊《型世言二集》，征海内异闻。"书商为了提升销量，一是出资邀请当时的文化名流撰写序跋，陈继儒、李贽、王世贞、袁宏道、汪道昆、金圣叹等人都有大量的这类文字流传下来。二是直接盗用名士的名字，尤其是像李贽、袁宏道这种有着强大市场号召力的名流，更为出版商所看好。他们的名字作为作品的幌子，被大量盗用，以吸引读者购买。陈继儒指出："坊间诸家文集，多借卓吾先生选集之名，下至传奇小说，无不称为卓吾批阅也。"（陈继儒《国朝名公诗选》"李贽"条）可见文人被盗名的现象之严重，而这本身也是因为当时的不少文人在图书出版市场上具有商业号召力。

二 标韵识趣

明代中晚期休闲文化在审美趣味上一个重要变化是从超凡脱俗的境界追求到生活层面上的标韵识趣。文人之雅从某种意义上来说，不在境界，而在形式。传统的休闲文化首先是道德和礼制层面上的，所以古人之"闲"要落在心上。古代文人追求的是心之"闲"。一是儒家的德行和境界，其表现为对道德和礼制的自然而然的归依；二是道家超越现实的"逍遥游"。这两种指向都是超越性的，不需要依附外在物质世界，或者说需要通过对个人感官物欲的拒绝来彰显道德之高度。明代中晚期由于文人阶层本身的世俗化发展和社会消费文化发达，其审美精神则反其道而行之，越来越重视个人生命的情致意趣。

明代中晚期文化在道德失去绝对地位后，"闲"更多的退回到作为生命个体的人身上。既然"闲"是个体生命的，求趣自然而然成为完成个体价值的重要审美目标。"闲"有雅俗之别，闲中求趣也有不同的风格取向。明代中晚期之"闲"多是指向生活本身，其趣味虽然也有境界之求，但世俗烟火味更浓，审美风格上也变得更为活泼灵动，更追求娱乐效果。明代中晚期文人普遍表现出对生命本身的养护意识，其中既有身体上的养生享乐，也有精神上的娱情自适。尽管文人有对世俗趣味的普遍追求，但是传统文化的浸染使得他们还是会用尚真怀古的价值情感去提升世俗情怀，这使得明代中晚期文人会以生活为载体建设具有鲜明文化特色的美感空间。他们对生活的美感装饰首先是形式上的，是外在的标韵。这种具有装饰性质的雅趣追求开启了明代中晚期的闲赏文化。

明代中晚期文人之求"趣"除了注重形式主义外，还重视来自个体生命的感性之"趣"。袁宏道有一段关于"趣"的精彩描绘："世人所难得者唯趣。趣如山上之色，水中之味，花中之光，女中之态，虽善说者不能下一语，唯会心者知之。……夫趣得之自然者深，得之学问者浅。当其为童子也，不知有趣，然无往而非趣也……山林之人无拘无缚，得自在度日，故虽不求趣而趣之；愚不肖之近趣也，以无品也。品愈卑，故所求愈下，或为酒肉，或为声伎，率心而行，无所忌惮，自以为绝望于世，故举世非笑之不顾也，此又一趣也。迨夫年渐长，官渐高，品渐大，有身如梏，有心如棘，毛孔骨节。俱为闻见知识所缚，入理愈深，然其去趣愈远矣。"[袁宏道《叙陈正甫会心集》，《袁宏道集笺校》（上）卷十]

从这段话可以看出，趣味首先应该是来自人的自然本性，所以最能得趣的是"童子""山林之人""愚不肖"。前两种求的是道家和儒家之好，而第三种求的是声色犬马的纵欲享受。明代中晚期文人大多没有超脱世俗的羁绊，普遍有着摆脱道德羁绊后对酒肉声色的肆无忌惮的张扬。袁宏道还有"五快活"之说："然真乐有五，不可不知。目极世间之色，耳极世间之声，身极世间之鲜，口极世间之谈，一快活也。堂前列鼎，堂后度曲，宾客满席，男女交舄，烛气薰天，珠翠委地，皓魄入帷，花影流衣，二快活也。筐中藏万卷书，书皆珍异，宅畔置一馆，馆中约真正同心友十余人，人中立一识见极高，如司马迁、罗贯中、关汉卿者为主，分曹部署，各成一书，远文唐宋酸儒之陋，近完一代未竟之篇，三快活也。千金买一舟，舟中置鼓吹一部，妓妾数人，游闲数人，泛家浮宅，不知老之将至，四快活也！然后家产败尽，狼狈之极，托钵歌妓之院，分餐孤老之盘，往来乡亲，恬不知耻，五快活也！"[袁宏道《龚惟长先生》，《袁宏道集笺校》（上）卷五] 这是对感性生命欲望的毫无节制的扩张，这和传统的儒道精神显然是相违的，但是诗人能够如此恣意的表达对欲望的渴求，可以说得益于其以生命本身作为审美价值的对象，既然是人之本性，自然为人所好。

　　明代中晚期文人既然以生活本身为审美对象，其闲赏的对象自然也是包罗万象、异常丰富，现实生活中的一切自然和人文景观都是文人所赏的对象，这是将生活本身审美化，其重要拓展首先表现在对物的赏鉴上，尤其是对日常起居中常见的各类时器玩物。这类以往多为装点把玩的器物在这一时期得到重视的重要原因在于其更具"闲"意，正是因为它们本身就是日常生活的一部分，不会承载多少教化和历史意义，只需以"闲情"把玩鉴赏、装点风雅即可，所以文震亨《长物志》称之为"长物"。所谓"长物"，根据文震亨好友沈春泽所说就是："夫标榜林壑品题酒茗，收藏位置图史、杯挡之属，于世为闲事，于身为长物。"（《〈长物志〉序》）《长物志》记载的确实也不是载道之文字，不过是"闲人"所记"闲趣"，这些闲事在闲情的激发下，被用来建构文人具有审美意蕴的优雅生活，被作者以室庐、花木、水石、禽鱼、书画、几榻、器具、衣饰、舟车、位置、蔬果、香茗等分门别类，娓娓道来，只涉及文人雅趣，和道德经济关联不大。

三　内敛化和女性化

明代中晚期文人论审美，继承了宋人风格，喜欢采用清、逸、淡等内向化的审美风格。胡应麟就说道："诗最可贵者清。然有格清，有调清，有思清，有才清。"① 明人论画，也多是从清、意、韵等方面下论，这种审美本质具有深潜内向的特质。就园林文化来说，以苏州园林为代表的私家园林成就最高。其一改汉唐园林的恢宏气势，讲究小中见大，重视造境和内在的装饰艺术。这和明代中晚期私人园林多是城市园林也有很大关系。随着城市经济的发展，城市里面聚集的人口大量增加，加之大量的乡居地主移居城市，土地变得十分稀缺，除此之外明初对于园林的营造规格有严格规定，种种原因促成明代中晚期私人园林在规模和建制上不得不向小型化发展，在园林设计上着重突出以有限的空间呈现深远的意境。园林在面积和规模上缩减的同时，园林主人将重心放在了园林内部的陈设和装饰上，这极大地促进了与之相关的工艺美术的发展。因为在使用目的上的变化，工艺美术文化在审美风格上同样出现了新的历史特色，其代表之一是"明式"家具。明式家具以线条流畅、造型简洁、比例合理而闻名后世，尤其是在线条的处理上，在稳定中完美呈现富有节奏的流动性，其最具有代表性的是明式家具椅子上的后背板上的"S"形造型设计。相对内弧形、外弧形或无靠背板等设计来说，"S"形设计费工时，造价也要高不少，要知道，硬质木料在当时大多还依赖进

---

① （明）胡应麟：《诗薮》外编卷四，上海古籍出版社1979年版。

口，所以我们还需要从审美的角度去思考这一设计的流行。"S"
形最能够体现当时文人宁静和谐、含蓄内敛的审美追求，其线条
的曲度弯曲有致，和椅子腿部设计上的外弧形态一起呈现出静态
的柔和美感。

　　明代文化在审美趣味上的女性化色彩十分浓厚。以通俗小说
的男主人公来说，对男性美的描写大多是展现其阴柔之美。传统
上用来描写女性的词语常常用来刻画男性。王骥德杂剧《男王
后》就写男主角陈子高如何艳冠群芳，"身虽男子，貌似妇人，
天生成秀色可餐"。晚明小说《浪史》中的男主角浪子，"作者把
他写成为征服女性的能手，但这不是因为他有什么格外出众之
处，而是由于他那酷似女人的容貌"①，这和明代中晚期尤其是晚
明休闲文化的审美对象有重要关系。明代中晚期是生活美学高度
发达的时代，文人习惯在生活中寻找价值和美感，自然闲赏的对
象不只是传统的自然环境，还包括人的衣食住行、居家生活、器
物陈设以至身体本身，尤其是对女性身体的物化，这也正是明代
中晚期和宋元不同的地方，它在文玩古董的基础上极大拓展了赏
玩文化的对象，生活本身被艺术化，文人将日常生活中随处可
见、随手可触的时兴玩物变成赏析把玩的对象，因为是平常生活
中闲暇把玩之物，其审美风格自然走向女性化的纤细文弱风格。

　　这和明代中叶以后社会风气也有密切关系。江南是明代中晚
期奢靡风气最为集中的地区。正德《姑苏志》记载当时的苏州：
"有海陆之饶，商贾并凑，精饮撰，鲜衣服，丽栋宇，婚丧嫁娶，
下至燕集，务必以华缛相高，女工织作，雕镂涂漆必殚精巧，信
鬼神，好淫祀，此其所谓轻心者乎。"休闲文化是世人彰显财富
和身份的重要地方，繁缛富丽的审美风格成为市场宠儿，其华丽

---

　　① 吴存存：《明清社会性爱风气》，人民文学出版社 2000 年版，第 262 页。

奢靡之风在江南地区尤为突出。仅就当时人们对服饰的追求来看，即可一探究竟。叶梦珠言："余幼见前辈内服之最美者，有刻丝、织文等。领、袖、襟、带，以羊皮金镶嵌。若刺绣则直以彩线为之，粗而滞重，文锦不轻用也。其后废织文、刻丝等，而专以绫纱堆花刺绣。绣仿露香园体，染彩丝而为之，精巧日甚。"（叶梦珠《阅世编》卷八）可见当时人们竞逐华贵之风气。明代中叶尤其是晚明是一个散发着强烈物质欲望的时代，心学的发展使得这个时期成为中国古代历史上对人的身体最为关注的时代。这一时期的审美趣味一方面有着强烈的俗世欲望；另一方面文人对时间和世事变幻极为敏感，这是欲望和情感大爆发的时代，也是最为幻灭的时代，这一时期的审美自然也是极为纤细感伤。汤显祖《牡丹亭》塑造的杜丽娘对生命的感伤、对时间的敏感投射的是作者身上浪漫与感伤的两面性。晚明是情欲文化极为发达的时代，情欲主题集中体现在以戏曲、小说、小品、民歌等为代表的休闲性艺术文化中，潜伏在情欲下的是挥之不去的罪恶、衰亡和虚无，在纵情声色背后也有反思和追悔，尤其是在明末清初时期，在经历王朝的更迭后，文人对生命的幻灭和感伤尤为强烈。

第四节　传承与新变

为人生而艺术是儒家精神的一个重要方面。在传统儒家的六艺中，就有培养休闲和消遣的内容。"兴于诗、立于礼、成于乐"的乐教思想是儒家精神的重要组成部分。道家的老庄更是将艺术提升到道的层级，庄子以"心闲"作为艺术的基础。魏晋贵族文化的发展进一步将儒道传统中"闲"的精神落地为艺术的实践，哲学思辨和艺术审美成为文人生活的理想样态。宋元明清是休闲文化的进一步发展和变化时期。著名的汉学家史景迁先生在试图给中国的上等阶级定义的时候，就指出闲暇是中国上层的重要表征。这一时期也是中国文化的重要转折期。推动这一文化转型主要是士绅阶层，而作为士绅阶层文化标识的休闲文化也进入了一个众声喧哗的时期。

一　休闲审美意识之先声

（一）先秦的休闲文化

传统儒家认知的"闲"是其"中和"美学的体现，是要"乐而不淫，哀而不伤"（《论语·八佾》）。先秦儒家从来就不排斥"乐"的意义，只要是符合礼仪和教化，所谓"不知礼，无以立也"（《论语·尧曰》），要"立于礼，成于乐"（《论语·泰伯》），"乐由中出，礼由外作"（《礼记·乐记》）。"夫乐者，乐也，人情之所必不免也，故不能无乐"（《荀子·乐论》）。对于如何闲中取乐，儒家提出以下两点。

一是守志闲居。儒家一向有隐逸文化传统。孔子主张天下有道则进，无道则退；孟子提倡"穷则独善其身，达则兼济天下"（《孟子·尽心上》）。《大学》提出"古之欲明明德于天下者，先治其国，欲治其国者先齐其家，欲齐其家者先修其身，欲修其身者先正其心，欲正其心者先诚其意，欲诚其意者先致其知，致知在格物"。值得注意的是儒家所谓的退守闲居不是意义的弃守，而是换一种方式坚守道义，所以孔子说要"以求其志"（《论语·季氏》），朱熹注："求其志，守其所达之道也。"① 正是因为要"守其志"，所以君子"慎独"，郑玄注："慎独者，慎其闲居之所

---

① （宋）朱熹：《四书章句集注》，上海古籍出版社 2001 年版，第 204 页。

为。小人于隐者，动作言语自以为不见睹，不见闻，则必肆尽其情也。"孔颖达疏："故君子慎其独也者，以其隐微之处，恐其罪恶彰显。故君子之人恒慎其独居，言虽曰独居，能谨慎守道也。"① 这都是强调隐居是君子守道的另外一种方式，所以儒家视"闲居"为内圣的开始。《礼记》中记载孔子"闲居"：一为《仲尼燕居》。郑注："善其不倦，燕居犹使三子侍，言及于礼。著其字，言可法也。退朝而处曰燕居。"② 二为《孔子闲居》。郑注："名《孔子闲居》者，善其倦而不裹，犹使一子侍，为之说《诗》。著其氏，言可法也。退燕避人曰闲居。"可见孔子的闲居生活不是去吟诵风月，而是讲学授道，身虽不在朝野，心却是不曾离开。

二是"游艺"之闲。《论语·述而》："志于道，据于德，依于仁，游于艺。"何晏注："艺，六艺也，不足据依，故曰游。"邢昺疏："此六者，所以饰身耳，劣于道德与仁，固不足依。"朱熹《论语集注·述而》："游者，玩物适情之谓。艺，则礼乐之文，射御书数之法，皆至理所寓，而日用之不可网者也。朝夕游焉，以博其义理之趣，则应务有余，而心亦无所放矣。"③ 可见，在修平治齐之外，儒家对"游艺"之闲也是有所看重，尤其是其对于个体生命的审美意义。《论语·先进》有一段孔子问志。孔子问志于弟子子路、冉有、公西华、曾点四人，子路志在治国，冉有志在达民，公西华志在兴礼，曾点志在"暮春者，春服既成，冠者五六人，童子六七人，浴乎沂，风乎舞雩，咏而归"。孔子喟然叹曰："吾与点也。"孔子和曾子心之向往的是在春天中

---

① （汉）郑玄注，（唐）孔颖达疏：《礼记正义》（下），李学勤主编：《十三经注疏标点本》，北京大学出版社 1999 年版，第 1422 页。

② 同上书，第 1381 页。

③ 同上书，第 109 页。

的一派闲适之境。李泽厚称曾点之"舞雩"为"审美的境界"①，这是在游艺审美中完成生命的价值追求，正是因为有了这一追求，所以孔子在受陈、蔡围困时仍能"讲诵弦歌不衰"。

道家对"闲"涉及比较多的是庄子。道家对"闲"之意义的认知主要在于心之"闲"。《庄子》云："阴阳之气有沴，其心闲而无事，胼胝而鉴于井，曰：吸乎！夫造物者又将以予为此拘拘也。"（《庄子·内篇·大宗师》）说的就是要顺应自然，不要为外物所累。对于如何达到"闲"的境界，庄子有谈道："刻意尚行，离世异俗，高论怨诽，为亢而已矣；此山谷之士，非世之人，枯槁赴渊者之所好也。语仁义忠信，恭俭推让，为修而已矣；此平世之士，教诲之人，游居学者之所好也。语大功，立大名，礼君臣，正上下，为治而已矣；此朝廷之士，尊主强国之人，致功并兼者之所好也。就薮泽，处闲旷，钓鱼闲处，无为而已矣；此江海之士，避世之人，闲暇者之所好也。吹呴呼吸，吐故纳新，熊经鸟申，为寿而已矣；此导引之士，养形之人，彭祖寿考者之所好也。""若夫不刻意而高，无仁义而修，无功名而治，无江海而闲，不导引而寿，无不忘也，无不有也，淡然无极而众美从之。此天地之道，圣人之德也。"（《庄子·外篇·刻意》）所谓"就薮泽，处闲旷，钓鱼闲处"，在庄子看来都不是主要的，要做到"无江海而闲"，才是真正的闲，才是合乎天地之道，才可以说达到真正的"闲"的境界。庄子的"心闲"之说对后世影响深远，其体现的自由精神和境界追求一直是中国休闲文化的重要组成部分，尤其是唐宋禅宗兴起后，对所谓"心闲"的追求更是达到绝对的地步。对于如何达到"闲"的境界，庄子提出"逸"和"游"这两个审美概念。这直接影响了中国休闲文化对于所谓休

---

① 李泽厚、刘纲纪主编：《中国美学史》，中国社会科学出版社1984年版，第115页。

闲的审美定义，"闲"经常是和"逸""游"组合成词，古代的休闲文化常常被狭义理解为隐逸文化。

（二）魏晋南北朝：休闲文化的审美自觉和独立

自觉性是休闲文化独立的重要特征。"闲"作为一个独立的审美范畴得到重视应该是在魏晋时期。这个时期由于玄学的发展，文人热衷对"人"本身进行思考和探索。先秦儒家之"休闲"重在德行教化，所以强调"抱道守志"，即使是在"闲"的状态下，道德礼仪也是不可废，要"慎独"，要中和节制。道家之"闲"是要"大闲"，要和自然万物同在，所谓的"闲"是对超越性的追求。魏晋和先秦相比，最大的不同在于对"人"的回归，首先被肯定的是人的情感。"情"本身成为"休闲"审美的对象。魏晋崇尚清谈和玄学，使得这个时期对情感的认识和肯定更多的是抽象意义上的情感。魏晋之情有别于世俗之情，其指向是人的普遍情感。东晋陶渊明首先提出"闲情"的价值和意义："世短意常多，斯人乐久生。日月依辰至，举俗爱其名。露凄暄风息，气澈天象明。往燕无遗影，来雁有余声。酒能去百虑，菊为制颓龄。如何蓬庐士，空视时运倾。尘爵耻虚罍，寒华徒自荣。敛襟独闲谣，缅焉起深情。栖迟固多娱，淹留岂无成？"（《九日闲居》）"闲情"一词在刘勰的《文心雕龙》中被提出："殷仲文之孤兴，谢叔源之闲情，并解散辞体，缥缈浮音；虽滔滔风流，而大浇文意。"（《才略》）魏晋文人对"闲情"更多是审美情感，和现实情感有关联，但是联系不是那么深。刘勰认为"闲情"具有玄妙的飘忽特征，主要原因在于文人"闲情"虽然是从自然山水、艺术、人伦中生发出来的，是对自然和生命的热爱，情感本身虽然是现实的，但是情感的重点不在现实的感官享受，只是这种闲情是情感性的，但是由于是闲暇状态下生发出来的闲情，与现实的粘连不深，是超越现实情感之上的审美情感。我们看曹植《释愁文》："愁之为物，惟惚惟恍，不召自来，推之弗往，寻之不知其际，握之不盈一掌。寂寂长夜，或群或党，去来无方，乱我精爽。其来也难退，其去也易追，临餐困于哽咽，烦冤毒于酸嘶。加之以粉饰不泽，饮之以兼肴不肥，温之以金石不消，摩之以神膏不希，授之以巧笑不悦，乐之以丝竹增悲。"① 诗人写"愁"，显然是在对"愁"这一情感进行把玩，至于"愁"起何处，并没有具体对象。梁简文帝也写有《序愁赋》："情无所治，志无所求。不怀伤而忽恨，无惊猜而自愁。玩飞花之入户，看斜晖之度寮。虽复五筋浮碗，赵瑟含娇。未足以祛斯耿耿，息此长谣。"② 同样是对所谓"闲愁"的把玩，其"愁"也不在具体的情感上，而是具有普遍意义的抽象情感。

　　"闲"和"情"的勾连对休闲文化和文学的发展意义重大。"闲情"成为独立的审美对象，从而促成文化的自觉，其中文学的自觉性是休闲文化的重要特征。文学的表现对象从社会和道德转到自然和个体。休闲文化的审美开始有独立的意识，在文学创作上出现大量抒情小赋和山水田园诗。在文学理论上重视"闲"对艺术创作的重要意义，梁朝的萧统在《文选序》中提出，文为"入耳之娱"、"悦目之玩"；刘勰直接提出"入兴贵闲"的理论："然物有恒姿，而思无定检，或率而造极，或精思愈疏。且诗骚所标，并据要害，故后进锐笔，怯于争锋。莫不因方以借巧，即势以会奇，善于适要，则虽旧弥新矣。是以四序纷回，而入兴贵闲；物色虽繁，而析辞尚简；使味飘飘而轻举，情晔晔而更新。"

---

① （魏）曹植著，赵幼文校注：《曹植集校注》，人民文学出版社1984年版，第467页。
② （清）严可均辑：《全梁文》，商务印书馆1999年版，第85页。

(《物色篇》)

休闲文化独立的另外一个重要表现是魏晋文人生活审美化的初步实践。"魏晋之际，天下多故，名士少有全者。"（《晋书·阮籍传》）魏晋南北朝由于政权的频繁更替，政治斗争的残酷使得隐逸文化大盛。隐逸文人的兴盛使得休闲文化精神增长，魏晋文人对个体生命价值的看重和他们对自由精神的追求，使得他们在逃离动荡不安的政治之后，将更多精力放在艺术和文化上，这使得魏晋文人的生活和道德礼教的关联减少，而呈现出更多休闲文化的审美特征。

魏晋文化对闲居生活的重视，不但使得艺术文化成为士人生活中重要的一部分，而且文人之间的登山临水、酬谢交游也是非常的频繁。著名的有"邺下雅集"、"金谷雅集"以及"兰亭雅集"等。在文人的雅集酬唱中，审美文化的公共性质逐渐有了发展。这个时期文人雅集对艺术和文化生活的认识主要在于其消闲性质。如"邺下雅集"的代表人物曹丕的《与吴质书》写道："顷何以自娱？颇复有所述造不？"这个时期的雅集的内容主要是在各种休闲活动上，包括作诗饮酒、赏月啸歌、琴棋书画、登山临水等。魏晋文人首先将休闲作为独立的审美对象，其对明代中晚期文人影响很大。"古今风流，唯有晋代。"（王思任《〈世说新语〉序》）晚明文坛掀起的对《世说新语》的阅读热潮，阅读品评《世说新语》成为晚明文人重要的休闲方式之一。晚明清谈小品发达，其中《世说新语》是当时最重要的清谈对象。"世说片言只词，讽之有味，但可资口谭。近日修词之士翕然宗之，掇拾其咳唾之余以伤文，而文斯小矣。"[1] 王稚登的《虎苑》与《语

---

① （明）薛冈：《天爵堂文集笔馀》，转引自陈宝良《明代社会生活史》，中国社会科学出版社 2004 年版，第 591 页。

林》、李绍文的《皇明世说新语》、郑仲夔的《兰碗居清言》、慎蒙的《山栖志》等都是以"世说体"记载名士的诗酒生活和清谈雅趣。

（三）唐宋休闲的雅俗共赏

唐代是中国古代经济文化发展的高峰时期，文人地位空前提高，建功立业是文人主要的人生目标。文人谈到"闲"，多是和文人士大夫仕途不顺有关，休闲行为更多的是文人失意之余的自我调节。唐代休闲文化得到极大发展，在文学中出现大量以遣性娱乐为目的的作品，白居易可以说是第一个公开将自己的诗作标注为"闲适诗"的。另外，唐代是中国佛教本土化的重要时期，其重要成果是禅宗的发展成熟。佛教本土化的重要一点在于和本土儒道文化的结合，这也体现在休闲文化和禅宗的结合上，休闲文化在审美品格上也有了新的特质，开始由魏晋玄学的抽象缥缈下沉到生活本身。葛兆光在谈到佛教本土化的时候就讲道："它把日常生活世界当作宗教的终极境界，把人所具有的性情当作宗教追求的佛性，把平常的心情当作神圣的心境，于是终于完成了从印度佛教到中国禅宗的转化，也使本来充满宗教性的佛教渐渐卸却了它作为精神生活的规训与督导的责任，变成了一种审美的生活情趣、语言智慧和优雅态度的提倡者。"[1] 可见佛教本土化的一个重要转变是由来世变为现世，生活本身被当作真理发生的场域，这和道家用逃逸来实现对理想域的追求大为不同。深受禅宗影响的唐代文人所追求的闲雅生活是悠游人世的自在适意，其代表是王维和白居易。王维中年以后多是在佛理和山水之间寻求寄托，其诗主要是在闲适生活中展现佛理禅意。白居易是第一个公

---

① 葛兆光：《中国思想史》，复旦大学出版社 2009 年版。

开将自己的诗作命名为"闲适诗"的诗人："或退公独处，或移病闲居，知足保和、吟玩情性者一百首，谓之闲适诗。"白居易和东晋陶渊明一样，认可隐逸人生的价值，但是白居易所认可的"闲"不完全是陶渊明式的回归田园后的自在适意的境界追求。闲居首先是公事之余的闲暇："似出复似处，非忙亦非闲。不劳心与力，又免饥与寒。终岁无公事，随月有俸钱。"其次是可进可退的城市生活："大隐住朝市，小隐入丘樊。丘樊太冷落，朝市太嚣喧。不如作中隐，隐在留司间。似出复似处，非忙亦非闲。"（《中隐》）白居易是晚明文人最为推崇的文人之一，"从来文士名身显赫者固多，然无过白乐天"（袁宗道《论隐者乐趣》，《白苏斋类集》卷二一）。白居易的"中隐"理论对传统隐逸文化显然是有了不小的改造。按照其理论，文人的隐居生活既不用放弃俗世生活的热闹和便利，又可以求得精神上的自由和适意。中隐之"闲"的可进可退将大量文人引入休闲性文学的创作。除了以白居易为代表的闲适诗以外，唐代传奇和词体的创作对于后世的休闲性文学的发展有着重要影响，唐传奇开始是文人行卷温卷之作，后来其休闲娱乐的意义逐渐凸显，消遣倒是成为主要目的。

儒家发展到宋代，理学成为主流。理学家也非常注重在自然优游和日常生活中"格物致知"，"格物"在"燕闲"之中，求的是理趣之"闲"，"闲时皆知恻隐，及到临宇有利害时，此心便不见了"（《大学三·传六章》，《朱子语类》卷十六）。"所以格物便要闲时理会，不是要临时理会。闲时看得道理分晓，则事来时断置自易。"（《大学五·问下》，《朱子语类》卷十八）"寻山寻水侣尤难，爱利爱名心少闲。此亦有君吾甚乐，不辞高远共跻攀。"（周敦颐《喜同费君长官游》）"中春时节百花明，何必繁弦列管声。借问近郊行乐地，演溪山水照人清。心闲不为管弦乐，道胜登因名利荣。莫谓冗官难自适，暇时还得肆游行。功名不是关心事，富食由来自有天。任是榷酤亏课利，不过抽得俸中钱。有生得遇唐虞圣，为政仍逢守令贤。纵得无能闲主簿，嬉游不负艳阳天。"（程颢《作五绝呈邑令张寺丞》）

"闲"作为一种艺术审美风格在这一时期开始发展成熟。"诗话"是宋代产生的具有"闲谈"性质的诗文理论，这一形式的开创者多被认为是欧阳修，郭绍虞在《宋诗话辑佚序》就指出："诗话之称和诗话之体皆始于欧阳修。"欧阳修自己曾经自述"诗话"之由来"居士退居汝阴而集以资闲谈也"（欧阳修《六一诗话序》），可见"闲"是进行诗文品评的重要审美风格。在闲谈中进行诗文品评这一行为不是从宋代开始，事实上，魏晋时期就开始经常有这一行为，只是规模比较小。自欧阳修开始，诗文品评可能是当时文人的一个比较具有普遍性的行为。究其原因，可能是与休闲文化发展有关。欧阳修在说到《六一诗话》由来时，毫不讳言其为闲谈之作。既然是闲谈之作，自然就不是那么专业，带有更多感性悟道的成分，其精神气质更多偏向感悟性审美。"诗话"在后世也不独指向诗歌艺术，"词话""曲话""赋话""文话"等也相应而生。

二 明代中晚期休闲审美意识之传承

明代中晚期是一个休闲文化大发展的时代，休闲文化无论是在规模还是在受众上都达到了前所未有的高度。商品经济的大发展使得社会的有闲阶层人数大为增加，明代中晚期文人对"闲"本身的谈论和追求都更为直接和普遍，最为典型的就是明代中晚期小品文的繁荣，其本身就是休闲文化发展的直接体现，尤其是清言小品，谈闲论雅是其主要内容。作为文人休闲文化载体的诗词书画、香茶文玩等，不仅在文人雅士中盛行，甚至普及到了广大的市民阶层，竞逐清雅成为时代的风潮之一。

明代中晚期文人首先继承了先秦儒道精神，注重内在的道德超越，重视对审美境界的追求，具体表现在文化实践上，主要体现在文化意义的追求上。虽然明代中叶以后是世俗文化大发展的时期，同时也是传统雅文化大发展的时期。明代中晚期文人一方面对名利的角逐之心甚嚣；另一方面"标韵高绝"。以明代中晚期的园林艺术来说，其追求的就是境界之美。在园林内部装饰上，追求自然韵律，比如明代中晚期家具在材质的选择上多是选择素木，少有上漆，强调木质本身的自然纹理之美，在装饰上，不像后来的清代家具，其很少作过多的雕刻，而是选择线条、镶嵌等手法，保证审美上的自然疏朗，这和道家对自然和谐之美的追求相一致。

王晓光在其博士学位论文《晚明休闲文学研究》中提出："魏晋时期的文学成为一种具有闲适意味的文学创作的先导。"虽然魏晋南北朝时期中国隐逸文化的休闲，不乏政治高压下的全身避祸，但东晋文艺以其清新自然令后人耳目一新，成为后代休闲文学的先声。正是魏晋南北朝文人们的徜徉山林，为中国后世的文人及文学首先开启了休闲之风。这种发自内心的追求自由，在晚明受到欢迎。魏晋由于不自由而逃向自然，而晚明文人则由自由而回归自然之人和自然之文，二者是真正的殊途同归。魏晋文人个性通脱之精神被晚明文人所继承，于是才有了晚明文人"破人之执缚"的勇气。（袁中道《袁中郎先生全集序》，《袁宏道集笺校》附录三）笔者对此深表赞同，明代中晚期盛行的小品文，小说中的笔记小品、世说体小说都是直接承袭自魏晋文化。

唐宋的休闲审美已经兼具雅俗，其对明代中晚期的休闲审美思想有直接意义。明代中晚期本身是一个世俗文化大发展的时期，尚古追求的雅文化也是文化市场的心头爱。和唐宋文人注重在闲居生活中品味闲趣一样，明代中晚期文人特别喜欢对生活本身进行品味，这可以说是对唐宋开始的休闲审美文化的直接承袭。唐宋休闲文化和魏晋的一个重要区别在于，魏晋文人受道家影响，习惯在山林自然的隐逸中求得闲情与闲趣，唐宋文人受禅宗影响更多，喜好在起居坐卧的日常生活中品味人生意义。明代中晚期文人继承了唐宋文人对休闲生活本身意义的追求，只是宋代理学更重视生活本身的超越性质，明代中晚期心学则更重视生活的当下价值。明代中晚期休闲文化的审美精神比起唐宋文化，更重视物质内容上的追求。宋代开始，诗话成为艺术文化评论的主要形式之一，其大量产生的重要原因是"闲"作为审美范畴得到前所未有的重视。诗话正是因为是闲居生活时候的消遣自娱之事，所以其代表的自由文化精神，不仅是在形式上，而且在精神上直接影响了明代中晚期的小品文以及笔记小说。明代中晚期笔记小说创作繁荣，其核心精神就是继承宋元的"闲话"艺术，只是将宋代的"闲论""闲评"转向"闲文"，多为自娱解闷之用。

三　明代中晚期休闲审美意识之新变

明代中晚期是一个文化大综合的时代，其文化上既具有总结性，又在总结的基础上萌发了大量新的审美质素。尽管传统的文化伦理远远不到解体的地步，但是近代文明的曙光在休闲文化的发展和变革中已经隐约在望，所以明代中晚期审美文化的流变过程中，有历史文化的延续，也孕育诞生了不少新的审美因子。

（一）这是一个"人"开始觉醒的时代

"阳明心学"推动异端思潮的发展，当个性和自我成为思想的旗帜，最能够体现自由和变革精神的休闲美学领域自然成为思想变革和文化实践的重要战场。这场思想解放运动的核心是确立个体的自由与价值，感性本体取代理性本体，道德让位情感，贵族文化让位市民文化。李贽的"童心"说、汤显祖的"至情"说、袁宏道的"性灵"说等，均是这种思想解放运动的具体表现。自由思潮的鼓吹者李贽、汤显祖、"公安三袁"等不仅是在理论建设上致力于新的价值观的建设，在文化实践上也是积极践行新的审美价值。汤显祖的《牡丹亭》第一次将情感本身作为文学的价值和意义，提出文学首先是"情学"，艺术需要面对人内心真实的情感需求："盖声色之来发于情性，由乎自然，是可以牵合矫强而致之乎？故自然发于情性，则自然止乎礼义，非情性之外复有礼义可止也。惟矫强乃失之，故以自然为美耳，又非情性之外复有所谓自然而然也。"① 自由书写人生的小品文被誉为时代的精神所在，王思任说："一代之言，皆一代之精神所出，其精神不专，则言不传。汉之策，晋之玄，唐之诗，宋之学，元之曲，明之小题，皆必传之言也。"② （王思任《唐诗纪事序》，《王季重十种·杂序》）徐渭在宋元平淡幽远之中开拓出了泼墨一派，在笔墨的泼洒流动之中展示了一个文人胸中难以消除的不平与愤懑，画家的个性不再深藏在山水背后，而是呼之欲出。

（二）多元审美的时代

明代是一个矛盾的时代，一方面是极度成熟的正统文化；另一方面是异端思潮的不断来袭，保守和变革的力量互相撕扯，使

---

① （明）李贽：《焚书·续焚书》，中华书局1975年版，第132页。
② （明）王思任：《王季重杂著》，（台北）伟文图书出版社1977年影印本。

得明代文化呈现出极为丰富的多元色彩，这在新旧势力并存的休闲文化发展中表现尤为突出。以雅俗来说，雅俗作为休闲文化审美中重要的一对审美范畴，唐宋文化尽管有关于"雅俗不二"的态度，但是文人文化占据绝对领导地位，其审美理想主要还在于去俗就雅，宋代理学更是恪守先秦儒家的雅正传统。明中叶以后，由于市民文化的长足发展，士商的频繁互动，雅俗之间的渗透和融合逐渐加强，尤其是大批文人加入俗文化的创作和鼓吹中，传统的文人文化呈现出明显的俗世文化色彩。在文化格局上，俗文学第一次在文化艺术的各个层面上开始了与传统雅文化的争奇斗艳。文学上，小说以其对世俗生活的丰富表现力和来自民间的鲜活生命力，展现出前所未有的世俗文化的魅力。戏曲艺术作为一门集合了舞蹈、表演、说唱、舞台等多个艺术品类的综合性艺术，在元代杂剧那里就已经取得了相当大的成就。明代中晚期是传奇艺术发展的时代，作为一门本自民间的艺术，虽然其逐渐为上层阶级接受，但是其情感和艺术生命的基础还是在于其对民众生活和社会心理的真实再现。再以绘画艺术来说，这一时期绘画艺术的俗世风格有了很大发展，集中体现在市民绘画的发展上。市民绘画在审美上呈现和文人画传统不同的审美意识。首先绘画在色调上重新变得华丽起来，其次人物画在元代基本上消失，在这一时期重新被找了回来，陈洪绶、吴彬等人以画人物著称，其笔下人物大多造型奇特，形貌丑陋，体现出和前代迥异的狂怪画风。

文人身上也纠结了不少矛盾气息，在时代的变迁面前，他们一方面感受到了市民文化的新鲜和活力；另一方面他们深受传统影响，在身份认知上有着天生的优越感。这使得他们常常在自卑和自大之间徘徊，所以文人以雅自诩，对于雅俗的区隔表现的十分敏感。与元代文人归隐山林的隐士行径不同，明代文人大多没有真正的远离世俗，相反他们入世太深，对"名"和"利"的渴求太重，以致"山人"这个群体在后世备受攻击，成为文人沽名钓誉的代名词。

（三）世俗审美的时代

首先，唐宋时期就有了相当繁荣的通俗文学、园林、戏曲、器物文化等具有鲜明世俗文化性质的艺术形式，并且在继承的基础上有了新的时代审美特质，这使得明代中晚期美学进入一个新的历史时期。这是一个美学观点层出不穷的时代，不少学者都将这个时期作为中国古典美学迈向近代的一个开始。以中国古典文学来说，以诗词为代表的韵文学一直是主流，其审美品格是以内在的情感表现为主，对于历史和生活的展现受制于体裁局限，难免在深度和广度上都有所欠缺。长篇小说真正在艺术的容量和受众上实现了突破，艺术真正从少数人的"阳春白雪"拓展到下里巴人。长篇小说的成熟和大批优秀短篇小说的涌现，对于中国古典美学来说具有重要的变革意义，它意味着审美追求上的外转，以小说和戏曲为代表的叙事文学开始取代传统的诗本位，社会尤其是生活本身为文学提供丰富的养料。

其次，绘画艺术本来一直是文人审美文化趣味的代表，明代中晚期以版画为代表的民间绘画艺术的崛起，使得文人画一统天下的局面终结。不少文人画家都有涉及版画领域，其中以陈洪绶最具有代表性。以人物画来说，从唐代开始，仕女画表现对象大都是上层的贵族妇女，其审美趣味上是以符合上层阶级的华贵雍容为导向，宋元基本上保持了这一风格取向。人物画至唐寅处为一变，其笔下人物多以市井女子甚至是青楼女子为对象，造型上一改唐宋富丽风格，变为纤细柔靡，世俗味十足。宋元是文人画发展的高峰，明代继承了宋元文人画的成就，前有吴派，后有松江派。宋元文人画孤高的隐士作风到了明代，渐染俗世之味。明代初年，"院体"画尽管以两宋为尊，但是吴伟笔下的线条已经有些狂放不羁，在笔墨处理上颇有些自由、奔放之意。吴派领袖沈周虽然以继承宋元文人画的冲淡平和风格著称，但是他画了不少富有生活气息的蔬果禽鸟画，展示了不同于宋元的温暖情怀。吴派的另外一个代表性人物唐寅，则常常是在青楼酒家醉舞狂歌，他解除失意的途径不是元代四大家的孤高出世，而是入世的享乐与放纵，甚至是颓废自诩。唐寅笔下的山水有着比较强烈的色彩，主题上不再一味突出山水的高邈，有了更多俗世气息。"吴门"还喜欢以私家园林和文人雅集作为题材，创作了大量关于园林和雅集的画作。因为是充满生活气息的纪实性质的场景，写实和叙事的成分逐渐超越了传统的写意，其审美对象和审美趣味开始面向普通的市民大众，在技巧上更为偏重写实上的工整细腻，色彩上变得绚丽多彩。

再次，市场和消费成为艺术文化活动的主导性因素，奢靡成为审美的新时尚。人们对奢靡的追求从传统的士大夫阶层前所未有的拓展到了普通民众。对于世俗享乐和种种声色之娱，人们都不再讳言。人们对物质生活的渴望不仅表现在生存需要上，而且拓展到精神和情感生活的细节上。本来是文人休闲文化生活专属标识的清玩文化在市民阶层普及，表明这是一个借助消费的力量将生活审美化的新的历史时期。以前还没有一个时代如此重视物质文化本身的力量。这是一个真正将休闲文化的自由精神渗透到各个阶层的新的时代。物质、情感、审美等具有近代意义的审美范畴在明代中晚期休闲文化发展中的凸显，可以说是明代中晚期休闲审美意识发展中值得引起我们关注的新的质素。尽管无论是在明代中晚期还是在后世，对于明代中晚期奢靡的审美追求时尚都不乏批评者，但是其背后隐含的"除旧布新"之意义也是不容忽视，其对于传统伦理道德规范的冲击力量应该得到重视。

第三章

明代中晚期艺术文化及其休闲审美意识

　　在艺术文化领域，首先在文学的发展上，更具有消闲取向的小说、戏曲、小品文取代传统诗词成为明代文学的标识。这一取向与明代中叶以后文人对休闲生活和市民文化的关注有关。小说起自民间，从发展之初就因为其世俗性质遭到轻视。小说发展到明代，不仅在大众文化市场上广受欢迎，而且得到文人的喜爱，大量文人加入小说的整理、编辑和创作工作中。小说不仅在数量上大为增长，在审美风格上趋于雅化，成为足以代表明代文学最高成就的文学体裁之一。小品文作为对文人休闲生活的忠实记录，成为明代中晚期最具特色的文化体裁之一。文人对文学本身的娱乐消遣功能有了更为自觉的追求，创作者往往自觉地将娱人娱己作为文学功能。总的来说，明代中叶以后，就文学的整体风格来说，休闲娱乐倾向十分明显。首先，在表演艺术上，自嘉靖到明末，杂剧的成就不高，整体上处于衰微，传奇作品繁多，名家辈出，剧坛几乎被传奇占据。其次，明代中叶以后，复古气息浓烈的院体衰微，具有新兴市民气息的文人画开始向更为自由和大胆的方向发展。

第一节　文学艺术中的休闲审美倾向

明代中晚期文学发展的一个重要特征是文学的世俗化、平民化和文学产品在某种程度上的商品化。明代中晚期文化消费市场的繁荣，直接带来大众读物市场的发达；教育的普及，惠及广大的平民大众，文学由殿堂走向市井，在文学审美上呈现出多元化、通俗化和休闲化特点。明代中晚期文人生存的特殊状态，使得休闲文学在雅化的同时也越来越关注世态人情，休闲文学在闲暇消遣的同时与现实越来越充分的融合。明代中晚期文人对生活的艺术化追求，是明代中晚期美学的重要表征，也将中国古代的休闲美学推向高峰。小品文作为当时最具有代表性的休闲文学之一，集中展示了明代中晚期文人士大夫的休闲旨趣。同时明代中晚期市民阶层的发达催生了大量具有大众文化性质的通俗流行读物，它们共同促成明代中晚期文学发展的休闲化转向，造就了明代中晚期文学的多元化景象。

第一，城市及市民文化的发达是文学审美追求变化的重要原因之一。

明代中晚期是中国古代城市发展的重要转折期，城市的功能开始更多从政治和军事上转到商业和文化上。城镇人口增长迅速，学者李伯重估计"明代中晚期后期在 1620 年时江南城市人口的比重 15%，曹树基估计明代中晚期后期江苏江南地区城市人口比重为 15%"①。人们以能够生活在城市中为傲，康熙《徽州府志》引用赵吉士的话讲道："嘉、隆之世，人有终其身未入城

---

① 陈江：《明代中后期的江南社会与社会生活》，上海社会科学院出版社 2006 年版，第 35 页。

郭者，士补博士弟子员，非考试不见官长，稍于外事者，父兄羞之，乡党不齿焉……万历以后，闭门不出者，即群而笑之，以为其襁褓若此也。然六邑之俗，与时推移。"《松江府志》也有记载，以前松江府是"乡士大夫多有居城外者"，"今缙绅必城居"。大量人口聚集在城市，必然推动城市商业和文化的发展。城市经济与商业的繁荣，在很大程度上改变了传统的生活秩序。以杭州为例："接屋成廊，连衽成帷，市积金银，人拥锦绣，蛮樯海舶，栉立街衢，酒帘歌楼，咫尺相望。"（崔溥《漂海录》卷二）城市经济的繁荣带来丰裕的物质条件，使得明代有足够的物质基础去从容地休闲娱乐。

城市的发达及其角色的变化对文学的贡献在于文化发展方向上的多元化，文学载道济世的政治功能逐渐变得不再那么重要。随着大量文人为治生需要加入依靠商业机制运作的文学市场，文学也越发向休闲娱乐方向发展，越发远离政治和礼制教化。明代中叶以后城市文化的商业化发展背景决定文学观念必然发生变化。作为城市公共休闲文化空间的各式勾栏瓦肆的发达，直接推动通俗文学的发展和繁荣，此类文学的接受者多为在城市中生活的市井小民。在这样的背景下，全面展现市民社会的风俗人情的"三言""二拍"，《金瓶梅》的诞生也就顺理成章。

明代中晚期科举应试人口大量过剩，使得大量文人想要继续走传统的仕途之路显然是非常艰难。出于治生的需要，大量文人卖文为生，成为职业文人。润笔费用的不断上涨也吸引更多文人将润笔费用作为重要的收入。后人常常引证叶盛（1420—1474）的记载："三五年前，翰林文人送行文一首，润笔银二三钱可求，事变后文价顿高，非五钱一两不敢请，迄今尤然，此莫可晓也。"① 俞

---

① （明）叶盛：《水东日记》卷一《翰林文字润笔》，中华书局 1980 年版。

弁（1488—1547）对明代中晚期各个时期的润笔费用有详细的对比："天顺初，翰林各人送行文一篇，润笔二三钱可求也；叶文庄公曰：时事之变后，文价顿高，非五钱一两不敢请；成化间，闻送行文求翰林者，非二两不敢求，比前又增一倍矣。则当初士风之廉可知。正德间，江南富族著姓，求翰林名士墓铭或序记，润笔银动数二十两，甚至四五十两，与成化间大不同矣，可见风俗日奢重，可忧也。"① 可见对于有一定市场的文人来说，卖文可以维持生计，陈继儒（1558—1639）终身未入仕途，因为其在文坛上的声名远播，其润笔之资颇为不少，其能够"以润笔之资卜建余山……纵情山水数十载"②。

大量文人出入市井瓦肆，进入商业气息浓厚的市民文化场所，其创作也日益沾染世俗之气，同时通俗文学由于文人的加入，在一定程度上提升了休闲文学的审美品位，从而承接了宋代以来通俗文学的发展，并将之推向高潮。文人在一定程度上摆脱官场生涯的控制，通过各种治生手段获得经济上的相对独立后，文人在精神价值上对个人价值和自由心性的追求也促使文人将闲暇作为生活的价值，不仅是出于经济的考量，在精神认同上，也认可文学在政治道德教化意义之外的休闲价值。明代中晚期文学的重镇在江南。江南不仅是经济的中心，而且是文化的中心，吴中更是成为全国文学活动的中心。袁宏道有"吴中诗画如林，山人如蚁"之叹（袁宏道《王以明》，《袁宏道集笺校》卷五）。晚明文风更盛，性灵文学的主要代表袁氏兄弟，竟陵文学的代表钟惺，山人文学的代表陈继儒、张岱、屠隆等都是吴中人士。这些

---

① （明）俞弁：《山樵暇语》，收入《涵芬楼秘籍本》卷九，上海商务印书馆1967年版。

② （清）宋起凤：《稗说》卷一《陈征君余山》，江苏人民出版社1982年版。

人大多或是有短暂的仕途生涯，或是布衣终身，经济上的独立，心态上的闲雅，使他们更乐意将闲赏作为生活目标，这也成为他们文学创作的指向。

第二，休闲文学的全面繁荣。

休闲文学在前朝已经达到了相当高度，比如唐代传奇、宋词以及宋代话本和说话、元朝戏曲等，但是历史上没有哪个朝代象明代一样在休闲文学的各个领域都达到了很高的程度。郑振铎称明代是一个"伟大的小说戏曲的时代"①。小说有"四大奇书"和"三言""二拍"；戏曲分为杂剧和传奇。传奇的主要创作者是文人，汤显祖的四大传奇是其发展高峰。杂剧在明代初年一度衰微，在明代中叶以后，由于徐渭、汪道昆等人的创作，杂剧有过短暂的复兴。

休闲文学创作上的繁荣同时推动了明代出版业的大发展。明代中晚期的图书出版市场主要分为官刻和私刻。官刻中值得一提的是藩刻本。藩刻本主要是明代各个藩地的王爷刻印出版的书籍。明代藩王虽然有着非常优厚的俸禄，但是不得过问政治，因而不少王爷都将精力集中在图书的刻录出版上，其藩刻书大多是休闲书籍。"太古都察院刻《三国志演义》、《水浒传奇》、《万化玄机》、《悟真篇》之类。又如《太古遗音》，则宁藩所著曲套；《神奇密谱》，则宁藩所著棋经。堂堂风宪有司，而刻书如此之轻诞，是无怪《五经》、《四书》、《性理大全》等书乃为司礼监专其事矣。"② 可见，官刻本随着时间的推移，其内容和风格也逐渐偏向轻松娱乐类的书籍。明代中叶以后，官刻逐渐衰微，私刻逐渐成为市场主流。私刻主要是以赢利为目的，所以出版了大量为

---

① 郑振铎：《插图本中国文学史》，北京大学出版社1999年版，第844页。
② 叶德辉：《书林清话》卷五《明时诸藩府刻书之盛》，复旦大学出版社2008年版。

市场喜好的休闲文学，其中小说戏曲是一大重点。有学者统计，当时整个明代中晚期南京书坊所刻印戏曲可能二三百种①。建安于氏双峰堂、杭州容与堂，都以刊印精图小说著名，金陵唐氏富春堂、陈氏继志斋也擅长刊印插图戏曲，都可称为专门出版文学书籍的书坊。尽管明代中叶以后，市民读者群空前扩大，但是休闲文学的受众主体仍然是文人士大夫，能够体现文人品位志趣的小品文也是出版的热点。

休闲文学不仅留给后世不少文学经典，文学的传播更是突破庙堂文学的狭隘，在各个阶层都有着为数众多的读者。时人有谈道："今天下自衣冠以至村哥里妇，自七十老翁以至三尺童子，读及刘季起丰沛，项羽不渡江，王莽篡位，光武中兴等事，无不能悉数颠末，详其性氏里居，自朝至暮，自昏彻旦，几忘食忘寝。"（署名袁宏道《东西汉通俗演义序》）叶盛也有谈道："今书坊相传射利之徒，伪为小说杂书，南人喜谈汉小王、蔡伯喈、杨六使，北人喜谈继母大贤等事甚多。农工商贩，钞写绘画，家畜而人有之；痴骏女妇，尤所酷好。"（叶盛《小说戏文》，《水东日记》卷二一）可见小说戏曲的流传接受不只是限于文人雅士。古典小说和戏曲特殊的传播形式，使得其作为通俗文学的代表在大众文化市场上占有重要位置。这对文人的创作是个极大的鼓励。

第三，休闲文学呈现出多元化特征。

首先是求闲谈适。这是关于艺术功能的新认识。明代中晚期以前，受儒家传统文化影响，对文学休闲功能的谈论，是附着在政治理想和道德修养上的，文人的求闲多要表现政治失意的无奈、道德上的洁身自好。明代中叶以后，文人对休闲，对娱乐的认知和追求是非常明确的。文学尤其是通俗文学虽然没有完全忘

---

① 张秀民：《明代南京的印书》，《文物》1980 年第 11 期。

怀经世功能，也不再避讳休闲娱乐之用，甚至出现大量公开宣传求闲求适之价值追求的论述。

"大凡我书皆为求以快乐自己，非为人也。"（李贽《寄京友书》）

"吾以为文不足供人爱玩，则六经之外俱可烧。六经者，桑麻菽粟之可衣可食也；文者奇葩，又翼之怡人耳目、悦人性情也。"（郑元勋《媚幽阁文娱初集自序》）

"时为小文，用以自嬉。"（汤显祖《答张梦泽》，《汤显祖诗文集》卷四七）

"长夏草庐，随兴抽检，得古人佳言韵事，复随意摘录，适意而止，聊以伴我闲日，命曰：'闲情'，非经，非史，非子，非集，自成一种闲书而已。"（华淑《题〈闲情小品〉序》）

可见，对于文学在道德教化之外的娱乐休闲价值，以李贽为代表的不少文人，都是赞同的，郑元勋甚至提出："吾以为文不足供人爱玩，则六经之外俱可烧。"其言论可以说是相当犀利大胆，对于文学的自娱、适情功能大为肯定。对文学休闲功能的肯定，也使得文以自娱成为文人进行评点的重要标准。比如在小品文的编辑上，怡情悦性是重要原则："余于文何得？对曰：寐得之醒焉，愠得之喜焉，暇得之销日焉，是其所得于文者，皆一晌之欢，而非千秋之志也……此小品之所以辑也。"（王纳谏《〈叙苏长公小品〉序》）

休闲文学的代表莫过于小品文。小品文不是明代中晚期才有的，但是小品文的极盛时期主要在晚明。之所以在这一时期达到极盛，与这一时期整个文人对闲适生活的追求有密切关系。明代中叶以后，政治上的黑暗以及心学的影响，都使得文人更重视休闲文化生活，他们更为关注个体内在的世界。小品文是表现文人个性和内在追求的文学体裁，所以明代中晚期小品就题材来说，几乎就是生活的万花筒，无所不包。晚明小品文的性灵文字正是在远离政治道德的功利性诉求后，在艺术化的审美世界追求自由心性的舒展。对自我和个性的追求成为小品文的主要特征，关于这方面的文字不少。

"独抒己见，信心而言，寄口于腕。"（袁宏道《叙梅子马王程稿》，《袁宏道集笺校》卷十八）

"夫真有性灵之言，常浮出纸上，决不与众言伍。"（谭元春《诗归序》，《诗归》卷首）

"从自己胸臆中流出，自然盖天盖地。"（袁中道《石头上人诗序》，《珂雪斋集》卷十）

"不为谀词以谄人，不做诞语以傲世。抒写性灵，点染风景，亦何不可。"（屠隆《答王元驭先生》，《白榆集》卷十）

第四，在艺术趣味取向上的雅俗兼容。

明代初年，太祖对商业和文学活动的高压统治，尤其是对与教化无关的戏曲演出和观看的禁止，使得明代初年，以小说和戏曲为代表的休闲文学总体处于沉寂状态，与之对应的是代表官方艺术形态的"台阁体"文学的发达。历史发展到明代中晚期，由于社会政治、经济、文化的变化，雅俗文学的对比开始发生变化，其中一个重要特点是文人成为通俗文学主要的创作者和编辑者。现代学者余英时在《明清变迁时期社会与文化的转变》中指出晚明文化的重要变迁之一在于文人对所谓通俗文学的主动参与。李开先、徐渭、汪道昆、屠隆、汤显祖、冯梦龙等人都是出雅入俗，在传统雅文学和俗文学上都取得很大成绩。俗文学在主题和精神境界上都有了大幅提升，其中最能体现这一审美情趣转变的是小说。小说自诞生以来就被文人视为稗官野史，对小说的轻视和不屑一直存在，但是明代中晚期随着小说艺术的发展，文人成为主要的创作者和传播者。小说的地位日益提升，袁宏道甚至将其提升到文学经典的位置："诗余则柳舍人、辛稼轩等，乐府则董解元、王实甫、马东篱、高则诚等，传奇则《水浒传》、《金瓶梅》等为逸典。不熟此典者，保面瓮肠，非饮徒也。"① 小说阅读是文人休闲文化生活的主要内容之一，文人不仅以阅读小说为乐，而且对所喜爱的小说进行抄写誊录。庸愚子在《〈三国志通俗演义〉序》中就说道："士君子之好事者，争相誊录，以便观览。"《金瓶梅》在很长一段时间里面也是以手抄本的形式流传在文人之间。

　　明代中晚期发达的文学消费市场推动了休闲文学的发展，大量文人加入文学的商品化中，一方面提升了通俗文学的品质；另一方面在文学变成商品的同时，为了追求市场，文人对其娱乐性和大众性十分注意。据钱谦益所说，陈继儒卖文喜欢找来些"穷儒老宿隐约饥寒者"，"使之寻章摘句，族分部居，刺取其琐言僻事，荟蕞成书，流传远迩，款启寡闻者，争购为枕中之秘，于是眉公之名，倾动寰宇"。② 文学成为消费品带来的一个重要负面因素是明代中晚期托名盗版的情况格外严重。

　　小品以求雅闻名，是文人将生活艺术化的重要表现。文人将世俗生活的平庸剔除，只保留了其中最雅的部分，所谓"雪后寻梅，霜前访菊，雨际护兰，风外听竹"（陆绍珩《醉古堂剑扫》）。但是明代中晚期小品文对文人雅趣的描写，具有新的特质。明人之雅，多有形式主义的意味。小品文的闲赏对象除了传统的自然

---

① （明）袁宏道著，钱伯城笺校：《袁宏道集笺校》卷四十八《十之掌故》，上海古籍出版社 1981 年版。

② （明末清初）钱谦益：《列朝诗集小传》丁集下，"陈征士继儒"条，上海古籍出版社 1983 年版。

山水，居室设计、时玩古器，甚至是女性的身体等都是明人玩赏的目标。

第五，唯情主义成为一时之趣味所趋。

明代是一个主情的时代，尤其是明代中叶以后，高举情感大旗的大有人在。"公安三袁"的"性灵说"、汤显祖的"唯情论"、冯梦龙的"情教论"、唐顺之的"直抒胸臆说"，对文学情感性的强调可以说是空前的。明代的情感论强调的是摆脱礼教束缚的真性情，是具有生活原生态意义的世俗之情，最能体现文人这一情感诉求的是以小说为代表的休闲文学。

首先明代中叶以后，由于世俗化的发展，文人的情感主张充满现实感。冯梦龙编撰民歌集子《山歌》，就指出要"借男女之真情，法名教之伪药"（冯梦龙《叙山歌》）。对于本性和快乐主义的强求，使得不少文人以一种极端的方式强调遵从人的本性的重要性。比如李贽认为只要是本性所需，人的各种现世贪欲是可以被接受的："是故贪财者与之以禄，趋势者与之以爵，强有力者与之以权。"（李贽《答耿中丞》，《焚书》卷一）袁宏道质疑古人所说的"朝闻夕死"，指出："闻道而无益于死，则不若不闻道之直截也。何也？死而等为灰尘，何若贪荣竞利，作世间酒色场中大快乐人乎？又何必局局然以有尽之生，事此冷淡不近人情之事也。是有宋诸贤，又未尽畅朝闻夕死之旨也。"（袁宏道《为寒灰书册寄郧阳陈玄朗》，《袁宏道集笺注》卷四十一）

其次明代中晚期是一个情色泛滥的时代。明代文人从理转情，进而从情转欲，文学对情色公开的消费和演出更是如此。公安派主张："目极世间之色，耳极世间之声，身极世间之鲜，口极世间之谭。"冯梦龙更是将情欲的帽子扣在了圣贤头上。说："人知圣贤不溺情，不知惟真圣贤不远于情。"小品文中有大量的艳情小品。小说中以艳情韵事闻名的，长的有《金瓶梅》，短的有"三言""二拍"，再短的有《笑府》。明代中晚期名士对这类色情小说的写作与欣赏是公开的。著名的淫秽小说《绣榻野史》的作者是南京名流吕天成，由冯梦龙校正，李贽评点；《肉蒲团》的作者是著名的戏曲名家李渔。

明代中叶以后文学对情欲的重视在求真唯情的大旗下，打开欲望的阀门，随着欲望毫无节制的恣意发展，其一步步走向畸形，这也是明代文学在获得大发展的同时饱受争议的原因之一。情欲文学在解放身体的同时带有的享乐主义使得明代人在审美上贵新尚奇，有着浪漫和唯美的审美风格取向。所谓"真人才有奇文，大痴才有大作"，明代文学尚奇求异之趣味可以说是风气所在，不少人都喜欢以"奇"命名作品：张一中辑《尺牍争奇》、陈仁锡辑《古文奇赏》《明人奇赏》、陆云龙辑《翠娱阁评选文奇》、何镗辑《高奇往事》等，文人评点更是喜用各种"痴""病""奇""新"等审美范畴，比如：

"木病而后怪，不怪不能传其形；文病而后奇，不奇不能骇于俗。"（张大复《病》，《梅花草堂笔谈》卷三）

"文章新奇，无定格式，只要发人所不能发，句法、字法、调法，一一从自己胸中流出，此真新奇也。"（袁宏道《答李元善》，《袁宏道集笺校》卷二十三）

"不险不能妙，不险绝不能妙绝也。"（金圣叹《水浒传》第四十一回首评）

"意常则造语贵奇，语常则倒换须奇。"（王骥德《论句法第十七》，《曲律》）

"天下文章所以有生气者，全在奇士。士奇则心灵，心灵则能飞动，能飞动则下上天地，来去古今，生灭如意，如意则可以

无所不知。"（汤显祖《序丘毛伯稿》，《汤显祖诗文集》卷三二）

明代文学尤其是休闲文学虽然是高举情欲大旗，也没有完全忘记在情欲的身上披上道德的外衣。比如作为通俗文学出版家的冯梦龙指出"三言"的编选宗旨是："明者，取其可以导愚也。通者，取其可以适俗也。恒则习之而不厌，传之而可久。三刻殊名，其义一耳。"（《醒世恒言》叙）对于高喊"不必矫情，不必逆性，不必昧心，不必抑志，直心而动"（《为黄安二上人三首》，《焚书》卷二）的李贽，历史学家黄仁宇认为他是一个"自相冲突的哲学家"①，一方面是儒家的叛逆者，另一方面是儒家传统的皈依者。

一 小说中的审美诉求

中国古代小说历经古代神话传说、魏晋南北朝志怪志人小说、唐代传奇、宋代话本小说等阶段，发展到明代已经是比较成熟的文体，但是小说真正走向成熟是明代中叶以后的事情。明代中叶以后，大量文人加入小说的创作队伍，小说逐渐取得和传统诗词平起平坐的地位，甚至隐约凌驾其上，其时出现中国古代小说发展史上第一部由文人独立创作的长篇世情小说《金瓶梅》，同时以"三言""二拍"为代表的拟话本小说在出版市场上广受欢迎，进一步扩大了世情小说的审美域，其对世情的关注和深入，提升小说的言志和娱乐休闲功能，扩展了小说的社会表现域。中国古代小说不仅是在创作上走向成熟，而且在小说理论的探讨上越发完整，关于小说的美学思想很快开始建立并发展起来，小说不再只是搜奇猎艳的消遣玩意儿，小说中或可见讽世忧俗的苍凉，或以之表达市井细民的悲欢离合，或是描摹现世的人

---

① ［美］黄仁宇：《万历十五年》，中华书局 2006 年版，第 204 页。

情百态，小说的审美域至此大为扩充。小说创作上的繁荣还得益于中国古代小说美学思想体系的完善，不登大雅之堂的小说随着其审美境界的开拓，其在文学史上的地位逐渐得到肯定和提升。

（一）以"四大奇书"为代表的长篇章回体小说的审美追求

明代小说的成熟首先是长篇章回小说的成熟，其在体制上更加定型，艺术表现日渐成熟，其审美诉求从历史演义和英雄传奇到直面现实、关注人生；从国家大事到寻常百姓的日常起居；艺术人物从英雄侠客到普罗大众，其人物形象塑造上色彩斑斓，个性鲜明。与此同时，白话短篇小说也得到长足发展，其在宋元话本的基础上出现了一个繁盛时期，无论是内容还是形式上，都有新的审美趣味出现，因此人们常把小说看作是明代最具代表意义的文学样式。小说的崛起得益于明代审美表现领域的扩大化，不仅小说娱乐猎奇的审美娱乐价值扩大化，同时延展了小说的劝世讽时功能，小说在审美诉求上的深化使得小说逐渐成为明代文学的主流。

明代长篇章回体小说的代表是"四大奇书"。所谓"四大奇书"指的是我们现在熟知的《三国演义》、《水浒传》、《西游记》和《金瓶梅》。这一说法大致是在明末清初时提出并确立的，李渔在为两衡堂刊本《三国演义》作"序"时标有"四大奇书"目，"尝闻吴郡冯子犹赏称宇内四大奇书，曰：《三国》、《水浒》、《西游记》及《金瓶梅》四种。余亦喜其赏称为近似"（李渔：两衡堂刊本《三国演义序》）。李渔之后，"四大奇书"这一提法逐渐成为一种固定的习惯性称谓。孙楷第的《中国通俗小说书目》和鲁迅的《中国小说史略》都有附和李渔的"四大奇书"的说法，《红楼梦》诞生以后，逐渐取代《金瓶梅》的地位，成为

"四大奇书"之一，当然这是后话。

《三国演义》是中国古代长篇章回小说的开山之作，也是历史演义长篇小说的第一部。作为小说，其审美特点是依傍史书，以小说之体例再现历史事件；其脱胎自正史，在艺术特征上偏重叙述，故事性强；以历史为题材，通过艺术升华，再现争战兴废、朝代更替，并以此表明了一定的政治思想、道德观念和审美诉求。

《三国演义》描写了从东汉末年黄巾起义一直到西晋统一的近百年历史。《三国演义》标榜自身的纯正历史血统，强调其成书是"据正史，采小说，证文辞，通好尚"，其中对历史事实的展示虽然不乏小说笔法，在有所认同的基础上对历史进行选择性加工，但是其在创作中还是尽可能遵循历史的写实原则，其刊本题为"晋平阳侯陈寿史传""后学罗贯中编次"，可见它是以史书作为第一蓝本。庸愚子蒋大器在《〈三国志通俗演义〉序》中也赞扬罗贯中"以平阳陈寿传，考诸国史"，而对于《三国志平话》那样的话本是不满的，他指出："前代尝以野史作为评话，令瞽者演说。其间言辞鄙谬，又失之于野，士君子多厌之。"在他看来，罗贯中的《三国演义》能够超越前作，重要原因在于其在相当程度上保持了历史的真实性。

在艺术表达上，我们也可以清楚看到其深受史家笔法影响，而与小说家笔法迥异。一是语言以理性见长，少见个性化色彩。《三国演义》版本众多，毛宗岗父子修订的版本，是三百年来《三国》的标准本，其开头就体现了史传文学对历史的高度理性认识："话说天下大势，分久必合，合久必分：周末七国纷争，并入与秦；及秦灭之后，楚、汉分争，又并入于汉……"显然文本开篇就确立了其探究历史兴衰的史学立场，从而奠定了全书的理性色彩。二是少有心理描写。史家讲究的是对历史的真实记录，少有对人物的心理描写，尽管受宋元话本影响，在表现刘备集团方面偶有采用直接心理描写的成分，但是在描写曹操集团上，很难找到直接心理描写的踪迹。叙事上主要采用全知视角，很少采用第三人称视角。史家著书由于充分占有历史材料，所以能够全局把握政治、经济、文化的发展走向，自然是全知全能的宏大叙事视角，曹操集团尽管能人异士众多，各种文争武斗也是计谋百出、惊险万分，但是并不会给读者拍案惊奇的审美感觉，这主要是因为作者谨守史家规矩，即使是用计，也是采用全知视角。

《三国演义》发展到《水浒传》，所谓的"七分"真实就变成了"三分"。《水浒传》所写的关于"宋江起义"的故事，在《宋史·徽宗本纪》《侯蒙传》《张叔夜传》都有记载，但是这段历史对宋代历史来说并不是个大事件，正史中不过是寥寥几笔，真正让它流传下来的原因是其在野史和民间传说中的广受欢迎。比如宋末元初龚开所作《宋江三十六人赞并序》，就有关于宋江等三十六人的完整姓名和绰号，对主要的水浒英雄吴用、卢俊义、鲁智深、武松、李逵以及阮小七、刘唐、阮小二、戴宗、阮小五等都有记载；罗烨的《醉翁谈录》有对水浒人物如"石头孙立""青面兽""花和尚""武行者"等的记载；话本《大宋宣和遗事》写了杨志卖刀、智取生辰纲、宋江杀惜、张叔夜招安、征方腊、宋江受封节度使等，笔墨虽然简略，但已把水浒故事连缀成一个完整的事件；元杂剧中有大量的表演水浒故事的"水浒戏"。水浒英雄的故事显然不是历史事实的真实演绎，历史在这里更多的是作为布景存在，其成书基础主要是民间的野史，其审美诉求不在于追求历史的真实性，而在于追逐侠义人生的美学境界。谢肇淛在《五杂组》里说"凡为小说及杂剧戏文，须是虚实相半，方为游戏三昧之笔。亦要情景造极而止，不必问其有无也"。冯梦龙在《〈警世通言〉序》中指出："人不必有其事，事不必丽其人。""野史尽真乎？曰：不必也。尽赝乎？曰：不必也。然则，去其赝而存其真乎？曰，不必也。"对小说的审美诉求不在于对真与假的事实评判，而是在于小说展示出来的审美魅力，小说审美表现的重点更多从审美客体转移到对审美主体情感的关注上。

《水浒传》体现了小说主题从历史到人事的转变。小说开始集中表现人物的审美理想，从《三国演义》的类型化特征开始向《水浒传》典型化描写转变。《三国演义》的人物形象是预定好了的，比如刘备生来就有帝王之相，曹操小时就奸诈狠毒，他们的性格是与生俱来的，在环境与社会的变量中，性格是个不变量，而《水浒传》里的人物塑造是写实主义的，是"典型环境下的典型性格"手法的经典展示，根据人物的职业、身份、生活经历和环境不同来展示人物多样的性格和气质。比如李逵原是贫困农民，流入城市当狱卒，身上自带有流民无产者的性质，其勇猛中更多莽撞，直爽中更显粗鲁。鲁智深是下级军官出身，性子虽是急躁，但是爽直中透着几分精细，不会像李逵一样不管不顾，可以说是"该出手才出手"。李卓吾评点第三回《史大郎夜走华阴县，鲁提辖拳打镇关西》中指出："且《水浒传》文字，妙绝千古，全在同而不同处有辨。如鲁智深、李逵、武松、阮小七、石秀、呼延灼、刘唐等众人，都是急性的。形容刻画出来，各有派头，各有光景，各有家数，各有身份，一毫不差，半些不混，读者自有分辨，不必见其姓名，一睹事实，就知某人也。"《三国演义》和《水浒传》在人物塑造上的手法差异很大程度上是因为作者的审美理想诉求的不同。《三国演义》是要探究历史发展之谜；《水浒传》是书写草莽英雄传奇，历史只是他们的舞台背景，其核心还在于人本身，所以塑造人物形象比演绎历史浮沉来得重要，因为它更能体现作者的美学诉求。《三国演义》对历史人物的刻画总的来说是程式化的，是静态的，是根据贤君良相的理想来安排人物演出的。《水浒传》由于更多关注人的问题，人物的性格展示是动态的，人物性格的形成有一个过程，与社会生活的影响分不开，典型的就是被逼上梁山的林冲。林冲是个被生存环境逼出来的英雄，身为八十万禁军教头，又有幸福稳定的家庭生活，对于生活，他是满意的，只是来自当权者偶发的对他妻子的觊觎，使得他的生存环境急剧恶化，直至无路可走，客观上只有投奔梁山才是活路；同时林冲这个人物形象的性格特征也随着环境变化而变化。

《水浒传》淡化人物历史背景的同时，对市井小民的生活域的拓展引人注目。如围绕武松的传奇人生的展开，各式人物相继登场，其中有好色无良的富商西门庆，有市井小人物王婆、何九叔、郓哥等。借助鲁智深、林冲等人上梁山的故事，五台山的和尚、酒楼的卖唱女翠莲、京城的泼皮无赖、沧州的小商小贩等纷纷出场，随着故事情节上的推进，各地的风俗人情也得到一一展示，和写帝王将相的《三国演义》相比，应该说《水浒传》对人情世态、对社会众生相的描写有了长足的进步。

《西游记》的背景设置是一个奇幻的方外世界，这里充满了奇思妙想，其想象诡异、极度夸张，没有时空限制，没有生与死的束缚，其人物形象往往穿越于神、人、物之间，审美风貌光怪陆离、神异奇幻，人奇、事奇、景象更奇，共同熔铸成一个光怪陆离的神魔世界，呈现的是绮丽奇幻之美。这样的小说世界既是虚幻的，也是真实的。说它是虚幻的，是因为它不是对生活的简单复制描写，说它是真实的，是因为它对生命存在状态进行了如实呈现，常常"以假为真""假中见真"，其所谓的"真实"是艺术的真实，是透过生活的表象体悟到的人情物理，是在假定性情境中对真实人性的智慧体认。如果说体现事物本质属性的内蕴的真实是艺术真实的内在要求，那么虚拟的艺术情境则是艺术真实的外在特征。文学特别是小说文学，是作家将其对生活的感情认知，借助虚构性想象对生活真实的发掘、选择、补充、集中、概括。吴承恩使用诸多"戏笔谐剧"，巧妙地将所谓的神魔甚至是高不可攀的佛祖世俗化、人情化，既化去了神佛头上的神圣光环，也消解了妖魔精怪身上的凶焰妖气，崇高与卑琐比邻而居，天宫瑶池、佛门圣地甚至与俗世凡庸一样滑稽可笑，字里行间谐趣横生，看似在写神魔世界，实际是在写人情百态。所以李贽在《西游记》第七十六回总批中指出，《西游记》中的神魔都写得"极似世上人情""作《西游记》者不过借妖魔来画个影子耳"（李贽《李卓吾批评本西游记》）。

《西游记》借助神魔世界展示的审美诉求到了《金瓶梅》这里再次被加强。在《金瓶梅》所展示的文学世界里，对市井人生和普罗众生的浮世绘成为主题，鲁迅将其称为世情小说，主要是因为其对生活展开的近乎直观的审美呈现。《金瓶梅》的审美理想甚至是变崇高为卑琐，充斥其中的是各种近乎琐碎的生活场景、家常日用、应酬世务；各色人物可以说是奸诈贪滑、诸恶皆作。作为第一部由文人独创的，以家庭琐事、平凡人物为题材的章回小说，《金瓶梅》第一次把小说世界从神仙鬼怪、帝王将相、英雄好汉拉向市井平民，推动小说艺术在"写实"的道路上跨出了至关重要的一步。《金瓶梅》可以说是明代中晚期的世俗风情录，其涉及了明代中晚期世俗生活的方方面面，包括岁时节令、巫神佛道、饮食器具、星相卜卦、婚丧礼仪等各个方面。如果说《三国演义》《水浒传》《西游记》的艺术世界与现实生活还保持着适当的距离，《金瓶梅》的世界触手可及，其中没有叱咤风云的能臣猛将，没有肝胆侠义的英雄好汉，只有奸商贪吏、流氓恶霸、淫妇荡娃等组成的鬼蜮世界，其中只见吃饭穿衣、朋来客往、打情卖俏、争风吃醋、吹嘘拍马，这些都是真正现世的生活描写。所以郑振铎在《谈〈金瓶梅词话〉》中才会将这部奇书列为现实主义的巨著，没有哪一部小说比《金瓶梅》更能够展示"真实的中国社会的形形色色者"。

（二）以"三言""二拍"为代表的白话短篇小说的审美诉求

以"三言""二拍"为代表的白话短篇小说是明代中晚期世情小说的又一重镇。明中叶以后，一些文人开始有意识地模仿"话本小说"的样式而独立创作一些新的小说，这类小说被称之为"拟话本"，其代表是"三言""二拍"。所谓"三言"，是指《喻世明言》《警世通言》《醒世恒言》，由冯梦龙整理汇辑，其中既有对宋元明以来旧本的整理加工，也有根据文言笔记、戏曲或历史故事，乃至社会传闻再创作的新篇。"二拍"分别指刊行于1628年的《初刻拍案惊奇》和1632年刊行的《二刻拍案惊奇》，其中大部分是凌濛初的独立创作。"三言""二拍"的广受欢迎，催生了诸如陆人龙的《型世言》、天然痴叟的《石点头》、华阳散人的《鸳鸯针》、东鲁古狂生的《醉醒石》等十余种短篇小说集。

"三言""二拍"就取材而言，尽管不少来自神话传说和历史著作，但其多数作品写的是普通市井小民的日常生活，美学追求更多是以平凡为美，以世情为美。钱穆先生在《中国文化史导论》中指出，中国文化在秦以前，是追求人生的大理想的，汉唐时期，中国文化的最大成就是一个大一统的政治社会的达成；宋代以后，政治社会的规模不离汉唐成规，文化上则是走上了生活的路子，在日常生活中寻求出路和安慰，可以说中国的文学艺术在唐代以前，是贵族的，是宗教的，自那以后，是逐渐转向大众、转向日常生活的。"三言""二拍"中不少作品正是通过在题材选择上的变化来表达时代新的审美诉求，刻写世俗人情与人生百态，展现新兴市民阶层的日常生活和思想情感，以及文化时尚和风俗人情等，其中塑造最为成功的是商人群像。明代中晚期儒商混杂几成社会常态。王阳明就指出当时社会是"四民异业而同道"（王守仁《节庵方公墓表》，《王阳明全书》卷二五）；归有光感言"士与农商常相混"（归有光《震川先生集》卷一三）；经商做官都颇为成功的明代中晚期名士汪道昆喟叹"大江以南……其俗不儒则贾"（汪道昆《诰赠奉直大夫户部员外郎程公暨赠宜人闵氏合葬墓志铭》，《太函集》卷五五）。"三言"二拍"中出现的商人群像是这一社会现实的真实反映。儒生杨八老读书不就，改行经商，终得"安享荣华，寿登耆耋"（《杨八老越国奇逢》）；出身"仕宦之家"，以为"经商亦是善业，不是贱流"的马少卿（《赠芝麻识破原形》）；大量儒生从商不仅是当时社会现实的反映，也体现了明代中晚期士人阶层对商人价值的肯定，拾金不昧、心地善良的小商人施复（《施润泽滩阙遇友》）；"平昔好善"，"合镇的人"都"欣羡"的小店主刘德（《刘小官雌雄兄弟》）；为报主恩，以老迈之龄千里奔波的义仆阿寄（《徐老仆义愤成家》）等。这一系列承载道德理想的商人群像反映了这个群体不仅在财富上占据优势，在道德舆论上也开始有了新的话语形象，这是新的审美诉求之体现。对于商人追名逐利的天性也不再是单纯的批判。在《转运汉巧遇洞庭红》《叠居奇程客得助》《乌将军一饭必酬》等文中，都表达了对商人险中取利，甚至是靠囤积居奇的手段暴富的肯定，士人对商人的艰辛也多报以同情。李贽就说："且商贾亦何可鄙之有？挟数万之资，经风涛之险，受辱于官吏，忍垢于市易，辛勤万状，所挟者重，所得者末。"（李贽《焚书》卷二）

正是由于"三言二拍"更关注市井平民真实的生存状态，其对人性、对生活和情感的审美评价在道德的桎梏上变得更为松弛，在审美情感上更接近人性。比起社会公共话题，其更关注私人领域的男女情爱婚姻问题，既有表现才子佳人的爱情神话，如《众名姬春风吊柳七》《唐解元一笑姻缘》《苏小妹三难新郎》等，也有上天入地的传奇故事，如《白娘子永镇雷峰塔》《乐小舍弃生觅偶》《闹樊楼多情周胜仙》等，但是其中更多的是对世俗小民充满烟火人间味的平凡爱情的细致书写，如《卖油郎独占花魁》《宿香亭张浩遇莺莺》《崔待诏生死冤家》《单符郎全州佳偶》《李秀卿义结黄贞女》《陈多寿生死夫妻》《吴衙内邻舟赴约》等，其中有对深闺妇女人性要求加以肯定，如《蒋兴哥重会珍珠衫》对王三巧出轨的宽容，《况太守断死孩儿》中对女子为亡夫守节的伦理诉求的不以为然，也有《卖油郎独占花魁》《金玉奴棒打薄情郎》等对市井小民纯朴爱情的生动描写。

二 闲笔写闲情的小品文

小品文是文人展示其休闲审美人生理想的主要书写方式之一。《四库全书总目》对此有谈道："隆、万以后，运趋末造，风气日偷。……著书既易，人竞操觚。小品日增，卮言叠煽。"[1] 小

---

① 《四库全书总目》卷一三二"杂家类"存目，中华书局2003年版。

品从词源上来说，最初是指佛教经书中的节本，这是相对大品来说的，大品指的是完整本的经书。小品文作为一种独特的文体被广泛运用在文学中大概是从明中叶开始的。小品文具有代表性的创作者主要集中在明代晚期，比如陆树声、徐渭、李贽、吕坤、焦竑、屠隆、王士性、汤显祖、张大复、江盈科、潘之恒、陈继儒、顾起元、董其昌、黄汝亨、谢肇淛、陶望龄、李日华、袁宏道、袁中道、袁宗道、钟惺、谭元春、陈仁锡、张鼐、吴从先、王思任、李流芳、徐宏祖、张岱、祁彪佳等，尤以"公安三袁"与陈继儒、李日华、钟惺、谭元春、王思任、张岱等人为后世所熟知。明代中晚期人自己编辑整理出版的小品集不少，王纳谏选编有《苏长公小品》和《古今小品》、朱国桢著有《涌幢小品》、潘之恒的《鸾啸小品》、陈继儒写有《晚香堂小品》、陆云龙的《翠娱阁评选十六家小品》、卫泳的《闲情小品》等。当时还有许多虽然不以"小品"名集，但是实际上也可以说是小品集，如陈继儒的《岩栖幽事》、程羽文的《清闲供》、李流芳的《江南卧游册题词》、郑元勋的《媚幽阁文娱》、华淑的《清睡阁快书》、毛晋的《群芳清玩》等都是当时声名卓著的小品选集。

小品文的写作本身是晚明文人休闲实践之一，展现的是晚明文人以闲自居的人生方向。小品文的写作、参阅、评点、流通所形成的场域，形成了一个特定的小众社群文化，是文人雅趣的重要表现，但是作为明代文学市场上最受欢迎的文学体裁之一，小品文是当时文学消费市场的宠儿，在艺术和商业上实现了奇妙的平衡，这在一定程度上改变了小品文本来的性质和意义。

（一）自由写作与市场的宠儿

后世公认小品文发展的黄金时期在晚明，不仅是因为这一时期名家众多，更为重要的是这一时期的小品文创作最能反映小品文的自由风格。明前期的小品文创作还受到当时的复古思潮影响，还停留在对古风的模仿上，中期以后，小品文的写作重视的是作者与读者主体自由的呈现。陆云龙指出："率真则性灵现，性灵现则趣生。……然趣近于谐，谐则韵欲其远，致欲其逸，意欲其妍，于不欲其拖沓，故予更有取于小品。"①（陆云龙《叙袁中郎小品》）

小品文内容包罗万象，在具体实践上虽然会各有偏好，但是都可以与闲适关联起来，通常是随缘随性，兼赏各种情趣。小品文短、小、轻、薄的特点，是最为适宜作休闲阅读的，通常不需要任何考据，只需要悠闲的阅读。小品文的特殊意义也就是在于其提供了一个展示理想自我的文学空间，在这个空间里，文人可以自由地展示对生命的真实想象，能够摆脱礼教的束缚，释放自我，展示性灵，正是这种自娱和休闲的自由心态，使得小品文创作成为一时之热，文人在懒散随意中刻画性灵，展示文人生活的点滴情趣，因此小品文的兴盛是文人疏离政治后选择在休闲的空间里自由展示生命的结果。小品文在审美上集中体现出休闲审美意识，晚明文人热爱太平盛世下金樽倾倒的纵情享乐人生，尽管此时王朝政治已是腐朽透顶，他们在政治人生中退隐出来后，在小品文的创作中更加关注对生活本身和生命价值的本位思考，因而其笔下充斥的是文人生活中点点滴滴的浓情腻趣。

小品文作为文人追求自适和个性生活的产物，在文章的形式上是不拘一格，灵活多样，有尺牍、游记、记、传记、序跋等，所谓"文章新奇，无定格式……——从自己胸中流出"②。当代有

---

① （明）丁允和、陆云龙编：《皇明小品十六家》，书目文献出版社1997年版。
② （明）袁宏道著，钱伯城笺校：《袁宏道集笺校》卷二二《答李元善》，上海古籍出版社1981年版。

学者指出小品文："摆脱了载道的重重束缚，任心而发，纵心而谈，较为自觉地使散文变成了自由文体。"①

性灵小品是明代中晚期小品文中重要的一类，其代表是公安、竟陵两派。公安派标榜文字是真情的自然流露，其行文不重文体，其文讲的是"情之所至，自能感人"，为文可以说是纵横驰骋、变化莫测，借用袁中郎《叙小修诗》中一段话来描述："有时情与境会，顷刻千言，如水束注，令人夺魄。其间有佳处，亦有疵处。佳处自不待言，即疵处也多本色独造语。"（袁宏道《袁宏道集笺校》卷四）公安派作文但求真心，故而推崇"本色"，故而为人作文可以不避疵处，因其文是以情取胜，求的是性灵文字，其中最能体现文人对直抒性灵要求的莫过于小品中的各类尺牍、序跋和杂记等，其或记事，或说理，或抒情，讲的是"率真则性灵现，性灵现则趣生"。性灵小品在当时还有一代表是清言小品。清言或写个人的所思所得，或摘取前人慧语，展现晚明文人的生命的关怀与人生智慧，比如陈继儒《安得长者言》和《太平清话》、洪自诚《菜根谭》、吴从先《小窗清纪》等。

比起同样在文学市场上受欢迎的小说，小品文显然在市场和艺术之间的平衡上表现更好。首先，比起多数小说创作者的无名状态，小品名家可以说是名利双收。以陈继儒来说，他也编过小说，但让他得名得利的是小品，其因为所编写的小品在市场上的畅销，获利甚丰，所谓"流传远迩，款启寡闻者，争购为枕中之秘，于是眉公之名，倾动寰宇"②，成为销路极好的畅销文学，而这时小说还被多数人认为是"坏人心术"之作。

---

① 尹恭弘：《小品高潮与晚明文化》，（香港）华文出版社2001年版，第1页。

② （明末清初）钱谦益：《列朝诗集小传》丁集下，上海古籍出版社1983年版，第637页。

小品文的结集、出版、流行是明代中晚期发达的商业文化的代表，体现了当时商业出版界的繁荣，小品文是当时为大众所喜爱的具有代表性的流行文化之一。何寄澎在《对晚明小品的几点反思》（《中华学苑》1996 年第七期）中指出"晚明小品文的兴起与商业化的社会很有关系"，而正是因为商业化，晚明小品文的精神特质失落，这也是很多研究者诟病小品文发展中体现出来的庸俗之气的重要原因。小品文追求独抒性灵，最后却是展现几乎千篇一律的性灵，这是小品文发展中的一个悖论，本是作为文人对精英立场的坚守，其与商业文化和进入文化市场后具有的大众文化的性质，使得其对于雅俗的分界，流于肤浅，其对于儒道释文化精神的生活化处理，使得小品文对于儒道释精神的探讨与展现囿于格局，为后世所诟病。清代的周亮工就指出其流弊所在："徽人间景贤，字士行，常刻快书前后百种，犹是何伟然、吴从先之恶习，皆不足观；独所辑有明三百年布衣之诗二尺许，颜曰：布衣权，搜罗最广。中颇有幽隐之士，未有声称于世者。快书最滥恶，最行世；布衣权尚足阐发幽隐，有益风雅，独不得行，其布衣之厄也！"（周亮工《书影》卷六）

（二）发达的生活美学

吴承学将小品文视为明代文人生活的百科全书，在《晚明的清赏小品》一文中，他指出小品文的主要内容是对生活的记录，甚至小品文的写作本身就是文人生活的一部分，对小品文的品鉴也是文人雅集的重要内容之一，是文人社交生活的一个重要组成部分。小品文关注正统文学忽视的日常生活，开掘世俗人生的审美特质，在立德、立言、立功的古文之外，写生活，写世情，关注生活的审美化，其对闲适人生的追求渗透在人们再熟悉不过的衣食住行、日常交往、宴会雅集等各个方面，其关注的是日常生活中的寻常又琐碎事物，如虫、鱼、花、鸟，茶、酒、蔬、果，甚至四时节气、家居日用等，且晚明文人多热爱命名器物的式样、姿态、色泽等，对器物的制作、使用、布置等都有详细归纳摹写。所以小品文可以说是明代中晚期文人生活的百科全书。确实，小品文中有大量专门讲闲适、讲生活、谈山水、说鉴赏之类的作品，其中具有代表性的是清玩小品。所谓清玩小品指的是以大量文字来记录生活中各种闲赏生活的安排的作品。高濂《遵生八笺》卷十四到卷十六写的都是关于日常生活中的各种鉴赏知识。文震亨的《长物志》分为十二类，实际上讲的就是在生活中如何布置出一个艺术世界来。

明代中晚期是一个物质欲望高涨的时代，而文人是其中欲望追逐的主体。他们的快乐主义使得他们热爱世俗生活，他们将生命价值的来源归结到对现实生命的享乐上面，典型的就是袁宏道的"人生五乐"。袁宏道的人生五大快乐透露出明代中晚期士风对物质世俗人生的追逐与热爱。以明代中晚期的山人群体来说，本来应该是隐逸山林的道德高洁之士，此时大多沦为借隐逸之名牟利的俗人。文人用自己的文化根底和艺术修养将生活艺术化，这在小品的写作和阅读中体现出来。因为是将休闲生活本身作为审美的对象，所以生活的每一个细节都变成刻意的审美经营，其目的就是要把生活本身变成一种艺术，比如"门内有径，径欲曲；径转有屏，屏欲小；屏进有阶，阶欲平；阶畔有花，花欲鲜；花外有墙，墙欲低；墙内有松，松欲古；松底有石，石欲怪；石面有亭，亭欲朴；亭后有竹，竹欲疏；竹尽有室，室欲幽；室旁有路，路欲分；路合有桥，桥欲危；桥边有树，树欲高；树阴有草，草欲青；草上有渠，渠欲细；渠引有泉，泉欲瀑；泉去有山，山欲深；山下有屋，屋欲方；屋角有圃，圃欲宽；圃中有鹤，鹤欲舞；鹤报有客，客不俗；客至有酒，酒欲不却；酒行有醉，醉欲不归"。上面这段描写是程羽文在《清闲供》对自己理想中的家居生活的描述，类似这样的描写在明代的小品文中比比皆是。高濂的《遵身八笺》中有《四时鉴赏笺》，对春夏秋冬的不同生活进行了详细描写，程羽文的《清闲供》将生活安排细致到一日十二个时辰，时时都有讲究。文人痴迷于将生活中的每一个细节艺术化，在清玩小品中对生活做出种种悦心乐志的安排，实际是对自我生命的掌控。我们知道，明代文人热爱在休闲文化活动中消磨生命的重要原因是在儒家传统人生和价值里面失去主导权，小品文中展现出来的生活世界是个人的，是文人自身完全可以把控的，个人性灵在这些或是刻意或是随意的安排中舒展开来，从而达到体道的境界，因此清言清赏小品的流行也可以说是明代中晚期文人对主体自由的追求和呈现。

三 "任性而发" 的民歌时调

民歌时调指的是在民间流行的各种时兴俚俗歌曲。民歌在明代为时人所得意，被认为是明代文学的代表。陈宏绪在《寒夜录》中引卓珂月语云："我明诗让唐，词让宋，曲让元，庶几吴歌、《挂枝儿》、《罗江怨》、《打枣竿》、《银纽丝》之类，为我明一绝耳。"① 民歌在当时有多种说法，"小词""小曲""时调""山歌""俚曲""时尚小令"等。就当时的文献来看，明代对民歌的称谓比较随意，并没有一个统一的称谓。从广义上来说，散曲和民歌都属于韵文，二者有着密切的联系，只不过散曲经过文

---

① 陈宏绪：《寒夜录》（上卷），《续修四库全书》本（第1134册），上海古籍出版社2001年版，第700页。

人的加工改造。和元代俚俗趣味不同的是，因为文人的加工改造，明代散曲越来越工整，民间文学本来的鲜活的创造力逐渐衰微，相反民歌保持了民间文学鲜活的创造力。当时不少文人对民歌的流行颇为关注。沈德符《万历野获编·时尚小令》中关于当时民歌的流行有详细记载："元人小令，行于燕赵，后浸淫日盛。自宣、正至成、弘后，中原又行《锁南枝》《傍妆台》《山坡羊》之属。李崆峒先生初自庆阳徙居汴梁，闻之以为可继《国风》之后。何大复继至，亦酷爱之。今所传《捏泥人》及《鞋打卦》《熬鬏髻》三阕，为三牌名之冠，故不虚也。自兹之后，又有《耍孩儿》《醉太平》诸曲，然不如三曲之盛。嘉、隆间，乃兴《闹五更》《寄生草》《罗江怨》《哭皇天》《乾荷叶》《粉红莲》《桐城歌》《银纽丝》之属。自江淮以至江南，渐与词曲相远。不过写淫媟情态，略具抑扬而已。比年以来，又有《打枣竿》《挂枝儿》二曲，其腔调约略相似。则不问南北，不问老幼良贱，人人习之，亦人人喜听之。以致刊布成帙，举世传诵，沁入心腑。其谱不知从何来，真可骇叹！"（沈德符《万历野获编》卷二十五）

沈德符论述的"时尚小令"是当时对民歌的一种说法，这段论述后来在关于明代民歌的论文中被反复引用。沈德符指出当时民歌的流行已经是"真可骇叹"，其在传播上的广泛和深入已经不是正统诗文可以比拟。从《诗经》到汉乐府和南北朝民歌，民歌一直是中国古代文学史上"源远流长、绵延不息的暗流"①。明代初年由于拟古主义的强大，民歌的发展和其他文学体裁相比，发展并不突出，文人对民歌无论是在理论上还是在创作实践上的推崇都极大推动了民歌的发展。民歌本来主要是民间的口头文学，由于有了文人的重视和整理，不少当时的民歌才得以保存下

---

① 李昌集：《中国古代散曲史》，华东师范大学出版社1991年版，第33页。

来。明代现今保存下来的民歌集子不多，保存到今天比较完整的主要是冯梦龙辑录的《挂枝儿》和《山歌》，其他的大多散布在小说和戏曲中，例如，郭勋的《雍熙乐府》、徐文昭的《风月锦囊》、龚正我的《摘锦奇音》、程万里的《大明春》等都辑录了大量民歌。

明代民歌和城市娼妓文化兴盛有关。明代狎妓征歌之风兴盛，小曲多为当时的歌妓所唱，内容上也有不少直接以青楼作为题材。明政府对官员的狎妓宿娼行为本来有严格管制，虽然不能杜绝官员的狎妓宴饮行为，但是对勾栏瓦肆的发展有着不小影响，宋元以来一直蓬勃发展的歌妓青楼文化在明代初年开始变得风光不再。民歌小调虽然一直在民间发展，但是总的来说，无论是在内容还是语言上都还比较朴实，在性的描写上没有明代后期的直白与露骨。只是嘉靖、万历以来，朝廷风气大坏，不少禁令都变得形同虚设，整个社会的纵欲文化泛滥，以南京、北京为中心，大同、扬州等地的青楼文化极为繁荣。和青楼文化同时得到发展的是民歌时调艺术。民歌的主要传唱者是妓女，明代文人与歌妓多有来往，典型代表是冯梦龙。冯梦龙年轻时最爱出入青楼酒家，当时多名歌者都与他交好。冯梦龙编辑整理的民歌集子里面不少民歌直接来自他在青楼认识的歌女，比如，冯梦龙曾经记载《挂枝儿》"别部"四卷《送别》（其四）来自当时的名妓冯喜生，"夜半，余且去，问喜曰：子尚有不了语否？喜曰：儿犹记《打枣干》及《吴歌》各一，所未语者独此耳。因为余歌之"。[①] 类似这样的文字因缘在《挂枝儿》和《山歌》中占的比重不小。由于嘉靖、万历以来，文人宴饮雅集之风兴盛，歌妓以歌佐酒是文人雅集的重要社交仪式，"今之鼓弄淫曲，搬演戏文，不问贵游

---

① 周玉波、陈书录编：《明代民歌集》，南京师范大学出版社 2009 年版，第 245 页。

子弟，庠序名流，甘与俳优下贱为伍。群饮酣歌，俾昼作夜。此吴越间极浇极陋之俗也，而士大夫恬不为怪，以为此魏晋之遗风耳"①（管志道《从先维俗议》）。吴越地区集中体现了当时宴饮雅集之盛，歌妓演唱时尚小令是其中一项重要内容。

　　文人和民歌之间密切的互动不是明代独有，只是文人对民间文学的关注和热情是前代难以企及的，这和明代中叶以后文化思潮的变革密切相关。当时不少文人为了对抗僵化的拟古主义，都主动到民歌中吸取能量。民歌是最能够体现"和原始世界真实的、直接的接触和感知"，② 所以李梦阳提出"真诗乃在民间"。（《空同集》卷五十《诗集自序》）袁宏道也褒扬"闾巷有真诗"（袁宏道《答李子髯说》，《袁宏道集笺校》卷二），冯梦龙说，"但有假诗文，没有假山歌"（冯梦龙《序山歌》）。民歌和纯粹的文人诗歌不同的也正是在于其是民间情感的真实自然流露，所以它的价值并不偏重在思想和技巧上面，唯有真实和自然，才是民歌的真正审美魅力所在。明代文人对民歌前所未有的热情，可能更多的要从思潮意义上去理解，民歌的直率无忌正好和文人渴望打破僵化的文学体制、彰显个人主体精神的愿望契合，在这种情况下，文人找到了民歌小调这样一种民间文学形式。刘永济曾经讲过，"文艺之事，言派别不如言风会"③，这一论断在一定程度上可以解释明代文人对民歌前所未有的赞誉的原因，多是在于时代思潮变革的需要。

　　正是因为从市民阶层到文人阶层对民歌都有着异乎寻常的热爱，民歌在传播上得益文人的重视和整理，不少民歌刊本在

---

① （明）管志道：《从先维俗议》，海南出版社2001年版，第176页。
② 刘绍瑾：《复古与复元古》，中国社会科学出版社2001年版，第292页。
③ 刘永济：《词论》，上海古籍出版社1981年版，第49页。

当时得以刊行。正如前面所举沈德符所说，"刊布成帙，举世传诵"，这对于整个民歌发展史来说，具有重要意义。此前，虽然民歌一直在民间流行，也或多或少有文人在从事搜集整理工作，但是像明代这样系统性的搜集、整理、刊行民歌集子可以说基本上没有。现在一般认为明代最早的民歌刊本是由金台鲁氏在成化七年（1471）刊印，称为"成化四种曲"，不过其中不少是文人的伪作。万历年间，刊印发行了不少民歌刊本，流传至今的还有十余本，包括《风月锦囊》《词林一枝》《大明天下春》等。这个时期大部分的民歌刊本和散曲、杂剧没有严格分开，比如《大明天下春》的编排，上下两栏是戏曲，中间一栏是民歌。明代对民歌辑录工作贡献最大的是冯梦龙，《挂枝儿》共计 420 首，其中个别为文人拟作，大部分保持了民歌原貌，包括其中不少被认为是极为露骨的性的挑逗和描写，冯梦龙更愿意将其理解为"男女之真情"，因而没有文饰改写的必要。《山歌》共计 391 首，大部分是《吴歌》，合计有 367 首，具有非常明显的地域文化色彩，其中不少都是当时吴地的方言，冯梦龙特意作了注释帮助人们理解，也是为了刊印发行的需要。

明代民歌多为情歌，"百分之九十左右都是情爱类民歌"①，主要表现大胆而泼辣的男女爱情，其间对于情欲的渲染极为浓厚。冯梦龙在《叙山歌》中指出，当时社会上流行的时调"皆私情谱耳"②，陆容也说："吴中乡村唱山歌，大率多道男女情致而已。"③ 李开先说《山坡羊》《锁南枝》"哗于市井，虽儿女子初

---

① （明）冯梦龙等编：《明清民歌时调集》（上），上海古籍出版社 1987 年版，第 22 页。
② 同上书，第 188 页。
③ （明）陆容：《菽园杂记》卷一，中华书局 1985 年版，第 11 页。

学言者，亦知歌之，但艳亵狎不堪入耳。其声则然矣，语意则指出肺肝，不加雕刻，俱男女相与之情"①。郑振铎在《中国俗文学史》中指出，冯梦龙编辑整理的《山歌》中，吟咏"私情"的篇什写得最好。②

明代民歌对情感的表现比起前代来说，更为肆无忌惮，其中夹杂不少大胆的情欲描写，这部分在冯梦龙的《挂枝儿·欢部》中集中收录，在《山歌·私情》中也有不少。其中有不少露骨的鱼水之欢的描写，而这也是后来民歌被人诟病的重要原因，也是对明代在欲望和享乐上放纵无边的一个佐证。比如，"娇滴滴玉人儿，我十分在意，恨不得一碗水吞你在肚里。日日想，日日捱。大着胆，上前亲个嘴。谢天谢地，他也不推辞。早知你不推辞也，何待今日方如此"（《挂枝儿》卷一私部《调情》）。其语言和口语并无二致，在内容上更是俚俗浅显，其审美价值就在于其在情感表达上的真率自然，毫无文人的矫饰之感。所以下面冯梦龙的评语是，"色胆大如天。非也。直是情胆大如天耳。天下事近胆也，胆尽情也。杨香女而拒虎，情极于伤亲也。跪贱臣而击马，情极于匡君也。由此言之，忠孝之胆，何尝不大如天乎？总而名之曰情胆"。可见，民歌的语言直白，情感热烈夸张，与儒家传统的含蓄中和背道而驰，但是只要出自本心，就可以超越传统伦理，甚至是忠孝节义都要被排在"情"的后面。

对于明代民歌在性描写上的直白胆大，当时不少学者就对其在情欲描写上的大胆加以肯定。袁中郎说道："故吾谓今之诗文不传矣。其万一传者，或今闾阎妇人孺子所唱《擘破玉》《打草

① （明）李开先著，卜键笺校：《李开先全集》，文化艺术出版社2004年版，第469页。

② 郑振铎：《中国俗文学史》，上海古籍出版社2000年版，第311页。

竽》之类，犹是无闻无识真人所作，故多真声，不效颦于汉、魏，不学步于盛唐，任性发展，尚能通于人之喜怒哀乐嗜好情欲，是可喜也。"①（袁宏道《叙小修诗》）袁宏道对于民歌的"嗜好情欲"之特征，显然是持赞扬态度。现代不少学者对明代民歌的意义常常是从两面来看，在欣赏其率真大胆之时，对其大量的性描写和性渲染颇有非议。刘大杰在《中国文学发展史》中指出，"他们的好处在于描写的天真和大胆，以及文字的尖新大胆。坏处在于意境不高，内容总是千篇一律"②。

总的来说，明代文人在休闲文化生活中对本来难登大雅之堂的民歌的热爱，是明代中叶以后整个社会审美取向上的世俗化和情欲化的体现，尤其是文人普遍表现出对于民歌中情欲部分的大力褒扬，一是求"真"，二是情色文化高度发达的体现，无论是冯梦龙还是袁宏道，都曾经放纵情欲，在欲望中浸染多年，民歌时调中的情色之风可以说是时代审美诉求的一种呈现。

第二节 戏曲艺术中的审美意识

明前期由于统治者的禁戏政策，戏曲演出在官方和民间都是被严格管控的，从事戏曲创作的也不多。明中期以后，一是因为法律对致仕士大夫的家乐活动没有加以禁制，士大夫的家乐演出至中期后逐渐兴盛。二是民间戏曲演出因为城市文化的发展而兴盛。三是明代中后期以后，文人写作和评点戏文甚至是对戏曲演出的浓厚兴趣，使得戏曲发展一改沉寂的状态，传奇和杂剧创作

---

① （明）袁宏道著，钱伯城笺校：《袁宏道集笺校》，上海古籍出版社1981年版，第188页。

② 刘大杰：《中国文学发展史》，上海人民出版社1973年版，第502页。

都是名家选出。

一 自下而上的戏曲复兴

明建国之初，为禁元代奢靡之习，太祖针对士大夫和民间采取了近乎严酷的禁戏政策："洪武六年二月壬午，诏礼部申禁教坊司及天下乐人，毋得以古圣贤帝王、忠臣义士为优戏，违者罪之。先是，胡元之俗，往往以先圣贤衣冠为伶人笑侮之饰，以侑燕乐，甚为渎慢，故命禁之。"[①] 因此明代初期戏曲创作一度进入沉寂状态。何良俊指出当时的情况是"士大夫耻留心辞曲"。明代初期的代表作家，虽然可以列出陈沂、陈铎、王九思、康海等诸人，但是稍有知名度的康王二人真正开始写作是在正德年间。以朱权、朱有燉为代表的宫廷作家，所作多为应景的节义、庆贺和神仙剧，对后世影响不大。弘治、正德开始，戏曲艺术开始复兴之路。其首先得益于戏曲的草根性质，明代中晚期戏曲复兴道路走的是自下而上的传播之路。明代中晚期城市经济的发达，促成明代中晚期市民文化的繁荣，戏曲是其中重要一环。正是因为戏曲在民间文化里的强大力量，尽管统治者采取了严格的禁戏政策，但是帝国的统治显然难以深入更为底层的村落市井，即使是在明前期，流传于民间的戏曲文本迄今为止发现的就有上百种。

其次，文人之好是戏曲复兴的重要原因。朝廷虽有禁戏政策，但所禁对象限制在朝廷命官。谢肇淛有说"至宣德初始有禁，而缙绅家居者不论"，而且随着世风演变，朝廷对于观戏以及戏曲表演的管制多是变为一纸空文。观戏度曲在明代中叶以后成为文人休闲文化生活的重要内容，不少家有余财的文人士大夫

①　（明）姚广孝等修：《明太祖实录》卷七十九，台北"中研院"历史语言研究所1962年校印本。

家中都养有家乐。元代戏曲家大多是沦落市井的下层文人，明代则不同，其涉及文人群体的各个层次。第一类是仕途不顺的致仕文人。康海状元出身，王九思以文才入翰林，都因为刘瑾案被免，闲居家中。王衡出身首辅之家，仕途不顺，抑郁终身。汤显祖少年成名，却在三十四岁才中进士，后虽多次出仕，都是沉沦下僚，最终自退隐居。李开先因为抨击内阁而被削职，在四十岁的盛年时期即闲居家乡。第二类是仕途亨达者。比如陈铎世袭济州卫指挥，丘濬是景泰间进士，曾官至太子太保兼文渊阁大学士。第三类是布衣文人。其中有家资殷实者，比如徐霖、梅鼎祚和张岱，也有营生艰难、疲于生计的清客山人，如梁辰鱼和徐渭等。

　　戏曲成为当时致仕文人和未入仕途的普通文人闲雅生活的重要内容，对于明代中晚期戏曲的复兴和发展意义重大。首先是提升了戏曲艺术的地位。康海、王九思两人在被罢免官职后闲居在家，潜心研究北曲，在曲中寄托幽居之郁志，将诗言志的功能移植到曲艺上，这直接提升了戏曲艺术的精神品格。其次，戏曲艺术成为文人怡情养性的重要载体。《万历野获编》卷二十六"好事家"条有指出："嘉靖末年，海内宴安，士大夫富厚者，以治园亭、教歌舞之隙，间及古玩。"可见对富裕文人来说，置办家乐和"治园亭"、鉴赏"古玩"等同为人生之乐事。以张岱为例，据《陶庵梦忆》卷四《张氏声伎》记载，张家先后办过六个家班，"可餐班、武陵班、梯仙班、吴郡班、苏小小班、茂苑班"。①梅鼎祚终身不仕，以编书作曲为乐。生于富贵之家的梅鼎祚，显然把娱乐功能赋予了戏曲。戏曲的写作和表演作为文人怡情乐性的重要手段，文人的创作极大提升了戏曲文学的文学性，使得其风格逐渐倾向雅致，汤显祖"临川四梦"代表文人传奇发展的高峰。

———————————

① （明）张岱著，蔡镇楚注译：《陶庵梦忆》，岳麓书社2003年版，第149页。

二 文人化走向

明代中晚期戏曲发展经过早期的沉寂后，由下至上的传播逐渐带来明代中期以后戏曲艺术的兴盛，值得注意的是，明代戏曲艺术发展的方向和元代戏曲发展道路有所不同。与元代戏曲注重舞台和表演不同的是，明代中晚期戏曲出现了文人化和案头化倾向。

（一）文人成为创作主流

明代中叶以后，随着戏曲文化的复兴，传奇成为明代戏曲主流。徐朔方在《明代文学史》中指出："嘉靖中叶至万历年间，文人传奇的发展进入了兴盛期。不是说民间南戏不再发展与存在，而是说文人作者由偶一为之的改编与创作，逐渐成为传奇戏曲的主流。在文人手里，曲律由宽松而逐渐变得严格。"① 昆腔的发展成熟是传奇成熟的重要标志，《浣纱记》是梁辰鱼第一部用昆腔创作的传奇作品，它和李开先的《宝剑记》、无名氏的《鸣凤记》一起被称为"三大传奇"。明代中期的传奇创作的代表作还包括郑若庸的《玉玦记》、陆采的《明珠记》、张凤翼的《红拂记》、梅鼎祚的《玉合记》等，因为其在文辞上的堆砌、辞藻上的华丽，后人多将他们归入"骈俪派"，因为他们中的大部分人是昆山人，所以又称"昆山派"。继昆山派之后，兴起的是以汤显祖为代表的"临川派"和以沈璟为代表的"吴江派"。汤显祖以《玉茗堂四梦》享有盛名。金元杂剧和明清传奇是中国古代戏曲史上前后辉映的两个重要时期。金元杂剧虽然有诸如关汉卿、王实甫等大家，但是其代表作大多在民间本身都经历了一个比较长的积累过程。比如王实甫的《西厢记》，其成就不能完全归功

---

① 徐朔方：《明代文学史》，浙江大学出版社 2006 年版，第 302 页。

在作者身上，其作品本身是一个世代累积型的故事，王实甫是这个故事的最后完成者。到了汤显祖，《牡丹亭》的故事虽然也有话本小说的影子，但是其成就主要来自作家个人的创作。汤显祖在《牡丹亭》中对礼教的无情批判，对青春和爱情的热情歌颂，显然都是以一个思想家的身份进行的。《牡丹亭》以长达五十五回的篇目写爱情，展示个人的悲欢离合，显然作者的目的不只是舞台演出，而且其结构和章法对于舞台演出来说，确实会有结构松散、节奏徐缓的问题。王骥德批评它"腐木败草，时时缠绕笔端"并不是夸大之词，李渔也说它是"止可作文学观，不得作传奇观"（李渔《闲情偶寄》卷一）。吴江派以沈璟为代表，针对当时传奇创作上的雕章琢句、生搬典故的案头化倾向，他强调戏曲文辞要"本色"，音乐上要"合律依腔"。就戏曲的主题来说，比起杂剧来说，明代中晚期传奇更关注社会现实，其代表是教化剧和政治剧。所谓教化剧，是说戏曲创作的主旨是扬恶导善。代表作包括沈鲸《双珠记》、张凤翼《虎符记》、张璘《还金记》、李开先《断发记》等。大型的政治剧是明代中晚期传奇的创新之举。郑振铎指出："传奇写惯了的是儿女英雄、悲欢离合，至于用来写国家大事、政治消息，则鸣凤实为嚆矢。"[1]《鸣凤记》全剧以忠义之士夏言、杨继盛等人与严嵩一党的斗争为主线，彰显忠臣义士的铁血丹心。全剧一改传统戏曲的缠绵悱恻，充满激扬悲壮之气。传奇不仅是在主题上有了新的变化，在体裁上也有了不同。"为了表现现实主题，传奇在体制上更为庞大，动辄四五十出，唱曲数量庞大，每出多达十几曲。明中期开始定型的传奇剧本采取了三十一出到五十出之间的通例。"[2]

---

[1]　郑振铎：《插图本中国文学史》，北京大学出版社 1999 年版，第 847 页。
[2]　郭英德：《明清传奇戏曲文体研究》，商务印书馆 2000 年版，第 66 页。

这一时期的杂剧创作由于文人的加入，也焕发出新的生命，其代表是以徐渭为代表的文人杂剧。文人杂剧在主题表现上更偏向表现文人的内心世界。徐子方先生指出："顾名思义，所谓文人剧就是以文人生活为题材并由文人创作。就审美意趣和服务对象而言，它专指明代中晚期以后由失意文人创作并体现他们审美意趣的短杂剧，是明中后期杂剧的主要形式。"① 杂剧的代表作包括王九思《杜甫游春》、徐渭《狂鼓史》、王衡《郁轮袍》、冯惟敏《不伏老》、桑绍良《独乐园》、许潮《兰亭会》《赤壁游》、汪道昆《五湖游》等。郑振铎先生概括杂剧风格是："杂剧风调，至此而一变。"② 杂剧之变首先在主题上。杂剧和传奇相比，大多情节简单，不重叙事，重在抒情言志，或是表达文人不遇的愤懑牢骚之意，或是书写文人闲居生活，表达传统的田园理想。其次是杂剧的体制格局变小。传统意义上的杂剧，大多以一本四折为规范形式，明中期杂剧在折数上进行了变革，其中大部分杂剧都是一折剧。刘大杰先生说："一折之短剧，因其形式之方便，最利于文人之抒写怀抱，故自徐文长、汪道昆以来，作者颇多，至于清初，流行益盛，所以，要肯定明中期曲家在杂剧折数创新上所做出的发轫之功。"③

（二）诗词曲不分

明代中晚期曲家大多在传统诗词上有着很深的造诣，他们对戏曲的认识还在于从诗词的角度提升戏曲的位置。"夫诗变而为词，词变而为歌曲，则歌曲乃诗之流别"④，"三百篇亡而后有骚

① 徐子方：《明杂剧史》，中华书局2003年版，第185页。
② 郑振铎：《中国文学研究》，人民文学出版社2000年版，第701页。
③ 刘大杰：《中国文学发展史》，上海人民出版社1973年版，第84页。
④ （明）何良俊：《曲论》，收入《中国古典戏曲论著集成》卷四，中国戏剧出版社1959年版，第6页。

赋，骚赋难入乐而后有古乐府，古乐府不入俗而后以唐绝句为乐府，绝句少宛转而后有词，词不快北耳而后有北曲，北曲不谐南耳而后有南曲"。①

从提高戏曲的文学地位来说，将诗词曲列为同源是没错，但是由此带来的文体学上的问题不容忽视。戏曲的本质还在表演，尤其是作为戏曲一部分的剧曲与清唱的散曲也不同，其还有表演和情节功能。对戏曲本体的认识不清，使得明代中晚期戏曲的"案头化"倾向越来越严重。孟称舜就讲道："工辞者，不失才人之盛，而专为谐律者，则与伶人教师登场演唱何异。"②

（三）语言的雅化

总的来说，传奇和杂剧语言更加书面化。杂剧创作以语言艺术著称。与传奇的富丽风格不同，杂剧语言偏于清丽之流。由于其以文人剧为主，所以其语言诗化现象明显。其代表是许潮《午日吟》："前面翠竹交加，绿阴缭绕，蓬扉茅屋，想是子美草堂。且少憩茂林，着人先去通报。（末杜子美上）日出篱东水，云生舍北泥。竹高鸣翡翠，沙暖舞鹓鸡，吾乃杜甫是也。因安禄山犯长安，携妻子避乱，依严节度使，筑室蜀江之上。今是五月天气，只见清江一曲抱村流，长夏江村事事幽。自去自来梁上燕，相亲相近水中鸥。那更：翠筱涓涓净，红蕖冉冉香。故人书信绝，稚子色凄凉。青琐朝班芳梦寐，蓬莱宫阙起悲伤，何时雉尾开宫扇，缓步鸣珂鹓鹭行。"其宾白多为杜甫的诗句，所以黄嘉惠评云："宾白纯用诗句，阅之一过，胜读少陵集矣。"③

---

① （明）何良俊：《曲论》，收入《中国古典戏曲论著集成》卷四，中国戏剧出版社1959年版，第27页。

② （明）孟称舜：《古今名剧合选》，齐鲁书社1989年版，第445页。

③ （明）沈泰：《盛明杂剧》，中国书店1981年版。

传奇语言与杂剧相呼应，逐渐雅化，出现所谓的文词派。"在这一时期的传奇作者，仍只讲究案头的文词，而不作舞台的联系，这情况是很明白的。"① 以梁辰鱼《浣纱记》为代表，其大量使事用典，曲词华丽，人物对白多用骈文，以四六出。凌濛初《谭曲杂札》评价它是："自梁伯龙出，而始为工丽之滥觞，一时词名赫然。"② 梅鼎祚的创作也以堆砌典故闻名，同时代的曲评家对此已是多有批判。沈德符《顾曲杂言》说："玉合记最为时所尚，然宾白尽用骈语，饾饤太繁，其曲半使故事及成语，正如设色骷髅！粉捏化生，欲博人宠爱，难矣！"③ 徐复祚评《玉合记》云："士林争购之，纸为之贵。曾寄余，余读之，不解也。传奇之体，要在使田轻畯红女闻之而然喜，悚然惧；若徒逞其博洽，使闻者不解为何语，何异对驴而弹琴乎？"④

总的来说，戏曲在文人休闲文化生活中的重要位置，使得文人大量加入戏曲的创作、评点甚至是演出，本来作为俗文学代表的戏曲艺术在明中期后开始了文人化的蜕变，这也让戏曲艺术的发展深受文人审美意趣的影响，其利弊各半，戏曲地位提升的同时，和舞台艺术的距离拉大。

三 雅俗合流

和宋元杂剧发展不同的是，明代的杂剧和传奇在市民文化的色彩上要淡一些。这首先和明代戏曲的创作者有关。前面我们提

---

① 周贻白：《中国戏剧史长编》，上海书店出版社2004年版，第270页。

② （明）凌濛初：《谭曲杂札》，收入《中国古典戏曲论著集成》卷四，中国戏剧出版社1959年版，第253页。

③ （明）沈德符：《顾曲杂言》"填词名手"，收入《中国古典戏曲论著集成》卷四，中国戏剧出版社1959年版，第206页。

④ （明）徐复祚：《曲论》，收入《中国古典戏曲论著集成》卷四，中国戏剧出版社1959年版，第237页。

到，文人是明代戏曲的主要创作者，就地位来说，其大多为文人中的中上层。这和元代不同，元代戏曲的创作者主要是长期沦落市井的落魄文人。根据日本学者八木泽元在《明代剧作家研究》中的统计，"明代有杂剧作家 101 人，传奇作家 317 人，合计 418 人；除去既作杂剧，又作传奇的，共有作者 395 人。其中有藩王，有大学士、尚书、卿、侍郎等显宦，而进士及第者至少有 30 人"（《明代剧作家总论·锦堂论曲》）。这导致明代戏曲和宋元戏曲在审美上的很大不同，明代戏曲尤其是明代中叶以后传奇发展到昆腔，其在内容上不仅要抒情、载道，在布局和语言上更是要十分精美。王骥德指出明代戏曲家多为："易忧慨为风流，更雄劲为柔曼。"（王骥德《曲律自序》）传奇在内容上多有教化和道德的劝谕成分，在语言文辞上极雅。总的来说，其语言上是典型的文人话语。虽然以沈璟为代表的"本色"派提出要尽量使用场上之语，要不避粗鄙俚俗，但是即使就沈璟本人的创作来说，其戏曲语言也是极雅的文人话语。

明中期以来，戏曲发展的案头化越来越明显，部分文人甚至以词律为填曲规则。尽管这提高了戏曲艺术的文学地位，但是戏曲的表演性和舞台功能明显削弱。以沈璟为代表的"本色"派开始正视这一问题，所以戏曲文化发展到明晚期，又开始回归舞台，不少文人又重拾宋元风格，重提本色："盖传奇初时本自教坊供应，此外止有上台构栏，故曲白皆不为深奥，其间用诙谐曰俏语，其妙出奇拗曰俊语，自成一家言，谓之'本色'使上而御前，下而愚民，取其一听而无不了然快意。"[①] 对宋元传统的回归，意味着这个时期戏曲审美艺术重心的转移，戏曲在重新关注

---

① （明）凌濛初：《谭曲杂扎》，载《中国古典戏曲论著集成》卷四，中国戏剧出版社 1959 年版，第 258 页。

其作为舞台表演艺术和歌唱艺术基础上，开始注意戏曲的文学性与表演性、才情与曲律、思想性与艺术性的统一。王骥德《曲律》说："古人往矣，吾取古事，丽今声，华哀其贤者，粉墨其愿者，奏之场上，令观者藉为劝惩兴起，甚或扼腕裂此，涕泗交下而不为己，此方为有关世教文字。若徒取漫言，既已造化在手，而又未必其新奇可喜，亦何贵漫言为耶？此非腐谈，要是确风化，纵好徒然，此《琵琶》诗大头脑处。《拜月》只是宣淫，端士所不与也。"（王骥德《曲律》杂论第三十九下）王骥德所表达的代表了当时戏曲家的审美理想，既要有关世教，也要新奇可喜。首先从戏曲的本体认识上，回归戏曲的艺术功能，肃清"道学风""时文风"的不良影响，力图纠正扭转文人创作"案头化"倾向。重提"本色"和"当行"，是戏曲艺术审美中心的又一次转折。戏曲毕竟是表演艺术，文人对戏曲的文辞语句的雕琢一旦过头，就有碍戏曲文化的健康发展。

第三节　绘画艺术中的审美意识

宋代文人文化的繁荣和发展使绘画成为文人身份的重要标识。同时文人画的传统和职业画传统基本上是两条道路，尤其是宋代以来，文人画家和职业画家泾渭分明，但是元代以来，因为科举长时间被取消，大量文人不得不寄情艺术文化事业，这使得绘画成为文人闲暇生活的重要标识。汉学家艾尔曼先生在《晚期中华帝国科举制度的文化史研究》一书中指出，元代从事绘画是令人尊敬的职业。明代延续和发展了这一新的文化传统。另外，由于绘画的市场化和商业化发展，文人画家和职业画家的界限不是那么分明。绘画成为文人营生的一个重要渠道，职业画家队伍越来越庞大。

一　寄情于画的翰墨游戏

明代不少著名画家都是书画双修，这和中国绘画本身的特点有很大关系，中国传统绘画主要是水墨画，在用笔和用墨上，书画的原理很多是相通的，但是比起书法，绘画对于文人来说，游戏娱乐的成分更重。以吴派的早期领袖沈周来说，尽管其以画名重一时，但在其自我价值的认知里面，绘画不在其中。沈周在对生活意义的体认中，将诗、酒、山水作为生活的意义来源。例如他讲道："且将诗与酒，终日浮游玩。饮酒独酌，心与境融，乐与迹超。洋洋乎欲参造物者游，谓可遗世而长存。"在对其子沈云鸿的告诫中，沈周明确指出："我家孝悌仍力田，自此相传逾百年。门前大树已合抱，今有此鸟巢其颠。人云乌来不易得，他家岂无树千尺。北平乃见猫相乳，江洲亦闻犬同食。我惭何有于鸟乎？我自我兮乌自乌，汝当力行为己事，毋但区区重画图。"[①]（沈周《古木群乌示鸿儿》）文徵明对沈周的记载也验证了这一点："先生既长，益务学。自群经而下，若诸史子集，若释老，若稗官小锐，莫不贯通淹，其所得悉以资于诗。其诗初学唐人，雅意白传。既而师眉山为长句，已又为放翁近律，所拟莫不合作。然其缘情随事，因物赋形，开阖变化、纵横百出，不拘拘乎一体之长。稍辍其余，以游绘事，亦皆妙诣，追踪古人所至。"[②]（文徵明《沈先生行状》）可见沈周虽然以画闻名天下，对他来说，丹青翰墨终究只是正事之外的娱乐消遣，所以他才会告诫其子不可忘记"孝悌力田"才是沈家的家风。

---

① （明）沈周：《石田诗选》卷四，（台北）台湾商务印书馆 1986 年版，第 603 页。
② （明）文徵明：《甫田集》卷二五，西泠印社出版社 2012 年版。

明中期以后，以吴派和松江画派最为知名。吴派文人少有出仕者也，他们中的大多数人将时间消磨在各种娱乐休闲生活上，"闲"是其生活文化的主要特征，他们在绘画中寄托对功名的超越之情，寄寓个人的情志。明代是传统文人水墨画的高峰。明代文人画家继承了宋元以来的文人画的写意精神，只不过明代中叶以后，社会内部的人文解放思潮得到很大发展，情感及其力量在明代得到前所未有的重视。与元代文人画还或多或少有形似的要求不一样，明代逐渐发展出纯粹的以笔为画的写意画，完全放弃对物象形状的摹写，从而将文人写意画推向高峰，其代表是徐渭开创的大写意画。

明中叶以后，出现不少具有鲜明个性色彩的画家，其著名代表就是徐渭。徐渭（1521—1593），字文长，号天池山人，山阴（今浙江绍兴）人。从徐渭开始，文人画家对山水花鸟的刻画更多是自我主观情感的流露。徐渭为古典的山水画开拓出一条新的道路。山水画从宋元开始是以宁静淡泊的审美趣味为主，尤其是作为元代山水画最高成就代表的"元四大家"①。"元四大家"都是真正在山林隐居的高洁之人，其笔下的山水都有古代隐士的风骨，线条干净简洁，多不见人间烟火，其典型代表就是倪瓒。倪瓒（1301—1374），字泰宇，后字元镇，号云林子、幻霞子等，江苏无锡人，元四大家之一。

倪瓒的画常常被后人称作"惜墨如金"，说的是其用笔极省，往往就是一抹远山，几根枯树，画面渗透出来一股寂静之情。明代山水画以元代为宗，大都延续了宋元的审美趣味。不

---

① 元四大家，关于元四大家有两种说法，一是出自王世贞《艺苑卮言·附录》，指赵孟頫、吴镇、黄公望、王蒙四人。二是董其昌《容台别集·画旨》提出的黄公望、王蒙、倪瓒、吴镇四人。元四大家虽然都是师法五代董源、北宋巨然，但是不囿于董、巨二人格局，在笔墨技法和意境表现上各有特色。

过山水画发展到徐渭，可谓一变，徐渭独创泼墨一派。徐渭的画和他的人一样放浪不羁，他常常不耐烦作线条的细细勾勒，往往是将大块的墨直接洒在纸上，后以毛笔涂抹，因此徐渭的笔下常常不是线条，而是各种色块，其作画手法可以说是前所未有的自由写意。徐渭认为绘画的本质在于："悦性弄情，工而入逸，斯为妙品。"① 他将宋元文人画中之"意"拉回人间。他以画为戏，"帐头戏偶已非真，画偶如邻复隔邻。想到天为罗帐处，何人不是戏场人"？② 画以情胜，笔墨之戏在于宣泄情感，在于抒情写怀，"君言写意未为高，自古砖因引玉抛。黄鹤山人好山水，要将狂扫换工描"。③ 宋元文人画的小写意传达出来的情感已经不能满足徐渭，只有草书的写意挥洒才能传达画家内心的情感。徐渭作画不大讲究诗意和境界的营造，更多时候直接就是借用草书纵横恣意的笔法表达内心躁动的情感，这是文人画在审美追求上从"格物"发展到"师心"的变化。

徐渭的泼墨画法在当时并没有引起太多重视，但是晚明的陈淳、张风也多以泼墨作画，尤其是明末清初的石涛、八大山人等人在徐渭的创新基础上进一步将山水画变成内心情感的写意，对后世影响越来越大。陈淳（1483—1544），字道复，号白阳山人，苏州人。文徵明弟子。早年师法沈周和文徵明，中年以后画法大变，以书入画，运用水墨或淡彩，笔法纵逸。八大山人即明末清初著名画家朱耷。朱耷（1626—约1705），字雪个，号八大山人，江西南昌人。八大山人早年的花鸟山水画还有写实的痕迹，晚年之后，基本上脱离写实的道路，其画作完全是其内心世界的写

---

① （明）徐渭：《徐渭文集》，中华书局1983年版，第487页。
② 同上书，第384页。
③ 同上书，第383页。

照，画风走向怪诞，而正是在这一时期他将文人画推向高峰。八大山人晚年的画中，有着各种怪诞的形象，他画的鸟极像鱼，尾巴像鱼一样张开；他画鱼，看着像鸟，可以高飞上天；他画的猫，看着和老虎一般大。八大山人晚年的花鸟画，用笔极为精练，常常是直接用笔法简笔勾勒出一条鱼或是一只鸟，其面目情态极具人性，完全是画家心境的自然流露，从他晚年的画中，我们可以明显感受到画家内心的孤独与愤懑。文人画从徐渭发展到八大山人，在抒情写怀上可以说是达到一个前所未有的高度。

二 行利相兼

寄情翰墨是文人传统的休闲文化行为，体现了文人画的传统。明代中叶以后，以绘画为代表的标榜文人文化身份的休闲行为和商业的联系越来越密切，在审美趣味上，逐渐从纯粹抽象写意的高雅趣味转向繁复的世俗趣味。明早期代表画派为"院体"和"浙派"，代表的主要是宫廷贵族的审美趣味。明代中叶之后发展出来的"吴门画家"① 则不同。"吴门画家"的核心人物大多没有像样的政治资历，其中不少是职业画家，以绘画谋生。谢肇淛发现明代中晚期画家这一身份上的变化，他指出自晋代以来，以书画闻名者，多为缙绅士大夫。明代中晚期，则多为布衣之士，谢肇淛称之为"世变"②。院体画衰微以后，明代中晚期绘画艺术的中心集中在经济发达的江南地区。

---

① 吴门，因为其开派宗师沈周是苏州吴县人得名，其代表人物是号称"吴门四家"的沈周、文徵明、唐寅、仇英。沈、文二人虽然师承有别，但是都以元四大家为宗，着力弘扬宋元文人画传统，唐寅、仇英兼收院派和文人画之长，创雅俗共赏之画风。吴门后学中出现不少声名显著的大家，包括文嘉、文伯仁、陆师道、孙克弘等。吴门发展到晚明，因为过于保守、泥古不化而逐渐转向衰微。

② （明）谢肇淛：《五杂俎》卷七《人部》，上海书店出版社 2009 年版，第 138 页。

　　"吴派"的兴起和发展首先得益于江南经济的发达，其带动书画市场的繁荣，绘画艺术的受众从贵族扩展到平民阶层，他们的审美趣味更多带有市民文化的影响，这直接促成了这一时期绘画艺术的世俗化发展。明代中叶以后，城市经济发展迅速，出现大量富裕市民，他们对能够显示品位和身份的文化产品的需求大为增加，书画作品自然成为市场上为人所追逐的商品，尤其是名家作品。因为书画消费需要有一定的专业鉴赏水平，所以文人士大夫对于书画艺术也有着分外的热爱，名家书画常常是财富的一种象征，身份地位的象征，成为社会交往中的馈赠佳品。明代城市商品经济发展产生出一个新兴的富裕阶层，他们握有大量的财富，但是在政治和法律上，富民阶层还是处于被压制和管控的对象。从科举和政治上提升地位，对富裕的市民阶层来说，还是一件比较困难的事情。但是财富可以帮助他们更迅速的提升文化品位，至少是形式上的提升，因为相对于文学创作，书画消费更为容易，尤其是购买收藏当代名家的书画作品。所以卜正民指出，"在明代前期，只是流传在极少数精英人物之间的具有文化意蕴的物品，如古董、字画，被大量带到道德真空地带的金钱世界。这些物品向应邀前来参观或使用的人们展示收藏者的独到鉴赏力和不俗的文化品位"①。城市中的富人阶层在书画消费上的竞争性角逐，在一定程度上改变了文人画的审美趣味。

　　首先是审美趣味上，宋元以来的写意传统多了更多写实的精神。写意是文人山水画的突出审美追求。倪瓒提出的"逸笔草草，不求形似，聊以自娱"② 集中体现文人画的审美追求。元四

---

　　① ［加拿大］卜正民：《纵乐的困惑：明代的商业与文化》，方骏、王秀丽、罗天佑译，方骏校，生活·读书·新知三联书店 2004 年版，第 257 页。
　　② （元）倪瓒：《文津阁四库全书·清閟（秘）阁全集》，商务印书馆 2005 年版，第645 页。

大家的山水画多是表达文人的隐逸高洁志向，其在审美上的意趣基本上是非常远离人间烟火的，讲究"逸笔草草"，强调用极简的具有抽象意义的线条传达文人内在的精神追求。文人山水画发展到"吴派"，在笔法和趣味上都有了变化，山水的写实性质明显加强，其中具有典型性的是山水画里面出现了不少和园林相关的山水画。代表作有沈周的《东庄图册》，文徵明的《真赏斋图》《东园图》《影翠轩图》《洛原草堂图》等，唐寅的《双鉴行窝图》《桐庵图》《守耕图》《贞寿堂图》等。明代中叶以后，尤其是江南地区有着大量的私家园林，延请当时的书画名家图绘园林是常有的事情。第一，因为是对园林实景的表现，他们在画面处理上繁密、具体，讲究构图上的繁复、物象上的精细，在写实和真实性上极下功夫，这和元代山水的简洁疏朗大异其趣。代表性的有文徵明的"细笔"① 画风。文徵明喜用"细笔"，在物象描摹上极为精细，在细节的处理上极为讲究，树木的描绘非常精细，甚至是树上的枝叶都清晰可见，其代表作《深翠轩图》描绘的主要是园林中的楼阁走廊，用笔绵密，没有元代文人画中常见的大量留白。由于要全面实景性的再现园林景观，文人制作的园林山水画常常要以图册的形式出现。比如沈周的《东庄图册》，利用册页的形式，详尽记载了其所游览的二十多处景点，几乎可以说是东庄的导游图，其图画的性质可以说是显而易见。不过沈周这类作品还是不多，他的主要作品还是传统的单幅长卷。继沈周和文徵明之后的吴派后学，此类以册页形式出现的画作大增。比如文伯仁的《金陵十八景图册》、陆治的《游洞庭湖图册》、袁尚统的《苏台十二景图册》等，都是以册页形式出现的画册。第二，园

---

① 细笔，又称工笔，与"写意"相对，是中国画的技法之一。唐代张彦远将"细笔"的特征概括为"历历具足，甚谨甚细而外露巧密"（《历代名画记》卷二）。

林中的各种休闲文化行为也成为画面的主要内容，文人画家尤其喜欢记录园林中的文人雅集活动，这在"元四家"的画作中是极少见到的。文人画的传统历来不重叙事，吴派画家则留下了大量记载文人雅集的绘画作品。文徵明最喜欢用诗画的形式记载文人茶会。其代表作有《惠山茶会图》《品茶图》《茶事图》《松下品茗图》《煮茶图》《林树煎茶图》等，其中《茶事图》上有楷书书写的"茶坞、茶人、茶笋、茶籯、茶舍、茶灶、茶焙、茶鼎、茶瓯、煮茶"五律十首。沈周有《魏园雅集图》《雪夜燕集图》《盆菊幽赏图》等，唐寅有《秋山读书图》《东篱赏菊图》《虚亭听竹图》等。

其次，注重装饰性。以文徵明的《惠山茶会图》作为代表来看，色彩上，开始重新恢复颜色，山石多用青绿重彩，展现皑皑白雪中的芳草绿树，颜色艳丽中又透出一股文徵明画作特有的秀丽之气；内容上，白雪、山石、绿树、枯藤、茅亭等都是背景，重点在于展示茶会中各色人等的活动，或是林中漫步，或是亭中观景闲谈，人物刻画虽然简约，闲雅和谐的精神却是被充分传达出来；审美风格上，在宋元的凄清幽远上多了世俗的喧嚣热闹之趣。沈周喜欢画小动物，极富情趣。陈洪绶的花鸟画吸收了院体工笔画法，多采用勾勒积染的画法，色彩妍丽，画面繁复。吴门不少画家还有花卉节令画传世。沈周、文徵明都从事过节令画创作，陈淳、陆治、文嘉、陈栝、李士达、袁尚统等人都有月令画作传世。这些画作的画风相近，画法相似，内容接近，大多都是描绘四季的嘉木名卉，穿插形态各异的山石，在画面的布局经营上装饰味道十足，应该都是应市场需要而作。

第四章

明代中晚期园林文化及其休闲审美意识

中国古代园林文化可以追溯到商周，经过数千年的发展，在明代中晚期进入鼎盛。明代中晚期园林又以江南苏州为代表，有"江南园林甲天下，苏州园林甲江南"之说。明代园林发展的黄金时期在明中期以后，这一时期私家园林的数量大增。据祁彪佳考察记录的山阴一地的私家园林就有近两百家，并且出现了不少关于园林文化的专业文献。这一时期计成写成第一部关于园林建筑的专著《园冶》。园林不仅是文人玩乐、审美的重要场所，也是展现文人对唐宋以来流行的"市隐"理想的实践，充分体现文人的审美情趣。商贾虽然也是私人园林重要的建筑者和拥有者，但是出于对文人文化的企慕，其园林文化主要是向文人审美趣味靠近。

第一节　明代中晚期园林文化的发展及审美特征

一　明代中晚期园林的发展及地域分布

明初太祖稽古定制，对官员住宅用地和生活起居有礼制上的严格限制，加上太祖规定官员在内苑不得凿池引水，以免泄地气，因此士大夫文人家中少有园林。即使是富裕的商贾之家，也不敢行奢靡之风："在国初，风尚诚朴，非世家不架高堂，衣饰器皿不敢奢侈，若小民咸以茅为屋，裙布荆钗而已；即中产之家，前房必土培茅盖，后房始用砖瓦，恐官府见之以为殷富也。"① 明初年，沈万三家族以豪富闻名，但是据明人杨循吉（1458—1546）《苏谈》记载，"万三家在周庄，破屋犹存，不甚宏大，殆中人家制耳，惟大松犹存焉"。首富之家的园林尚且如此，可见明初园林发展之状况，虽然建有少数园林，规模上都不大，且主要是以生产性为主，少有后来园林文化体现出来的纯粹休闲逸乐性质。例如正德年间王献臣初建拙政园，就声称要效仿古人"筑室种树，灌园鬻菜"②，园中植有多种经济作物。

明中叶以后，随着社会经济的发展，园林文化逐渐走出低谷，在晚明达到极盛。《名山藏》记嘉靖年前后的变化："当时人家房舍，富者不过工字八间，或窨圈四围十室而已。今重堂窈寝，回廊层台，园亭池馆，金翠碧相，不可名状矣。"《五杂俎》记载："缙绅喜治第宅，亦是一蔽。……及其官罢年衰，囊囊满盈，然后穷极土木，广侈华丽，以明得志。"即使是百姓家中，筑园之习也蔚然成风："嘉靖末年，士大夫家不必言，至于百姓有三间客厅费千金者，金碧辉煌，高耸过倍，往往重檐兽脊如官衙然，园囿僭拟公侯。下至勾阑之中，亦多画屋矣。"③ 可见当时园林文化之兴盛。大规模的造园艺术的发展，还催生了诸如《长物志》《园冶》等园林艺术经典。

明中叶以来，园林文化的大发展一是得益明代中晚期商品经

---

① （清）陈和志修：乾隆《霞泽县志》，（台北）成文出版社1970年版，第2页。
② （明）文徵明：《王氏拙政园记》，收入邵忠、李谨选编《苏州历代名园记·苏州园林重修记》，中国林业出版社2004年版，第90页。
③ （明）顾起元：《客座赘语》卷五，中华书局1987年版，第170页。

济的发展，使得包括传统的士大夫在内的士绅阶层财力大增，还有大量追随士大夫时尚的商人阶层的加入。二是明初的不少政令因为朝政的关系逐渐松弛，比如当时作为制约社会奢靡之风气的赋役制度改革使得士绅可以优免徭役，有钱的富商可以通过捐纳等手段购买功名，人们自然不用顾虑露富之举带来的不良影响，园林之风大盛与之有密切关系。

明代中晚期园林文化的发达超过历代，还有一个重要原因是明中叶以后社会休闲文化的大发展。园林无论是在物质意义还是在传统的休闲文化心志的修炼上，最能够寄寓文人情志，加上明代中晚期险恶政治环境使得文人的出仕一是艰难，二是险恶，即使顺利出仕，政治生命风险很大，使得文人退隐政治之心甚浓，而退隐下来，既可以寄托志向，又能够在世俗中享受生活的文化行为莫过于修园筑亭。

明代中晚期园林文化在地域文化上有南北之别。明代园林就风格来说主要分为两类：一是以北京为代表的北方园林；二是以苏杭为代表的江南园林。北京名园主要是皇家园林和勋臣显贵所建园林，著名的有定国公园、英国公新园、宜园、李皇亲新园等。陪都南京，也是名园林立。王世贞写作《游金陵诸园序》收录的名园就有 16 座。沈德符《万历野获编》记载了明代中晚期万历年间北京"园亭相望"的盛况："都下园亭相望，然多出戚畹勋臣以及中贵，大抵气象轩豁，廊庙多而山林少，且无寻丈之水可以游泛。惟城西北净业寺侧，有前后两湖，最宜开径。今惟徐定公（文璧）一园，临涯据涘，似已选胜，而堂宇苦无幽致，其大门棹楔，颜曰'太师圃'，则制作可知矣。以予所见可观者，城外则李宁远圃最敞，主人老矣，不复修饰，闻今已他属。张惠安园独富芍药，至数万本，春杪贵游，分日占赏，或至相竞。又万瞻明'都尉园'，前凭小水，芍药亦繁，虽高台崇榭，略有回廊曲室，自云出翁主指授。又米仲诏进士园，事事模效江南，几如桓温之于刘琨，无所不似，其地名'海淀'，颇幽洁。旁有戚畹李武清新构亭馆，大数百亩，穿池叠山，所费已钜万，尚属经始耳。豪贵家苑囿甚夥，并富估豪民，列在郊恝杜曲者，尚俟续游。盖太平已久，但能点缀京华即佳事也。"①

童寯《江南园林志序》言："吾国凡有富宦大贾文人之地，殆皆私家园林之所荟萃，而其多半精华，实聚于江南一隅。"说的就是当时江南园林之盛。江南园林主要集中在苏杭两地。杭州以西湖美景著称。西湖的柳州亭一带，聚集了大量风格独特的园林。其代表是南园和北园。南园位于著名的雷峰塔下，其大厅规格宏伟，甚至可以进行对舞雄狮表演。北园建筑风格独特，其园亭分作八格，组成极具风格的扇面。杭州名士富商云集，在西湖边上，大多建有园林私塾，有名的包括戴斐君的寄园、黄元轩的池上轩、周中瀚的芙蓉园等。苏州也是名园林立，王锜《寓圃杂记》写苏州园林之盛，到了"亭馆布列，略无隙地"之地步。苏杭以外，江南其他地方也是名园林立。松江有顾园、世春堂、乐寿堂、露香园、桃园等。扬州，除了著名的祁氏兄弟的四大名园，时人记录下来的还有皆春堂、康山草堂、荣园、小东园、偕乐园等。江南造园之风直至晚明，尽管帝国遭遇内忧外患，江南筑园之风却是愈演愈烈。清初叶梦珠回忆少时生活："余幼犹见郡邑之盛，甲第入云，名园错综，交衢比屋，阛阓列廛，求尺寸之旷地而不可得。缙绅之家，交知密戚，往往争一椽一砖之界，破面质成，宁挥千金而不恤。"② 可见当时江南园林之盛。

① （明）沈德符：《万历野获编》卷二十四，中华书局2012年版，第609页。
② （清）叶梦珠撰，来新夏点校：《阅世编》卷十"居第一"，上海古籍出版社1981年版，第208页。

二 明代中晚期园林的审美特征

明代中晚期园林有皇家园林和私人园林之分。皇家园林的特殊产权性质决定了其主要是供皇家贵族休闲所用，其风格主要是延续历代皇家园林壮丽宏大的审美趣味。私人园林虽然在规模上难以与皇家园林相比，但是其往往在设计上更下心思，展示出极高的审美内涵和情趣，其代表是江南园林。对明代中晚期园林审美特征的描述主要从江南园林来探讨，其主要审美特征包括以下几种。

（一）微缩的天然世界

明代中晚期园林文化的发展与文人有密切关系。文人是当时园林的主要建筑者和欣赏者，当然园林的主人也多是当时的缙绅富豪，但是其在园林艺术的设计和建筑上主要是尾随文人的审美情趣，所以园林的主人可能不是文人，但是其园林展现的多为文人意趣。

明代园林主要集中在城市和城市边缘的郊区，其地理位置决定了其天然环境上的缺乏。园林设计者首先要解决的是如何在有限的空间里面展示天然的自然世界，如何以人工来开掘自然。现代有学者就指出"私家园林的最大的特点是，善于把有限的空间，巧妙地组合成千变万化的园林景色，利用寸尺山林，再现大自然的美景"①。明代园林设计要点之一是凿池引水、堆垒假山。明代中晚期园林假山不可或缺，对假山的设计要点是宜简忌繁。张岱"肆后精舍半径，列盆景小景，木石点缀，笔笔皆云林、大痴"，可见文人用石讲究恰到好处的意境营造之功。二是因景互借、情景交融。与皇家贵族的重礼和普通市民的重用不同的是，

---

① 吴攀升等编著：《旅游美学》，浙江大学出版社 2006 年版，第 122 页。

文人的园林理想在于情境的营造。园林艺术尽管是人造自然，当时在审美目的上却是追求"虽由人作，宛如天开"的审美效果，其重要手段就是因景互借。借景首先要顺应自然。计成在《园治》中谈到，借景首先要做到"切要四时"，"如远借，邻借，仰借，附借，应时而借"。其次是要注重天人之间的和谐。所谓"巧于因借，精在体宜"。何谓"体宜"，计成解释，"因者：随地基之高下，体形之端正"。再次是巧妙借用门窗的作用，将室内室外连成一个整体。李渔在《闲情偶寄》中专门列有一节讲述如何利用门窗、栏杆的设计达到借景目的，从而实现园林各个部分空间上的和谐。在风格选择上，突出自然野趣。北京的皇家园林多为彩饰，讲究富丽堂皇的皇家风范；江南园林多采用木质雕刻，展现的是文人对天然雅趣的追求，在园林设计上常常引入草庐、茅房、竹篱、棚架等展示自然野趣的布景，总的来说，文人将自然理想化呈现为园林艺术，在生活中建构审美天地。

（二）艺术化生活

明代中叶以后的园林文化，尤其是休闲文化发达的江南，除了继承宋代园林文化以来对退隐之志的表达以外，更多是衍生出生活的休闲意义。明代中晚期是一个以人为本的时代，是一个生活美学大行其道的时代。这一时代思潮同样造就了明代中晚期独特的园林文化生活。

一是园林的政治功能隐退，园林的审美功能突出。明代中晚期文人的闲适放荡多体现在园林休闲生活中的流连光景、诗酒相酬、结社吟诗上。这首先从政治隐退开始的。明代中晚期园林的极盛期在晚明，而晚明是王朝历史最为凋敝、危机最为深重之时。身处末世，却越发在园林中纵情声色，可见文人在政治人生上的隐退姿态，但是文人毕竟作为精英阶层，是有着人生价值诉求的，只是方向上有所转移。余英时指出，16世纪以后，士人的人生方向已经"从朝廷转移到社会"，他们更愿意在"开拓社会和文化空间"上面发挥作用①。这个方向的转移体现在园林文化上，园林成为文人各种文化、社会活动主要的集结场所。

二是园林生活艺术化。明代中晚期园林不太具有生产和礼仪功能，主要是休闲娱乐之用。园林本身以及在园林中开展的各种文化休闲活动对文人来说是他们个人生命情感的诉求。不少文人都是以历史和文学寓意方式来布景，来安排园林中的各种家居摆设。园林是文人开展文化活动的重要载体："幽轩邃室，虽在城市，有山林之致。于风月晴和之际，扫地焚香，烹泉速客。与达人端士谈艺论道，于花月竹柏间盘桓久之。饭余晏坐，别设净几，铺以丹扇，袭以文锦。次第出其所藏，列而玩之，若与古人相接。"② 可见文人园林生活推崇的是超脱世俗的闲适心境，是文人特有的清雅古玩的把玩，是对生活每个细节的艺术化处理。文人希望借助园林生活建构艺术人生。李渔《闲情偶寄》中说生平两大绝技，"一则辩审音乐，一则置造园亭"。造园技术为当时不少文人所热衷。文人将对精神境界的追求与现实生活紧密联系，致力在生活中创造修心养性、淡泊清雅的艺术人生。园林文化即是文人艺术化的审美人生的表现。园林对文人来说不仅是居住之地，更是游赏之地，是理想生命状态的投射之处，高濂引用宋代文人罗大经之作，来描述其理想的园林生活："余家深山之中，每春夏之交，苍藓盈阶，落花满径，门无剥啄，松影参差，禽声

---

① ［美］余英时：《士与中国文化·新版序》，上海人民出版社2003年版，第3页。
② （明）董其昌：《骨董十三说·八说》，收入《丛书集成续编》艺术类赏鉴第94册，（台北）新文丰出版社1985年版，第741页。

上下。午睡初足，旋汲山泉，拾松枝，煮苦茗吸之。随意读《周易》《国风》《左氏传》《离骚》《太史公书》及陶杜诗、韩苏文数篇。从容步山径，抚松竹，与麋犊共偃息于长林丰草间。坐弄流泉，漱齿濯足。既归竹窗下，则山妻稚子，作笋蕨，供麦饭，欣然一饱。弄笔窗前，随大小作数十字，展所藏法帖、墨迹、画卷纵观之。兴到则吟小诗，或草《玉露》一两段，再烹苦茗一杯。出步溪边，邂逅园翁溪叟，问桑麻，说粳稻，量晴校雨，探节数时，相与剧谈一晌。归而倚杖柴门之下，则夕阳在山，紫绿万状，变幻顷刻，恍可入目。牛背笛声，两两来归，而月印前溪矣。"（罗大经《山静日长》）

可见文人向往的是物质环境和艺术活动的完美融合，是要将生活的每个细节审美艺术化，这与英国社会学家迈克·费瑟斯通的日常生活审美化理论是相符合的。所谓日常生活审美化是对艺术和生活之间界限的消解，认为艺术存在生活本身，而不是仅仅存在于某些特殊的场所。明代中晚期文人就是将园林休闲中每一项普通的日常生活细节都艺术化，生活的每一个细节都被当作艺术进行细腻的审美观照，而也只有文人雅士以超脱的审美意识去观照生活，才能体会到其中的雅趣。

（三）形而上的审美追求和形而下的工艺技术的完美结合

中国古典园林文化从魏晋开始，一直是文人隐士理想的象征，文人关于园林文化理想的开展主要是对隐逸人格的追求，对于园林艺术本身的关注不多。这一点在明代中晚期园林文化中得到改善。明代中晚期出现大量既具有很高古典文化修养，又精通专业造园技术的专业园林艺术家，并且因为造园技术的发展，出现不少关于造园技术的专著。江南名园多为当时著名的诗画名家所设计制造。正德年间所建的名园拙政园就是园主王献臣延请吴门画派的代表人物文徵明设计制造。文徵明不仅亲自设计了其中36个景点，而且绘制了拙政园图，并且撰写了《王氏拙政园序》以兹纪念。计成的《园冶》是首部对中国古典园林艺术进行总结的园林专著，他是当地有名的诗人。文震亨是书画名家，其《长物志》中有大量关于园林艺术的内容。东南名园弇山园是王世贞所建，并且写下了大量的园记。大量具有很高文化素养的专业造园艺术家使明代中晚期园林发展实现了专业的工艺技术和审美趣味的很好结合，从而将中国古典园林文化推向高峰。

明代中晚期文人热衷参与园林的建造和设计体现了园林艺术的文人传统和工匠传统的完美结合，而文人对园林艺术的热爱，使得他们将园林的建造当作人生的重要价值所在。明代晚期文人祁彪佳致仕后将主要精力投注寓园建造，将园林的建构和文章绘画相提并论："园尽有山之三面，其下平田十余亩，水石半之，室与花木半之。为堂者二，为亭者三，为廊者四，为台与阁者二，为堤者三。其他轩与斋类，而幽敞各极其致。居与庵类，而纡广不一其形。室与山房类，而高下分标共胜。与夫为桥、为榭、为径、为峰，参差点缀，委折波澜。大抵虚者实之，实者虚之，聚者散之，散者聚之，险者夷之，夷者险之。如良医之治病，攻补互投；如良将之治兵，奇正并用；如名手作画，不使一笔不灵；如名流作文，不使一语不韵。此开园之营构也。"（祁彪佳《〈寓山注〉序》）可见，寓园是祁彪佳文化素养和艺术修养在园林艺术上的完美结合。

（四）多元化的审美诉求

传统的园林理想代表的是文人俭省、素朴的生活理想。对于承载这种理想的园林文化来说，园林不应该和奢靡挂钩，但是在繁华的商业背景和士大夫文人竞奢的习气面前，文人造园的简朴作风逐渐被抛弃。首先是士大夫文人私家园林背后体现出来的是巨大财富的堆砌。明代中晚期文人的园林生活更趋奢华，许多文人为建构理想的世外桃源，不惜耗尽家资，几代经营，一掷千金。以松江人何三畏的芝园为例，根据范濂的记载："何孝廉居恒不治生产，即岁入租税，或四方贤豪有所馈遗，悉以供一园之费。凡良辰佳节，张灯设宴，招诗人社友集于其中，庶几得泉石之趣云。"① 可见，何三畏几乎是用全部的财富来维持园林的各种文化活动。倪元璐虽以清谨闻名于世，但在修建园林上不见清廉作风，以当时价比黄金的徽墨粉饰园亭。祁彪佳的园林以奇石和牡丹展闻名，其耗费钱财之多，使得祁彪佳多次因为建园行为遭遇经济危机。

其次明代中叶以后商品经济及城市文明发达，作为园林文化审美主体的文人的心态和处境都变化颇大。以"山人"来说，他们游走在士商之间。明代中叶以后，由于世俗文化的发达，雅俗之间互相渗透是前所未有，本来作为文人闭门求闲、隔离世俗的园林模式也有所改变。园林虽然在文人的自诩中还是文人退隐闲适生活的象征，是文人和世俗生活隔绝的去处，实际情况却是园林承担了文人大部分的交际功能和娱乐功能，不少名园甚至是主人为争取社会声望、昭显财富所建。园林作为文人交际功能，是文人举行结社雅集的主要场合，是文人各种赏玩活动的中心之一，这点在文人园林是当时戏曲演出的主要场所上可见一斑，其自然需要足够的财力才得以支撑。正是因为园林建设和各种休闲娱乐活动中存在物质财富上的巨大耗费，所以对园林文化的批评

---

① （明）范濂：《云间据目抄》卷五《记土木》，收入《笔记小说大观》第十三册，广陵古籍刻印社 1983 年版，第 127 页。

一直存在。明末清初由于战争的破坏和文人士大夫家族经济的破产，大多在明末兴盛一时的名园都成为明日黄花，其历史地位让位给皇家园林和富商园林。

第二节　作为公共休闲场域的园林

明代中晚期园林多是私人所有，尤其是园林密集的江南地区，园林多为士大夫文人所建私园，集中体现文人求闲隐居的人生意向，是集中展现文人私人休闲的场域。但是值得注意的是，明代中晚期的私家园林以城市园林为主，多修建在城市或者是与城市毗邻的郊区，不少私家园林都会定期向游人开放，是当时市民节庆游玩的主要去处之一。另外，虽然明代中晚期园林的政治功能不显、审美功能突出，但是从园林的休闲文化活动来说，园林是主人交际网络的中心，体现主人的社会诉求，承担了公共休闲的功能和园林主人对外的交际功能。

一　私家园林的开放

明代中晚期不少名园会在节庆之日对外开放。时人对此多有记载："徐少浦名廷课，苏之太仓人。后居郡城为浙江参议。家居为园于封门内，广一二百亩，奇石曲池，华堂高楼，极为崇丽。春时游人如蚁，园工各取钱，方听入。其邻人或多为酒肆，以招游人。入园者少不捡，或折花号叫，皆得罪。以故人不敢轻入。"①可见这个园林虽然对入园有限制，但是在春游季节会定期开放，游客数量可见是比较大的，所以周边有开设酒店来接待游客。而明代中晚期文人也多以向游客开放私园为美事，比如王世贞《题

---

① 《乾隆苏州府志》卷二十七《第宅园林》，江苏古籍出版社 1991 年版。

弇园八记后》中主张开放园林供游客游览："余以山水花木之胜，人人乐之，业已成，则当与人人共之。故尽发前后扃，不复拒游者，幅巾杖屦，与客屡时相错，间过一红粉，则谨趋避之而已。客既客目我，余亦不自知其非客，与相忘游者日益狎，弇山园之名日益著。"[①] 王晫（1447—1521）《看花述异记》中所描写的沈家园林，原是私家别业，但是"远近士女游观者，日以百数"。祁彪佳（1602—1645）的私家园林也是游观的胜地，在祁氏的文集中也提到自家园林几乎都是"游人竟日，士女骈联，喧声如市"（祁彪佳《山居拙录》）的景象。对于游人的纷至沓来，也有不堪其扰的名士，例如钱谦益："拂水游观之盛，莫如花时。祝厘之翁妪，踏青之士女，连袂接袵，摩肩促步。循月堤，穿水阁，笑呼喧阗，游尘合沓，喝之不能止，避之不胜趋也。……楼既成，堤之西东，阁道相望，不能中分游者，而来者滋亦众。"（钱谦益《牧斋初学集》卷四十五）但是也有为吸引游客而用心经营的，以之提高社会声望。如叶梦珠在《阅世编》中记载徐龙兴的桃园，"桃园，在（上海）北郊之东北二、三里，故相徐文定公任子龙兴所辟也。初北郊人传露香园桃种，遂获美利，于是家栽户种，每当仲春，桃花盛开，游人出郊玩赏，不减玄都、武陵之胜。龙兴性朴务质，有圃一区，于其间杂种桃柳，中筑土山，略具园林之致而已，后见游人日盛，而林家夸多斗靡，龙兴不无起胜之意。遂即土山，增高累石，桃柳之外，广植名花"（叶梦珠《阅世编》卷十"居第二"）。可见游园之人的多寡是园主博取社会声望高低的重要手段，也是当时民间奢靡流风、互相夸耀之风所致。不论是钱谦益的无可奈何，还是桃园主人徐龙兴的极力经

---

① （明）王世贞：《题弇园八记后》，收入《苏州园林历代文钞》，上海三联书店 2008 年版，第 248 页。

营，都说明当时私家园林具有向公众有限度开放的性质，部分私家园林成为市民休闲空间的一个重要场域。

私家园林开放还有一个重要表现就是园林文本的大量出现。以祁彪佳来说，其《寓山注》对其私家园林的四十多个景点的不同观看视角有着非常详细的描绘。《越中园亭记》共六卷，除了第一卷是追古，考据从先秦两汉到宋元的史料，后面五卷都是在亲身游历遍览之后的见闻记录，如果当时的园林纯粹是私人休闲空间，作者也不可能对当时的私家园林有这样详细的了解。

二 园林作为社交中心

柯律格指出城市园林的一个主要好处在于"使明代中晚期的精英可以两全其美：一方面可以享受隐士的名誉；一方面却又无需真的放弃靠近都市的生活在文化、社交及安全意义上的种种好处"。[①] 可见明代中晚期园林的功能不只是传统意义上的闭门求闲，而是作为社交中心具有重要作用。汪汝谦《重修水仙山王庙记》中转引王世贞所说："余癖迁计，必先问园，而后居地。以为居地足以适吾体，而不能适吾耳目，其便私之一身及子孙，而不及人。固弇州旷识达语，尚落第二义，予唯以买山购园之赀，莫如点缀名山胜迹，以供同好，毋私园亭，遗累子孙，弇州园今安在哉？"[②] 可见明人对园林和宅邸是有区分的，宅邸是安顿身体、供自己和子孙安顿所用，园林更多的是艺术性的休闲空间，供居游和亲友游览所用，所以有"毋私园林之说"，园林不完全是为私人所有的私人空间，同时具有公共领域的价值。

---

① 转引自［美］杨晓山《私人领域的变形》，文韬译，江苏人民出版社 2009 年版，第 60 页。

② （明）汪汝谦辑：《西湖韵事》，丁氏嘉惠堂影印本，第 2 页。

（一）雅集盛宴

文人园林的重要标志是园林的文化活动。钱大昕（1728—1804）在《网师园记》有讲道："然亭台树石之胜，必待名流宴赏，诗文唱酬以传，否则辟疆驱客，徒资后人咀嚼而已。"① 文人在园中自娱之外，多喜广邀天下清流俊杰，赏析诗文书画，听曲看剧。游园是文人生活的重要部分，在自家园林休闲娱乐和出入他人园林都是文人生活的重要内容。明代文人留下了大量在园林中进行各种文化休闲活动的记录。文徵明和苏州名园拙政园主人王献臣过往甚密，其为拙政园作了大量的诗文图画。另一苏州名园依园也是以其诗酒文会奠定其名园的地位："挥金结客，邑之宿老、诗翁，及四方骚人、韵士，毕延而置之座上，一时诗酒流连之盛，品竹弹丝之胜，声噪大江南北，颜之曰依园。"②

明代中晚期文人结社成风，而结社地点和活动场所多在园林，其诗文唱和经常以园林的名义结集出版。张岱的私家园林不二斋里的"云林秘阁"是当时绍兴枫社的雅集之地。冒襄的水绘园是复社文人宴集之地，陆树德的南园是几社文人往来相聚之地，可见明代中晚期园林除了是文人个人娱情遣怀的地方，还是文人进行文化活动的重要场域，比如顾园："顾园在东郊之外，规方百亩，累石环山，潘池引水，石梁虹偃，台榭星罗，曲水迴廊，青山耸翠，参差嘉树，画阁朦胧，宏敞堂开，幽深室密，朱华绚烂，水阁香生，禽语悠扬，室歌间出，荡舟拾翠，游女缤纷，度曲弹筝，骚人毕集，虽平泉绿野之胜，不是过也。"③

---

① 邵忠：《苏州园林重修记·苏州历代名园记》，中国林业出版社 2004 年版，第 195 页。
② 同上书，第 180 页。
③ （清）叶梦珠撰，来新夏点校：《阅世编》卷十"居第一"，上海古籍出版社 1981 年版，第 210 页。

（二）士商互动

江南园林建造的主体是风雅文人和商人。江南由于商业文化的发达，商人的影响力使得明代初年界限分明的阶级区隔变得模糊，士商之间在文化上的交流尤其频繁，士商之间的社会交往活动的主要场所就在园林。园林文化从审美上来说，可以说是传统文人的雅文化和新兴世俗文化杂糅混合的典型范例。

明代中晚期商业发达，江南城市更是商贾云集。不少富商或是本身就精于文事，或是喜招文士以自重，园林就成为士商宴饮唱和的最佳场所。园林主人也往往以能够召集奇才之士为傲。袁宏道言新安徽商："近益斌斌，算缗料筹者竞习为诗歌，不能者亦喜蓄图书及诸玩好，画苑书家，多有可观。"① 园林中开展的吟诗、听曲、品茗、饮酒等诸多雅事，自然引来四方才俊："性好客，喜游宴。辟园诸池，莳花植竹。一遇客至，未尝不设杯牵斝，悬钟鼓，相共娱乐。人人务得其欢，连夜达曙不罢。居，恒恐客不至，至，又恒恐其不深宴也。"② （茅坤《明故资善大夫礼部尚书兼翰林院学士浔阳董公行状》）

园林的一个重要活动就是邀请文人雅士，甚至是不惜资财给予他们资助、扶持，而部分士人曲家，由于生计，没有财力享有园林之乐，往往寄身富贾豪商之家，以文讨生活。张岱所谓"他人之园亭，一生之别业也；他人之声伎，一生之家乐也；他人之供应奔走，一生之臧获奴隶也"③；沈德符所说"赏识摩挲，滥觞

---

① （明）袁宏道著，钱伯城笺校：《袁宏道集笺校》卷十《解脱集》之三，上海古籍出版社1981年版，第461页。

② （明）茅坤著，张大芝、张梦新点校：《茅坤集》卷三，浙江古籍出版社1993年版，第1136页。

③ （明）张岱：《琅嬛文集》卷六《祭秦一生文》，岳麓书社1985年版，第267页。

于江南好事缙绅，波靡于新安（徽州）耳食"①；王世贞同样提到
"大抵吴人滥觞，而徽人导之"②，说的都是当时扬州徽商亦步亦
趋文风鼎盛的苏州，其彼此之间互动的重要平台莫过于扬州富商
在各自园林中举行的各种诗酒集会。

三 园林与戏曲

明代中晚期戏曲的发展和演变和私家园林的发达有着密切关
系。宋元戏曲就表演艺术来说，主要是通俗文艺的代表，其表演
场所主要是勾栏瓦舍，其风格以通俗为主。明开国以来对戏曲表
演和观看的严格管理，使得盛行于宋元的瓦舍勾栏发展大不如
前。另外由于明中叶以后筑园之风大盛，大多家资殷实的士大夫
文人家中都养有家乐班子，因而文人士大夫观看戏曲的场所很大
一部分都转移到园林中，对于很多文人来说，戏曲是园林文化生
活必不可少的一部分。古典戏曲和园林的密切关系，推动了明代
中晚期戏曲艺术的发展，而园林由于其频繁的戏曲演出，也成为
园林主人构建社会声望和关系网的重要所在。

（一）听曲观剧

明代中晚期士人酷嗜戏曲，戏曲是他们园林生活中不可缺少
的部分。园林是文人顾曲观剧的极佳场所："华堂、青楼、名园、
水亭、雪阁、画坊、花下、柳边，佳风日、清宵、皎月，娇喉、
佳拍，美人歌、娈童唱，名优、姣旦，伶人解文义、艳衣装，名
士集、座有丽人、佳公子、知音客、鉴赏家，诗人赋赠篇、座客

---

① （明）沈德符：《万历野获编》卷二十六"玩具·时玩"，中华书局 2012 年版。
② （明）王世贞：《觚不觚录》，收入《中国野史集成续编》第 26 册，巴蜀书社
2000 年版。

能走笔度新声、闺人绣幕中听。"① 说的是在私家园林的湖光山色中，在诗酒风流中，既可娱情丘壑，又能度曲自遣，避开世俗的喧嚣鼎沸，展现文人特有的闲雅风流，园林顾曲观剧成为明代中晚期文人主要的休闲文化活动自然在情理之中。冒襄："好交游，喜声伎，自制词曲，教家部，引商刻羽，听者竦异，以为钧天叠奏也。"（卢香《冒巢民先生传》）钱谦益《列朝诗集小传》记顾大典："家有谐赏园、清音阁，亭池佳胜。妙解音律，自按红牙度曲，今松陵多蓄声伎，其遗风也。"② 顾起元将"顾曲""阅舞""奏乐"视为"斋中所不废"的三种"雅好"③。张岱认为其父亲"造船楼一二，教习小系，鼓吹剧戏"乃"适意园亭，陶情丝竹"的美妙生活④。祁彪佳寓园中的四负堂、邹迪光愚公园中的蔚蓝堂、冒襄水绘园中的寒碧堂都是以戏曲演出名扬一时。

（二）园林文化和明代中晚期戏曲流变

明代中晚期戏曲的一个重要变革就是代表文人戏曲高峰的昆曲的发展壮大。昆曲的发展和明代中晚期私家园林的发展密切相关。作为展现文人审美心理结构的艺术形式，昆曲"情正而调逸，思深而言婉"的格调和文人园林幽雅静谧的意境极为契合。经过魏良辅改良之后的昆曲，其艺术风格越发雅化，成为典型的阳春白雪，其主要依托园林厅堂的表演方式随着园林文化的繁盛

---

① （明）李流芳：《檀园集》卷九《许母陆孺人行状》，上海古籍出版社 1982 年版。
② （明末清初）钱谦益：《列朝诗集小传》丁集中"顾副使大典"，上海古籍出版社 1983 年版，第 486 页。
③ （明）顾起元：《懒真草堂集》卷 17，收入沈云龙选辑《明人文集丛刊》，（台北）文海出版社 1966 年版，第 1184 页。
④ 邓长风：《明清戏曲家考略》，上海古籍出版社 1994 年版，第 316 页。

名噪一时。园林和昆曲可以说是相得益彰，比起喧嚣热闹的茶楼酒舍，园林的清幽宁静更能够凸显昆曲声腔上的细腻宛转，昆曲的绵长悠扬又为园林的雅致添上一丝风流，风雅蕴藉的江南园林可以说是最合适这幽远明丽的昆腔表演的舞台。

园林和戏曲的密切关系不仅表现在园林文化中的戏曲活动中，而且在戏曲文本中，园林不仅仅是作为物理空间存在，更重要的是借助文本，昭显了文人园林特有的精神气质和境界品格。园林在戏曲中常常被预设为自由情爱的天地。从《牡丹亭》来看，杜府的后花园可以说具有至关重要的作用，正是花园里生机盎然的春光，引发了杜丽娘被压抑的青春律动，花园具有多重隐喻，是青春、至情和情欲的象征。杜丽娘在花园春色的感召下，从代表伦理秩序的闺阁中进入代表自由的梦中花园，从而在梦中花园的指引下，以生命为代价完成对自然生命的追求。

第三节　作为私人休闲场域的园林

古典园林经常被认为是文人理想生活的载体，是文人私人领域的集中体现。学者吴小龙指出："中国的园林艺术，它就是中国文化传统中的士人们给自己营造出来的最休闲的小天地，这里有自然天趣，也有人文蕴涵，有返璞归真的境界，也有孤芳自赏的幽情，在这个精神小天地里，士人们既可以遁世避俗，也可以休闲和思考——隐逸传统和高雅文化都在这儿得到了成全和延续。还有哪一种人工环境，能比中国的园林艺术更给人轻松优雅的休闲生活的享受呢？"[①] 还有学者指出"城市私家园林能代表一

---

① 吴小龙：《试论中国隐逸传统对现代休闲文化的启示》，《浙江社会科学》2005年第6期。

种个体空间，这种空间虽然在物理上仍处于家庭领域之内，但在精神上却可以与家庭领域相分离"①。退居官场，回归园林，对明代中晚期文人来说是从公众领域回到私人领域的重要象征。

一 长日闭门闲

唐宋以来的文人有了一定经济实力之后多喜爱修建园林，以此来寄托情志。明代文人继承了这一理想，他们建筑园林多有在园林世界里建构理想空间的用心，其园林生活自然有隔绝尘世，求得人生逍遥的用心。唐代白居易有"中隐"之说："大隐住朝市，小隐入丘樊。丘樊太冷落，朝市太嚣喧。不如作中隐，隐在留司官。"（白居易《中隐》）"中隐"的最佳去处莫过于园林："十亩之宅，五亩之园。有水一池，有竹千竿。勿谓土狭，勿谓地偏。足以容膝，足以息肩。有堂有亭，有桥有船。有书有酒，有歌有弦。有叟在中，白发飘然。"（白居易《池上篇并序》）"有石白磷磷，有水清潺潺。有叟头似雪，婆娑乎其间。进不趋要路，退不入深山。深山太濩落，要路多险艰。不如家池上，乐逸无忧患。有食适吾口，有酒酡吾颜。恍惚游醉乡，希夷造玄关。五千言下悟，十二年来闲。富者我不顾，贵者我不攀。唯有天坛子，时来一往还。"（白居易《闲题家池，寄王屋张道士》）

白居易所谓的"中隐"完美解决了隐居生活中物质和精神的矛盾。继白居易后，"中隐"成为后世文人的梦想。明代中晚期园林文化和士人的隐逸文化大盛，园林更是成为文人求闲自适的不二选择："安石、摩诘、乐天、子瞻者流，未尝不以世之勋名行业相翱翔而颉颃，而抑未尝不以世之园林声妓相宴酬淋漓乎其

---

① ［美］杨晓山：《私人领域的变形》，文韬译，江苏人民出版社2009年版，第213页。

间者。"①（茅坤《刘南郭先生遗稿序》）家有资财的："世之王公大人，非进而翱翔四方，即退而缔情一壑；不然，且侈心于园林第宅、声色狗马、珊瑚纨绮者以终其身。"②（茅坤《万卷楼记》）也有简单素朴的："洁一室，横榻陈几其中，炉香玄跟，萧然不杂他物，但独坐凝想，自然有清灵之气来集我身。清灵之气集，则世界恶法之气，亦从此中渐渐消去。"③

园林的高墙不只是在实体上隔离城市的喧嚣，同时也是审美上的间隔。文人通过艺术化了的园林生活，提升生活的审美品格，隔离对功名利禄的追逐。钱谦益官场受挫后修建拂水山庄，在《藕耕堂记》中自述曰："山林朋友之乐，造物不轻予人，殆有甚于荣名利禄也。"申时行卸任首辅一职后，归隐自建"乐圃"，赋诗言志："栖迟旧业理荒芜，徙倚丛篁据槁梧。为圃自安吾计拙，归田早荷圣恩殊。山移小岛成愚谷，水引清流学鉴湖。敢向明时称逸老，北窗高枕一愁无。"可见文人借园林生活隔离世俗烦扰，以此来获得主体真正的精神自由，在通过园林休闲构建出来的隔离空间中书写清逸脱俗的人生理想。园林实际上是一个理想的审美空间，园林中的种种陈设布置体现的是园林主人渴望摆脱尘世烦恼、回归真我的愿望。正是因为这样的审美理想，中国的古典园林文化喜欢在不大的园林空间中叠构出酷肖逼真、意态万千的山石池水，以期能够满足士人亲近自然的精神需求。

---

① （明）茅坤著，张大芝、张梦新点校：《茅坤集》卷二十，浙江古籍出版社1993年版，第469页。

② 同上书，第616页。

③ （明）李日华：《六研斋三笔》卷四，《文渊阁四库全书》子部杂家类，第867册，上海古籍出版社1989年版，第724页。

二 以明得志

明代中晚期文人之所以对园林有着近乎痴狂的爱好，其中一个重要原因在于心学发展对个性的解放。明代中晚期文人对生活的认知显然已经发生了不小的变化，不少文人甘愿以布衣终老，放弃对仕途经济人生的追求。园林对于他们来说，不仅是政治上的暂时归隐地和道德上的修持场，更重要的是园林生活所代表的当下的快意人生。园林对文人来说不只是一个物理空间的存在，还是一个精神空间的存在。在这里，文人能够自在快意的宣泄情感，可以充分地让感官获得最大限度的快感。明中叶以后，对于园林中诗酒风流、声色犬马的奢靡生活，文人少有道德上的负疚感，反而是明目张胆进行鼓吹，以之为人生真乐所在，所以明代有痴癖的文人特别多。明代中晚期文人正是将个人的意趣生命投射在功名道德之外的美感世界，借此来实现个人生命的完整。明代中晚期文人对各种殊癖的推崇，体现了文人对自我的极端标榜，将其视为真气与深情："人无癖不可与交，以其无深情也；人无疵不可与交，以其无真气也。"①（张岱《五异人传》）"嵇康之锻也，武子之马也，陆羽之茶也，米颠之石也，倪云林之洁也，皆以癖而寄其磊块俊逸之气者也。余观世上语言无味面目可憎之人，皆无癖之人耳。若真有所癖，将沉湎酣溺，性命死生以之，何暇及钱奴宦贾之事。"②（袁宏道《瓶史·好事》）这是明中叶以后特殊的政治经济文化环境孕育出来的文人对生命的多元选择。园林作为私人领域的重要所在，包容了文人在正统人生之外的多元价值选择，园林文化本身也成为一个特殊的记忆符号，承

① （明）张岱：《琅嬛文集》卷四，岳麓书社1985年版，第175页。
② （明）袁宏道：《袁中郎随笔》，中央书店出版社1935年版，第6页。

载了明代中晚期文人特殊的价值追求和人文意蕴。

三　富贵闲人

明代初年，严酷的政治生态和有限的经济实力使得文人的私家园林多是宅院外的小园小院，规模都不大。就其选址来说，多是在郊野和山野湖畔，或者是园田合一。谢应芳《野人居记》记述了谢应芳好友吴中行的湖滨野处，"淞江之滨，桑麻之野，萧然一室"，王行《蜕窝记》说："家辟一室，方不逾寻丈，扁曰'蜕窝'。"① 在意境经营上，由于规模有限，多是采用借景造园，这一方面是对传统园林审美文化的继承，另一方面不得不说是受制于世道，文人造园只能在借景上下功夫，因此明初年大部分私家园林都是自然园，虽然体量小巧，却因为巧妙的借景生情，而呈现出疏朗扩大的自然韵致，园林中可以一览青山绿水、风烟林壑，真正是"寒光霁色满湖山"。园林的题名上也显示文人向传统园林审美趣味的回归。这个时候的园林主人大多是有志于躬身耕读的高洁之士，其园林题名多是要含蓄表达文人隐身山野的高风亮节，所以或是从稼穑、渔猎、耕读、修身、养亲等方面选题立意，或是以菊、梅、松、竹等植物主题来象征其高远志向。

耕读也是园林的重要作用。当时不少园林都是有生产性质的。沈周家境殷实，其颇为享受自家园林的耕稼之乐："近习农功远市哗，一庄沙水别为家。墙凹因避邻居竹，圃熟多分路客瓜。"（沈周《乐野》，《石田诗选》卷七）沈周的"有竹居"在城郊，有天然从事农耕的优势。不少建在土地稀缺的城市中的园林，文人也以能在园里躬耕为乐。比如吴宽的东庄划出很大一部分种植粮食和瓜果；刘廷美的小洞庭环绕园内假山遍植橘柚，是

---

① （明）王行：《半轩集》卷4，见《四库全书》第1321册，第340页。

谓"橘子林";钱孟浒的晚圃"橙黄橘绿，畦蔬溪荇，高者可采，下者可拾"（王轼《晚圃记》）。徐季清的先春堂也是山中园林，其园中所出："足以自养"，园主人："琴书足以自娱，有安闲之适，无忧虞之事，于是乎逍遥徜徉乎山水之间，以穷天下之乐事"（徐有贞《先春堂记》，《武功集》卷三）。

伴随着社会经济和市民文化的复苏，正德、嘉靖间，园林文化开始进入全盛时期，园林文化的兴盛甚至使园户成为当时百工匠的一种。这个时期的园林文化无论是从规模、建筑构造还是审美风格上都有了很大变化。首先是这个时候的园林大多是城市园林，其选址多在城市中或者是交通方便的城郊。以当时园林文化发达的苏州来说，居宅建园是苏州富有市民的普遍追求。当时富人家在园林筑造上投入巨大，并且互相攀比，甚至是圈占岛屿，就地建园；一般的市民小户，财力虽然不足，不能大面积造园，但也要想办法建一个小院，种上花草，摆上盆景。当时社会对筑造园林的热爱，使得大量农人变为花园匠，专门从事园林里面的堆石垒山、花木种植工作，以至于苏州这座古城可以说是一个巨大的城市花园。

白居易的"中隐"说对明代中晚期文人影响很大。不少文人都以"中隐"为人生目标，加上当时政治上不像明初年一样严酷，文人更渴望在繁华的城市实现"大隐隐于市"的理想。江南文人和城市文化历来有着密切联系。他们对休闲审美生活的重视，使得他们将市隐变成一种普遍的休闲人生模式。丘濬《市隐》直白道来："静闹由来在一心，市廛原不异山林。稽疑聊卖君平卜，货殖能营子贡金。九陌尘埃从滚滚，一帘风月自沉沉。闲中却笑终南隐，云树重重有客寻。"这是文人在观念上实现了从抱道固隐到守道以心的转变。

晚明世风日渐喧嚣，从明代中期开始的奢华之风在这个时期发展到了颓靡的地步，整个社会对财富、享乐、欲望开始了毫无节制的追求。这个时期的园林文化不但抛弃了明初对雅正文化精神的追求，也撕去了文人所谓"中隐"的遮羞布，园林成为文人纵情声色、角逐名利的重要地方，末世之习泛滥。园林文化的耕读和隐世传统消退，园林成为世人纵乐享受的中心。园林建造在规模和数量上进入全盛时期。仅就苏州一个地方来说，在《苏州历代园林录》中，魏嘉瓒先生罗列了晚明新造园林一百三十多处，其中苏州古城及吴县、长洲的新造园合计约四十四处，而昆山、太仓两地的新造园合计五十一处，此间常熟、吴江、松江等地还有新造园四十余处。尽管这些数据谈不上精确翔实，但是足以反映当时苏州及其下设县邑在园林筑造上的繁荣状况。在审美境界的追求上，园林作为隐居文化的符号显然已经名不副实，在审美理想上，园林的富贵气象要承载的不是传统的雅正道德气象，其审美趣味已经深度世俗化。

一是铆足全力的内部装饰。园林文化的各个方面都呈现出繁复的华丽效果：造景上的密集、华丽高大的园内建筑、华丽繁复的装饰、奇异名贵花草树木的种植移栽等，都是需要大量资金投入才能达到的，其背后浸染的是明人浓烈的物质欲望。例如明末戏曲家汪廷讷的环翠堂，前后费时七年之久，园中景点布置有一百多处，可见其规模和财力投入的巨大。

二是追逐声名。这主要体现在重金礼聘名人作题记，遍寻刻工图绘，以求向公众展示声名和财富。以环翠堂来说，在园林主体落成之后，汪廷讷广邀当时的文化名流为其作题记，包括顾起元、朱之蕃、陈所闻、袁黄等，后来这些应酬性质的传记和赞颂结集出版成《环翠堂华衮集》。汪氏组织绘制《环翠堂图景》，以版画的形式面世并公开发行。可见园林主人虽然借助所谓耕读隐居来立名，但是实际上园林是他们用来附庸风雅、博取声名的工具，是他们展示个人名望，炫示个人财富的绝佳媒介。园林主人与其说是耕读的隐士，不如说是市井俗世的富贵闲人。

文人园林传统上确实是以表达隐逸志向为主，但是修建园林本身就是所费不赀之事，何况明代中期以后，大量富商缙绅加入园林之好，园林文化成为奢靡风气的代表之一，园林也成为时人博取声名、炫耀财富的极好工具。时人对园林楼阁的汲汲以求，何尝不是对世俗名利追求的一部分，尽管文人在园林小品中喜欢标榜林下之风。对于文人在园林文化上的矛盾心态，一生痴迷园林的祁彪佳有一段自述很能代表当时文人的矛盾心理："予之所以切于求归者，夫岂真能超然自得、可以芥视轩冕乎？不过以乌写之私，欲修庭阑菽水之欢。而且于定省之暇，寻山问水，酬觞赋诗，一洗年来尘况耳。就此闹热场中，欲寻清凉境界。是则厌动喜静之常，不可与洒脱无累者同日而语。乃初尤谓与世之营名逐利者，或稍异其趣也。……及读王文成语……以是知虽非营于名、逐于利，而求闲求静，总为嗜欲所牵，其营营逐逐一也。又况名利之根，隐隐盘踞，窃恐有触而发，更无物以相胜之，则亦举其生于汩没而已，可不悲乎？予之所以为快者，正予之所以为愧者也。①"祁彪佳还有不少表达深切反省意味的言论，对于其集毕生心力修建的寓山别业，有一个重要建筑被他命名为"四负堂"，即名自"负于君、亲、己、友"之意，即是对自己沉湎歌舞园林光景的忏悔。祁彪佳的自我反省不可以完全说是矫情，但是不可否认的是，在深切忏悔的同时，祁彪佳本人对于园亭之事

① （明）祁彪佳：《远山堂文稿》，《续修四库全书》，上海古籍出版社 2002 年版，第 275 页。

的痴迷从未停止，这正是明代中期以来尤其是晚明文人在审美上的矛盾所在，文人园林及其思想的旨趣本是要清心养气，继承隐逸文化传统，但是对物质文化的过于投入使得他们在思想和行为上陷入悖论之中。

第四节　园林与艺文活动

园林是文人开展各种艺术文化活动的重要场所，尤其是在文化艺术极为昌盛的江南地区，文人的筑园之风和风雅之好紧密关联，因此和园林文化一起发展的是以园林为轴心的文人文化。如果说园林为文人的休闲审美文化理想提供了极好的活动场域，园林中开展的各种艺术文化活动则赋予了园林文化文人的审美精神和理想，以至于园林及其文化休闲生活成为文人的精神归属，所以文人何良俊会自言："吾有清森阁在东海上，藏书四万卷，名画百签，古法帖鼎彝数十种。弃此不居，而仆仆牛马走，不亦愚而可笑乎？"[1]

一　园林文学

明代中叶以后，政治黑暗，不少致仕文人选择回乡隐居，过着闲居生活。这一时期的文人园林大多是文人亲自参与设计、营造。在园林中从事著述、整理文献成为不少文人休闲生活的主要内容。园林修建好之后，往往要邀请文人作诗题字绘画以为庆贺，与园林相关的著述在明代中叶以后大增。与园林相关的文学大致可以分为两种。一是与园林相关的小品和笔记，这部分作品

---

① （明末清初）钱谦益：《列朝诗集小传》丁集上《何孔目良俊》，上海古籍出版社1983年版，第450页。

大多是园林的游记和杂咏，常常是在精微细腻的状物写景中抒情叙事。明代园林小品的名家众多，具有代表性的有邹迪光、刘侗、祁彪佳、陈继儒、王世贞等。陈继儒一生中的绝大部分时间都在其修建的东山草堂中隐居。在晚明的筑园之风中，虽然东山草堂在园林景致算不上名园，但是在园林艺术和园林文化思考上，陈继儒留下了不少关于园林的思考，大多记录在其笔记小品中，代表作有《小窗幽记》《岩幽栖事》等。王世贞（1526—1599）的弇山园的修建前后历经二十年，弇山园从设计到修建可以说耗费了王世贞后半生的大半时间和金钱，以至于"盖园成而后，问囊则已若洗"①（王世贞《题弇山八记后》）。王世贞对于弇山园有着非常深厚的感情，留下了关于弇山园的大量文字资料，其中就专门为弇山园写的《弇园杂咏》就有七十多首。在他的《弇州续编》中，有大量的园林小品，包括《弇山园记》（八篇）、《题弇园八记后》等，全面而完整的记载了弇山园各个时期的风貌。祁彪佳撰写了《越中园亭记》和《寓山注》。《寓山注》极为详细的描绘了他的私人园林的每一座亭台楼榭。《越中园亭记》则是祁彪佳游历当时江南的百座园林所作，对于江南园林研究有重要的史料价值。

园林小品的主题大多没有关于园林奢靡生活的焦虑。由于大多是文人园林生活的记载，其中虽然还是有不少应景之作，但是由于是园林休闲的结果大多是指向自我，载道的文字比较少，更多是文人在日常生活中对美和生活本身的感悟，可以说是文人情感的自然流露，在文字和情感上雕琢和矫饰的成分不多。文笔大多简洁雅致，富有生活的真实美感，园林小品大多是园林主人审美理念的体现。

① 王稼句编：《苏州园林历代文钞》，上海三联书店 2008 年版，第 247 页。

二是关于园林文化的综合性的赏鉴类书，大多是专著性质，这是中国古代园林文化在明代中晚期进入集大成时期的重要标志。最具有代表性的是计成的《园冶》，专门讲述园林的设计和建造，侧重对造园方法的技术性解读。其他的还有，文震亨的《长物志》、高濂的《遵生八笺》、屠隆的《考槃馀事》、李渔的《闲情偶寄》等都是对园林及园林生活的综合性书写，尤其是对园林中的建筑、花木鸟禽、家居装饰、器物古玩等的集中书写是以前从来没有过的。屠隆的《盆玩品》《金鱼品》、王象晋的《群芳谱》、顾元庆的《十友图赞》、张德谦的《瓶花谱》等主要偏重介绍园林中的园艺文化，这些作品在某种意义上来说是园林知识的科普性质的介绍，不过在当时大多也是作为小品笔记来阅读。这类具有科普性质的类书的大量出现可以说是当时文人以园林为中心开始的对生活美学的建构的集中体现，这意味着文人在审美实践上的极大开拓。

二 墨迹图绘

明代开国崇尚简约之风，园林建筑和园林装饰都是极为简约。明代中叶以后，奢华之风骤起，纲纪伦常迅速败坏。明代早年私人园林尤其是文人园林，为了保持素朴之风，一般是不雕不饰。明代中叶以后，整个造园风气向着奢华发展，本来只是在皇家园林中常见的雕梁画栋，现在在一般的私家园林中也成为常见之景。袁宏道《园亭记略》道："近日城中惟荸门内徐参议园最盛，画壁攒青。飞流界练，水行石中，人穿洞底，巧逾生成。幻若鬼工，千溪万壑。"同样是对徐氏园林的记载，王世贞："辟崇堂五楹，雄丽若王侯。前为大庭，庭阳广池。"（王世贞《游吴城徐少参园记》）可见当时的园林建筑以及造景上的密集繁缛。

不仅是园林内部的雕刻彩绘艺术得到很大发展，这一时期园林记游画也成为传统文人山水画的重要部分。书画的消费是园林文化的重要部分，文震亨强调说，园林要"陈金石图书"，才能够"令居之者忘老，寓之者忘归，游之者忘倦"（《长物志》卷一）。加上江南名园在建造的时候，大多要延请当时著名的画家来设计，在建成以后，园林主人喜欢请画家图绘园林及园林的生活场景。明代中叶以后，关于园林绘画的题材大量增加。江南文人画家大多和园林文化有密切关系。例如，仇英的《桃村草堂图》、文徵明的《拙政园图册》、《东园图》、沈周的《东庄图》、《虎丘图》、文伯仁的《石湖清胜图》、钱谷的《求志园图》等都是典型的园林记游图。比起元代的文人山水来说，因为是纪实性质的园林画，写实风格开始突出。以文徵明《东园图》来说，其以细笔手法十分精细地表现园林中的假山、小径、流水、竹林，更主要的是其对书斋中的几案什物的描摹十分写实，上面的陈设书具清晰可辨，其写实性刻画称得上是细致入微。这样的实景描摹在宋元文人山水画中是非常少的，尤其是元代山水多追究画面的留白效果，是不会用这样写实的工笔手法的。尽管明代的不少名园因为战火缘故不复存在，但是根据当时的各种图绘，今人可以复原当时不少著名园林的基本面貌，这不得不归功于当时园林绘画上的写实风格。

明代园林文化在江南发展的另外一个变化是家族性园林的发展。一个园林的修建完成常常是几代人努力的结果。苏州著名的拙政园、东园、留园、太平山庄等都属于当时太仓的徐氏家族；王世贞家族在昆山和太仓形成了一个规模极大的园林群；申时行家族据说家族性园林有八处，而申时行和徐氏家族关系密切，申时行曾经被过继给徐氏，在状元及第后才改回申姓。① 申时行（1535—

① 相关论述参见魏嘉瓒《苏州古典园林史》，生活·读书·新知三联书店 2005 年版，第 148 页。

1614），明代名臣，嘉靖四十一年（1552）状元，在万历十一年（1583）出任首辅，八年后致仕回乡，余生未曾复出。江南园林在建造上的家族性质，使得园林在规模上和内部的装饰上都更为奢华繁复，突出表现之一在于园林内的楼阁亭榭大为增加，和这一变化同时出现的是园林内的图绘和墨迹的极大丰富。江南文风鼎盛，园林主人以能够得到当世文学名家的墨迹为荣，这也是江南名园一景。名家的题额与楹联往往是园林主人以及其代表的家族高雅品格的象征。例如万历东林清流王心一的归田园居，现在归于拙政园。根据王心一的《归田园居记》①来看，其园林景观密布，有明确题名的景点有五十余处。王心一本人是丹青能手，作为东林清流的骨干力量，在江南文坛可以说颇有影响力，为其园林书写题额的多是当世的书画名流。

三　博古清玩

　　园林是文人进行雅集清赏的主要场域，文人之间的清玩互动活动也多是在园林中进行。在园林中举行博古雅集在元代尤其是元代末年曾经盛行一时，此种风气在明代初年迅速衰微，一直到明代中叶以后，这一风气才开始在园林文化中复苏，在明代末年达到极盛。关于文人雅士醉心博古清玩在明代文人留下的文字中比比皆是，其中高濂有一段经常被引用的文字，说的就是园林文化中的博古清玩之好。"左右列以松桂兰竹之属，敷纡缭绕。外则高木修篁，郁然深秀。周列奇石，东设古玉器，西设古鼎尊罍，法书名画。每雨止风收，杖履自随，逍遥容与，咏歌以娱。望之者，识其为世外人也。"（高濂《遵生八笺·起居安乐笺》上卷"清秘阁、云林堂"条）不仅对清玩雅好的外在环境有要求，就

---

　　①　参见王稼句编《苏州园林历代文钞》，上海三联书店 2008 年版，第 46 页。

是对清玩古物在斋室中的摆放也大有讲究。文震亨的《长物志》卷十命名为"位置",说的就是如何在室内合理摆放各种清玩时器,说的是,"位置之法,繁简不同,寒暑各异,高堂广榭,曲房奥室,各有所宜,即如图书鼎彝之属,亦须如设得所,方如图画。云林清秘,高梧古石中,仅一几一榻,令人想见其风致,真令神骨俱冷。故韵士所居,入门便有一种高雅绝俗之趣。若使堂前养鸡牧豕,而后庭侈言浇花洗石,政不如凝尘满案。环堵四壁,犹有一种萧寂气味耳"。李渔在《闲情偶寄·器玩部》中也有"位置篇",专门来讲文物摆设的原则。李渔得出来的结论是只有精于此道,方为"雅人君子"。从而我们也就知道了文震亨、李渔等人对园林清玩及其陈设艺术的热爱,归根到底是希望能够营造展示文人独特审美意趣的氛围和意境。所以《长物志》沈春泽序文说得好:"夫标榜林壑,品题酒茗,收藏位置图史、杯铛之属,于世为闲事,于身为长物,而品人者,于此观韵焉、才与情焉。"文人对园林,对园林清玩等"长物"的热爱最终是希望在审美中完成对理想人格的追求,在赏鉴品物中区隔雅俗,展示才情修养,标举理想追求。同样是沈春泽在《长物志》序中讲到的:"挹古今清华美妙之气于耳、目之前,供我呼吸,罗天地琐杂碎细之物于几席之上,听我指挥,挟日用寒不可衣、饥不可食之器,尊逾拱璧,享轻千金,以寄我之慷慨不平,非有真韵、真才与真情以胜之,其调弗同也。"

园林文化中的博古清玩一方面体现文人在园林休闲中对雅趣的审美追求,另一方面也是园林文化世俗化的重要体现。事实上,明代清玩文化的商业化色彩已经比较浓厚。作为财富的象征,清玩不仅仅是文人寄托情志的雅玩,其作为商业投资的意义也是其受到广泛欢迎的重要原因。袁宏道在《瓶花斋杂录》中讲道："所谓五谷不熟不如稊稗者也。近日小技著名者尤多，然皆吴人。瓦瓶如龚春，时大彬，价至二三千钱。龚春尤称难得，黄质而腻，光华若玉。铜炉称胡四，苏松人，有效铸者皆不能及。扇面称何得之。锡器称赵良璧，一瓶可值千金，敲之作金石声，一时好事家争购之，如恐不及。其事皆始于吴中狃子，转相售受以欺，富人公子动得重资，浸淫至士大夫间，遂以成风。"可见，当时的时器都已经成为市场上玩家炒作的商品了，数量有限又不具备再生性的文物古董更是奇货可居了。

　　同时，园林作为社交活动场域的功能和意义在明代中叶以后大为增加，园林中大量修建楼阁、密集各色清玩时器等，都显示园林作为公共场域的意义开始突出。园林在审美趣味上世俗化味道越来越重，在琳琅满目的清玩陈设中，世俗物欲的气息愈加浓厚。沈德符讲道，"嘉靖末年，海内宴安，士大夫富厚者，以治园亭、教歌舞之隙，间及古玩。如吴中吴文恪之孙，溧阳史尚宝之子，皆世藏珍秘，不假外索。延陵则嵇太史应科，云间则朱太史大韶，吾郡项太学锡山、安太学、华户部辈，不吝重赀收购，名播江南。南都则姚太守汝循、胡太史汝嘉，亦称好事。……吾郡项氏，以高价钩之，间及王弇州兄弟，而吴越间浮慕者，皆起而称大赏鉴矣。近年董太史其昌最后起，名亦最重，人以法眼归之，箧笥之藏，为世所艳。山阴朱太常敬循，同时以好古知名，互购相轧。"[①] 文人阶层在财富上自然无法同达官贵戚和富商巨贾相比肩，所以对文人来说，强调博古清玩本身的赏玩和鉴赏价值具有特别意义，掌握博古清玩鉴赏上的审美品位价值导向，标榜文人阶层特有的审美趣味，强调清玩文物的文化和艺术价值，推崇古物的典雅、古朴和脱俗，是文人在园林休闲及其相关的文化

---

① （明）沈德符：《万历野获编》，中华书局 2012 年版，第 654 页。

休闲活动中希望能够展示的审美诉求，所以陈继儒会强调，"文房供具，借以快目适玩，铺叠如市，颇损雅趣。其点缀之注，罗罗清疏，方能得致"。① 文震亨在《长物志》里面也反复强调适宜的原则，实际上都是要和世俗的审美风尚区隔开来。

四　泉石之癖

明代中叶以前，经济发展水平有限，江南园林少有堆砌山石，有的园林甚至没有假山。比如沈周的有竹居，钱孟浒的晚圃、杜琼的如意堂等，都少有叠山理水。明代中叶以后，叠山成为园林造景的必要元素，以至于从事叠石造山的工匠成为当时极为受欢迎的工种之一，可见当时垒石筑山在园林建造中广受欢迎。计成《园冶·掇山》，讲的就是如何垒石成山、如何以各色奇石来造景。《园冶·选石》，则专门论述石头本身的优劣，其中列举的譬如太湖石、昆山石、宜兴石、龙潭石等，就多达十六种，可见奇石文化在当时的发展。李渔的《闲情偶寄·居室部·山石第五》也有专门讲山石以及山石在园林中的运用。

事实上，宋元以来奇石文化一直是园林文化的一部分，但是由于古代运输石料只能靠舟船，如果是体积巨大的奇石，就更是非常耗费人力和财力，所以在宋元时期，假山和奇石都只是文人园林的一个很小的部分，往往是独石成峰，或是零落散布在亭榭和花木之中，以示点染之意。明代中叶以后，山石艺术在园林文化中得到不小发展，山石的使用不仅在数量上大为增加，甚至出现以奇石筑山的豪奢之举。要知道，要大量的用山石垒成山峰，是需要巨大的人力和财力才能实现的。明代园林绘画中经常出现蕉石组合，也从侧面反映了山石是当时园林设计的主要手法之

---

① （明）陈继儒：《小窗幽记》，上海古籍出版社 2000 年版，第 101 页。

一。对于园林建造上的这一奢华过度，谢肇淛在《五杂俎》中有过批评："王氏弇州园，石高者三丈许，至毁城门而入，然亦近于淫矣。"① 徐氏家族的园林由于大量使用石材，不但堆叠假山，而且直接在平地以石材累砌成峰，以至于当时人们用"假山徐"称呼这个家族。周秉忠是当时著名的造园大师，他也是假山制造高手。他在为归湛初建造园林时，就大量使用石材堆砌假山石洞。袁宏道在游历东园的时候，有记载周秉忠为东园所建石壁，"徐冏卿园在阊门外下堂，宏丽轩举，前楼后厅，皆可醉客。石屏为周生时臣所堆，高三丈，阔可二十丈，玲珑峭削，如一幅山水横披画，了无断续痕迹，真妙手也"（袁宏道《园亭纪略》）。江南园林虽然多是城市园林，在审美上讲究自然天成，但为了营造自然野趣，山和水的营造就不能少，所以王心一建归田园居，虽然立志是要回归田园，但也大量用了造价不菲的太湖石筑峰，"东南诸山采用者湖石，玲珑细润，白质藓苔"，"西北诸山，采用者尧峰，黄而带青，质而近古"（王心一《归田园居记》）。

文人园林闲居的最初审美动机主要是传统的隐居求志，是政治伦理人生之外对自我精神世界的建构，是审美追求的外化。文人在文字书写和心志表现上常常是要强调对自然和传统的古雅之韵的追求，但是在园林主人的奇石堆山的热爱中，我们很难将文人对山石赏玩的热爱，单纯归为对审美追求的外化。文人在道德洁癖和享乐夸炫中难以回避的是传统审美价值和逸乐文化之间的矛盾。传统园林文化讲究简朴，讲究和自然的亲近，讲究自然天成，人工雕琢的部分不多。传统文人对于物质占有本身是忌讳的。江南文人对造园的热爱，常常是举家族之力，耗费毕生时间，这已经不再是单纯可以用寄托情志来辩解其园林之好。部分

---

① （明）谢肇淛：《五杂俎》，上海书店出版社 2009 年版，第 56 页。

文人对于在园林上的耗费时光，在享乐上的沉湎是有所觉醒的。祁彪佳自认有"泉石之癖"，造园、游园成为其生命中不可分割的一部分。对于自己举毕生财力和精力，花费数十年时间修建出来的人间富贵场，他不是没有反省。在《寓山注》中他就有忧心："自有天地，便有兹山，今日以前，原是培塿寸土，安能保今日以后，列阁层轩长峙乎岩壑哉？成毁之数，天地不免。"晚年在国破家亡之时，更是痛悔："而翁无大失德，唯耽泉石，多营土木耳。昔文信国临终贻书其弟，瞩以所居文山为寺。吾欲效之，汝当成吾志。"① （祁彪佳《年谱》）作为文人反省的结果，还有文人开始用文字在纸上想象园林。代表作为黄周星的《将就园记》，刘士龙的《乌有园记》。纸上园林实际是希望重新从物质的世界真正进入精神的天地，强调对园林文化传统审美的回归。

---

① （明）祁彪佳：《祁忠敏公日记》，祁氏远山堂抄本影印本。

第五章

明代中晚期清赏文化及其休闲审美意识

　　清赏文化之盛可以追溯到宋代，其代表人物是欧阳修、米芾、李清照、赵明诚、宋徽宗等。欧阳修举十年之功完成《集古录》，南宋赵希鹄《洞天清录集》大概是赏玩文化的最早文献。宋元遗风在明代初年由于统治者的强力约束趋于消停。明太祖将前朝覆灭归于奢侈之风的盛行："古之帝王之治天下，必定礼制以辨贵贱、明等威，是以汉高初兴，即有衣锦绣绮縠、操兵乘马之禁，历代皆然。近世风俗相承，流于僭侈，闾里之民，服食居处，与公卿无异；而奴仆贱隶，往往肆侈于乡曲。贵贱无等，僭礼败度，此元之失政也。"① 所以明建国伊始，太祖对社会各阶层的生活器物的使用做了非常详细的规定，在国家意志的强行推动下，器物使用的礼仪等级功能空前强化，宋元器物文化中的奢靡之风自然暂时被压制。

　　明代中期以后，以江南地区为中心，城市商品经济发达，社会风气逐渐趋向奢靡，城市休闲文化发达，文人名士聚集，宋元

---

　　① （明）姚广孝等修：《明太祖实录》卷55，台北"中央研究院"历史语言研究所1962年校印本，第1067页。

遗风再起，文人热衷文玩时器，追逐时尚，将人生价值和意义定位在书画文玩、器物把玩品鉴上。受明代中晚期心学的思想解放思潮影响，他们摆脱了"君子不器""不役于物"等传统观念羁绊，在文玩鉴赏和器物文化的发展实践中投入大量精力，使得明代中晚期文玩器物文化在宋元基础上，无论是在实践上还是在理论上都达到一个新的高度。

一是所涉范围之广前所未有。高濂在《遵生八笺》中谈道："遍好钟鼎卣彝，书画法帖，窑玉古玩，文房器具，凡可加以玩弄、鉴赏的，均数纳入"，可见当时文人赏玩的范围是十分广泛的。市场上关于文玩器物的鉴赏类书籍大量出现，仅《四库全书总目》所辑录的就多有20余部，其中为后世所熟知的包括高濂的《遵生八笺》、袁宏道的《瓶史》、文震亨的《长物志》、计成的《园冶》、屠隆的《考槃余事》《起居器服笺》《山斋清供笺》《文房器具笺》、卫泳的《枕中秘》、陈继儒的《妮古录》、谷泰的《博物要览》等，这些著作以前所未有的笔法细腻展示文人日常生活起居，其对各式生活用物的描写铺陈是如此精致细密，以至于今天我们完全可以将其复制出来。晚明出版商毛晋编辑出版的《群芳清玩》，辑录从梁到明的清玩笔记，其中大半是明人所作。关于清赏文化的笔记小品成为明代小品文的一个重要类别，吴承学的《晚明的清赏小品》对明代中晚期的清赏小品有比较详细的描述。

二是雅俗共赏。文玩器物在正统知识分子看来是在文人雅士中小范围流传的雅事，但是当它在民间成为消费热潮时，就引起了他们的注意和担忧："细木家伙，如书桌禅椅之类，余少年曾不一见，民间止用银杏金漆方桌。自莫廷韩与顾宋两公子，用细木数件，亦从吴门购之。隆、万以来，虽奴隶快甲之家，皆用细器。而徽之小木匠，争列肆于郡治中，即嫁装杂器，俱属之矣。纨绔豪奢，又以楛木不足贵，凡床厨几棹，皆用花梨、瘿木、乌木、相思木，与黄杨木，极其贵巧，动费万钱，亦俗之一靡也。尤可怪者，如皂快偶得居止，即整一小憩，以木板装铺，庭蓄盆鱼杂卉，内列细棹拂尘，号称书房，竟不知皂快所读何书也。"①

　　显然，他们认为做工考究的家具、文房清玩本来应该是在少数圈子里流传的雅事，作为文人特殊精神需要的展示，显然和百姓日用是不相关的。清玩古物在市井平民阶层的流转，在某种意义上是对礼制的威胁。知识分子对民间玩物文化兴盛的担忧从另一个侧面说明当时文玩器物作为社会消费时尚在民间的流行。

　　古董清玩市场的商业化程度在当时已经达到相当高的水平。明代中晚期清赏文化发达的背后是发达的商业文化。清代钱泳就讲道："收藏书画有三等。一曰赏鉴，二曰好事，三曰谋利。"②明代中晚期的艺术文化市场在当时就已经有相当规模，与之相关的鉴赏文化市场也是高度发展，文玩器物市场的商品化和世俗化趋向越来越明显。文玩器物除了承载文人自我表达和品位诉求以外，作为财富符号的价值也是其获得发展的重要原因。明代中期以后发达的商品经济，带动整个文化商品需求的发展。大量文人进入文化消费市场进行商业活动，包括当时的一些以名士自居的大学问家。"吴门"艺术家为雇主作画写字换取报酬相当普遍。即使像沈周、文徵明这样家境不错的大名家，也经常出售诗文书画，至于唐寅、祝允明等人对于买画卖画这样的商业行为更是已经习惯，画家顾正谊、钱谷、王文衡等，都是当时著名的插图版

---

① （明）范濂：《云间据目钞》卷二，广陵古籍刻印社1983年版，第111页。
② （清）钱泳：《履园丛话》，中华书局1997年版，第261页。

画的绘稿者。

第一节　明代中晚期清赏文化的发展及其特征

清赏文化是文人闲暇文化的重要组成部分，历来这一文化审美趣味的领导权毫无争议在文人阶层。但是由于商业化和市场化的发展，明代文人阶层的文化特权受到了挑战，其中表现比较突出的就是清赏文化。因为清赏文化背后的财富流动，新兴的商人阶层利用手中的财富的力量进入这一领域，这一方面促进了清赏文化的世俗化发展，另一方面，促使文人阶层强化雅俗的审美趣味上面的区隔来对抗新兴的财富阶层的挑战。

一　各任其性，寄情于物

总的来说，明代中晚期文人的玩物文化没有脱离宋代定下的审美格调，在赏玩中提升精神的境界和层次："心无驰猎之劳，身无牵臂之役，避俗逃名，顺时安处，世称曰闲，而闲者，匪徒尸居肉食，无所事事之谓，俾闲而博弈、樗蒲，又岂君子之所贵哉？孰知闲可以养性，可以悦心，可以怡生安寿，斯得其闲矣。余嗜闲，雅好古。稽古之学，唐虞之训；好古敏求，宣尼之教也。好之，稽之，敏以求之，若曲阜之岛、岐阳之鼓、藏剑沦鼎、兑戈和弓、制度法象，先王之精义，存焉者也。岂直剔异搜奇，为耳目玩好寄哉？故余自闲日遍考钟鼎卣彝，书画法帖，窑玉古玩，文房器具，纤悉究心，更校古今，鉴藻是非，辨正悉为取裁。若耳目所及，真知确见，每事参订补遗，似得慧眼观法，他如焚香鼓琴，栽花种竹，靡不受正方家；考成老圃，备注条列，用助清欢，时乎坐陈钟鼎，几列琴书搨帖拓松之下，展图兰室之中，帘栊香霭，栏槛花妍。虽咽水餐云，亦足以忘饥永日，冰玉吾斋，一洗人间氛垢矣！清心乐志，孰过于此，编成笺曰：燕闲清赏。"（高濂《遵生八笺·燕闲清赏笺上序》）高濂强调的是赏玩中的无所用之用，是养性、悦心、怡生、安寿，是纯粹的审美享受。所以赏玩之物固然重要，但是更重要的是何为赏玩之境，所以我们看高濂所描述的赏玩主要在于赏心悦目之境的营造，这是明代中晚期赏玩文化发展的一个重要方面。文玩器物本身是个载体，是文人经营艺术人生的重要表征，赏玩文化所要展现的价值并不在器物本身，而是器物承载的审美内涵，这是将赏鉴本身及其书写独立，书画古物的物质形态固然重要，其背后的精神品格和韵味才是价值追求所在。文人企图在不牵涉占有的基础上展开对古人意境的追思，在这样的纯粹审美视角下，器物本身被抽象为审美符号，用来建构非世俗化的审美境界。文人喜欢区别"好事"和"赏鉴"，要将其审美理想和标准定在"清"和"韵"上，要把"闲"作为审美和鉴赏的前提。值得注意的是，这个"闲"，并不是时间意义上的闲暇，无所事事，主要还是指审美上的无目的性，或者说是脱离世俗功名的审美理想追求，只有在剥离世俗价值之后，才能够达到"清赏"的目的，只有具有休闲心态的文人才能够成为鉴赏主体。

器物文化发展到明代中晚期，文物清玩、器物书画等都成为文人寄托情志的载体，虽然明代中晚期也有不少关于"玩物丧志"的忧患之说，但是其作为文人求得自适生活的重要载体和手段，对其大加赞扬的大有人在。文人对赏玩文化的投入，与他们在精神上对清闲自在的精神追求是分不开的，所以在赏玩中要突出的是人的情志，在器物鉴赏上，看重的不是器物的等级和礼仪功用，而是寄寓在赏玩行为之中的人的性灵空间，人才是赏玩活动的中心。在休闲本身成为本体所在后，文人将生活本身看成是价值所在，所以十分重视赏玩文化中意境的提升价值，即使是日常生活中的器皿也被艺术化，成为文人寄寓情志所在。以玩物游移仕隐之间，成为明代中晚期文化的一大命题。余怀对明末名士冒辟疆的生活有一个描述："计巢民生平多拥丽人，爱蓄声乐、园林、花鸟、法书、名画、充韧周旋。自我观之，巢氏之拥丽人，非渔于色也。蓄声乐，非洛于声也。园林、花鸟、饮酒、赋诗，非纵泊泛交，买声名于天下也。直寄焉尔矣。古之人胸中有感愤无聊不平之气，必寄之一事一物以发泄其堙暖。如信陵君之饮醇酒近妇人。"（余怀《冒巢民先生七十寿序》）冒辟疆有意经营的是一个极具艺术气息的审美世界，清玩、书画、美人等凡是能够唤起人的审美情感的都是这个美感世界的重要组成部分，余怀认为冒辟疆对音乐、园林、花鸟、书法、名画等的沉迷是古人"寄"的表现，其意义既是彰显文人的审美创造力，又是文人避世逃离之用，即使部分文人对物的追求已经达到一种痴迷状态，也往往被认为是真性情的自然流露。当时不少文人为了展现自我的独特存在意义，更是刻意地通过物质上的挥霍展示其睥睨一切的姿态，比如："先生颇事园亭，以方、程墨调朱砂涂坚墙壁门窗。门生鲁元宠为徽州推官，多藏墨，先生索之。间数日，又索，元宠曰：先生染翰虽多，亦不应如是之述。既而知之，以为吾所奉先生者，皆名品，不亦可惜乎。先生导余登三层楼，正对秦望，其两旁种什数千竿，磨有声。先生笑谓余曰：什，固水产也，今托根百尺之上，子以为何如？先生殉节以后，余再过之，其地已化为瓦碟矣。此亦通人之蔽也。"（黄宗羲《思旧录》）倪元璐以价比黄金的徽墨调以朱砂涂墙，是典型的贵物贱用，是借近乎夸张的姿态表明不为物役的姿态，是刻意解除物质的现实价值。台湾学者林宜蓉就认为这种近乎迷恋的物质观"其最为核心的意义在于彰显主体'我'之精神，并同时互视物与我的存在意义，而绝非主体我之精惑溺而奔放散逸于物质中。"①

二 世俗化发展

如果说此前中国文人在文玩器物中寄托了更多的道德精神，到了晚明，由于心学的发展，日常所用中都可见道德伦理，这为明代中晚期器物文化回归生活本身奠定思想基础，也使得器物文化成为建构文人生活空间的重要载体。明人的闲情帮助文玩古物下沉到生活，生活因为文玩古物而高雅化或者说艺术化。明代中晚期的文玩器物文化由此显示出独特的休闲审美诉求。对器物文化的关注从礼仪道德之用转到对文人怡情养性生活的表达上，成为文人寻求自适和精神自由的重要载体，本来仅供把玩的器物成为日常生活中常见的装饰品。由于生活美学的发展，明代中晚期的器物审美从政治和道德形象的开拓上转入对生活意趣和个人生命趣味的表现上，趣味性和装饰性功能得到重视。明代中晚期的器物文化贴近生活、观照生活，审美风格从宫廷贵族风格向民间转变。比如明代中晚期绘画艺术的发展中，明代中晚期人物和花鸟画律动着市井气息。人物画的主角多为文人的雅集、童子戏耍，甚至是市井的百态人生，个人肖像画的风格由传统的庄严变为悠闲自得的个人意象。书画作为文墨游戏，消遣娱乐功能加强，促成了书画走出庙堂，推动了书画的文人化，文人书画的发展成为明代中晚期书画的重要风景线。文人画在居室园林中大量

---

① 林宜蓉:《中晚明文艺场域"狂士"身分之研究》，博士学位论文，"国立"台湾师范大学国文研究所，2003年，未公开出版。

被当作装饰品，从而推动了其商业价值的发展，这也是明代中晚期书画繁荣的一个重要原因。

米芾关于"好事者"和"鉴赏者"的区分在明代中晚期收藏界很受推崇。高濂指出："多资蓄，贪名好胜，遇物收置……此为好事。"真赏者是"天资高明，遇物收置，多阅传录，或自能画，或深知画意，每得一图，终日宝玩，如对古人，声色之奉不能夺也。"（高濂《遵生八笺·燕闲清赏笺》"画家鉴赏真伪杂说"）张岱也指出："博洽好古，犹是文人韵事。"（张岱《陶庵梦忆》卷六）对于"好事者"的讽刺也是文人关于赏玩鉴赏类著作中常见的素材。在书画艺术上，以董其昌为代表的文人画家成为晚明绘画的主流。唐寅曾经作诗："不炼金丹不坐禅，不为商贾不耕田，闲来写就青山卖，不使人间造孽钱。"（唐寅《言志诗》）虽然经常要靠卖画来维持生计，但是画家还是要强调绘画这一行为的非关金钱和权势的非功利性指向，所以他要强调其画作是闲来所作，是雅趣，即使其大部分画作是用于市场交易。正是因为文人对审美理想的追求，所以追求抽象写意的文人画成为主流，在生活上，文玩清玩代表的闲雅生活被推崇，以此来区隔俗气的官场生活和更具生产性的现实生活，但是与传统的"器为道用"的观点不同，明代中晚期的文玩器物文化是文人建构和现实精致人生的手段，其在消费上的意义使得其经常变成斗奢炫博的出口，文人主观上的求雅也不能阻止其作为当时文化消费代表的商业特征。

文人赏玩的心态使得艺术和生活的沟通加强，在悠哉把玩中，一方面古物变得富有生活气息，一方面催生时玩的发展。明代中晚期的器物文化具有鲜明的时代文化特色，突出表现在时玩的流行上，催生了明代中晚期发达的器物文化。比如明代中晚期家具、青瓷、景泰蓝等，都具有明代中晚期独特的审美文化印记，器物文化的发展不只是来自明代中晚期工艺技术的发展，也来自明代中晚期生活化的休闲审美文化。明代中晚期文人在审美心态上的变化一方面使得传统器物文化融入生活，另一方面催生了与时代密切相关的器物形式的发展，当时各种富有流行气息的时玩的发展就是证明。

三 文心匠意

明代中晚期文人一改传统的"君子不器"观点，广泛参与器物文化，提升器物文化的品格，其既能对器物进行价值和审美鉴赏，也能参与器物的实际制作。以工艺美术发达的苏州地区来说，当时的不少文化名流在工艺美术上都有着很高的造诣。如"明四家"之一的仇英是漆工出身，后成为画工；计成少年就以文采闻名乡里，但在中年以后，成为名噪一时的造园大师；苏裱大师孙鸣岐"人有以古昔书画求装潢者，则录其诗文跋语，积久成巨帙，名之曰《孙氏法书名画钞》。……虽工艺之微者，靡不博古精鉴"[1]。沈周《石田杂记》中对漆器的制作技艺的描述，内容非常细致，可见其对漆器的工艺制造本身是甚为了解；文徵明受邀主持拙政园的设计建筑工作；在当时版画界执牛耳的苏州版画，可以说是苏州文人画家和刻工联手合作的结果。正如梯月主人的选例道："图画止以饰观，尽去难为俗眼。特延妙手，布出题情。良工独苦，共诸好事。"[2] 可以说从来没有哪个时代像明代中晚期一样，如此多的文人参与到文玩器物文化中来，文人艺术家和工匠之间的社会分野已不再是壁垒森严，特别是文人与一些

---

① （明）孙凤：《孙氏书画钞》，上海古籍出版社1996年版。
② 郑振铎：《中国古代木刻画史略》，上海书店出版社2006年版，第67页。

卓越工匠之间的交游变得相当频繁，他们共同推进了明代中晚期工艺美术的发展。正如张岱所言："但其良工苦心，亦技艺之能事。至其厚薄浅深，浓淡疏密，适与后世鉴赏家之心力目力针芥相投，是岂工匠所能办乎？盖技也而进乎道矣。"①

　　文人对器物文化的深度参与甚至是主导，使得明代中晚期工艺美术在审美风格和理想上显示出鲜明的文人意趣。如文震亨的《长物志》、李流芳的《植园集》等都高度推崇平淡自然、无意求工而自工的工艺美术品，主张实用性与艺术性的统一，反对只注重精雕细镂的作品。以明代中晚期家具来说，明代中晚期家具因为其在工艺设计上体现出的鲜明的文人特色，对后世影响深远，被称为明式风格。明式家具体现了明代中晚期文人对自然、典雅的简约风格的追求。在用料上，为了突出自然美感，大多选用本身就极具质感的大硬木，如铁力木、花梨木、紫檀木、鸡翅木等，这些木材本身在色调上就显得优雅简洁，富有纹理，并不需要过多的缀饰和打磨。在家具的构造上，注重比例上的匀称，讲究线条上的疏朗和明快，整个造型显得既简洁干净，又富有线条的流动美感，体现出文人的审美追求。

四　雅俗并行不悖

　　就清赏文化本身来说，是求雅的，明代文人对清赏文化的痴迷，一方面是继承宋元遗风，另一方面是因为文人希望借助清赏文化中的领导地位对抗文化发展中的商业化和世俗化倾向。

　　在清赏文化中，首推"古"和"雅"。对于材料和样式的选择，其评判标准十分简单，就是要以古物和古式为佳："总之随

---

① （明）张岱：《陶庵梦忆》卷一"吴中绝技"，上海杂志公司 1936 年版，苏州大学图书馆特藏部藏。

方制象，各有所宜，宁古无时，宁朴无巧，宁俭无俗。至于萧疏雅洁，又本性生，非强作解事者所得轻议矣。"（《长物志》卷一"海论"条）"古"本身代表对古代理想生活的追慕之思。事实上，古物到了明代，不少古物已经不再具有使用价值，文人对古物的推崇纯粹在于其审美价值："三代，秦、汉鼎彝……皆以备赏鉴，非日用所宜。"（《长物志》卷七"香炉"条）"有古刀笔，青绿裹身，上尖下圆，长仅尺许，古人杀青为书，故用此物，今仅可供玩，非利用也"（《长物志》卷七"裁刀条"）。"笔格虽为古制，然既用研山，如云璧、英石、峰峦起伏，不露斧凿者为之，此式可废。"（《长物志》"笔格"条）刀笔本来在杀青作简为书的古代，是有实用价值的，但是因为印刷技术的发展，纸张取代竹简后，刀笔没有了实用价值，成为仅仅供人玩赏之物。旧式的笔格在功用上被新兴的奇石研山取代。同样失去实用价值的还有古币，古代的各种茶盏、灯具等。虽然这些物品在当代已经不具有使用价值，但是由于其保留了古代的样式，作为古典生活的象征符号，在审美价值上比时器更为当时文人看重，所谓"藏以供玩"，古物带着历史和文化的痕迹，进入现在的时间里面，其意义是以审美价值为核心。对文人来说，是对历史的追思，是对其文化价值的拥有，所以"琴为古乐，虽不能操，亦须壁悬一床，以古琴……为贵"（《长物志》卷七"琴"条）。古琴存在的价值和意义不在于其能不能演奏古乐，而在于其代表的古意。

其次以自然本色作为评判标准。文震亨对人工奇巧之物有诸多批评："至于雕刻果核，虽极人工之巧，终是恶道。"（《长物志》卷七"海论"）"近做周身连盖滚蟪白玉印池，虽工致绝伦，然不入品。"（《长物志》卷七"印章"条）书画是以米芾的"平淡天真"为最高标准，若是"一作牛鬼蛇神，不可诘识"（《长物志》卷五"书画价")。文震亨认为凭借技巧取胜的作品不是上品，比如在古琴的装饰上，"犀角、象牙者雅。以蚌珠为徽，不贵金玉。弦用白色柘丝，古人虽有朱弦清越等语，不如素质有天然之妙"。之所以不用古人喜好的朱色，而是选用犀角、象牙等天然材质，就是出于对自然本色的审美追求。和雅相对的是俗，《长物志》中大量列举了所谓的"俗制"，"俗制"代表的一个重要风格就是和自然本色相对应的工巧和繁杂。

虽然作为传统文人的文震亨竭力区隔雅俗，但是晚明是一个发达的商业社会，清玩古董、书画文玩的背后是一个发达的交易市场，随之而生的种种媚俗、从众、作伪等行为不可避免。文震亨所推崇的审美理想在一定意义上来说也是作为物品交易贩卖的价值标准。无论是作为商品交易的清玩，还是被用来格物致知的清玩，都不可能仅仅面向人数和消费力量不占据主导地位的文人阶层，它必然要迎合商贾、屠沽、女性等不同阶层的消费群体，而文震亨如此泾渭分明谈雅俗的区隔，也暗示当时在审美品味上雅俗界限的模糊，士人的审美品位无法独树一帜的焦虑。所谓"矫言雅饰，反增俗态"(《四库全书总目提要》卷一百二十三)，这既是四库馆臣对晚明文人的批评，也是对晚明清玩之风实质的揭示。文震亨处处用典故包装和渲染出来的雅韵，背后实际是散发着浓厚商业气息的享乐主义。

第二节　文物清玩

一　文玩清赏之风的盛行

何谓文玩？明初曹昭的《格古要论》将文房清玩分为：古铜器、古画、古墨迹、古碑法帖四论、古琴、古砚、珍奇（包括玉器、玛瑙、珍珠、犀角、象牙等)、金铁四论、古窑器、古漆器、锦绮、异木、异石五论，共十三论。"文玩"一词，《说文解字》里将其归为尚古的风雅行为，《说文解字·习部》解释："玩：习狱。"说明从魏晋开始，文人就有意将文玩的收藏归于文人阶层特有的雅事。明代中晚期的文玩之风可以说是宋元遗风的滥觞："自元季迨国初，博雅好古之儒，总萃于中吴，南园俞氏、笠泽虞氏、庐山陈氏，书籍金石之富，甲于海内。景、天以后，俊民秀才，汲古多藏，继杜东原、邢蠢斋之后者，则性甫、尧民两朱先生，其尤也。其他则又有邢量用文、钱同爱孔周、阎起山秀卿、戴冠章甫、赵鲁与哲之流，皆专勤绩学，与沈启南、文征仲诸公，相颉颃吴中，文献于斯为盛。"① 不少文人颇为痴迷文玩古董："昔人评王右丞画，以为云峰石色，迥出天机，笔思纵横，参乎造化，余未之见也。往在京华，闻冯开之得一图于金陵，走使缄书借观。既至，凡三薰三沐，乃长跽开卷。经岁开之，复索还。一似渔郎出桃花源，再往迷误怅惘久之。不知何时重得路也。因想象为《寒林远岫图》，世有见右丞画者，或不至河汉。"② 从画家董其昌所讲述的故事中可以看到，王维的《江山雪霁图》本来是董其昌的朋友冯梦桢的珍藏，为董其昌所借，从画家借来王维画作后可以说是敬若神灵，"三薰三沐，乃长跽开卷"，不得不归还后，画家可以说是迷误怅惘，饱受相思之苦，在这样的情况下，画家凭借回忆画了一副《寒林远岫图》，聊表怀念，可谓痴恋成癖，这种痴迷是明代文人常常会有的行径。

另外，明代中晚期由于商品经济的发达，清赏作为一种消费行为有着庞大的市场，而不仅是贵族文人的私人行为，文玩成为

① (明末清初) 钱谦益：《列朝诗集小传》，上海古籍出版社 1983 年版，第 303 页。
② (明) 董其昌：《画禅室随笔》，山东书画出版社 2007 年版，第 90 页。

一种消费时尚。明人突破了以古物、古玩为珍的思想局限，将当朝工艺精品亦纳入收藏和清玩的范畴，时人称作"时玩"。沈德符有曰："玩好之物，以古为贵，惟本朝则不然。永乐之剔红、宣德之铜、成化之窑，其价遂与古敌……始于一二雅人，赏识摩挲。滥觞于江南，好事缙绅，波靡于新安耳食诸大估曰千曰百，动辄倾囊相酬……以至沈唐之画，上等荆关；文祝之书，进参苏米。"（《万历野获编》卷二十六）可见当时收藏家对所谓的"时玩"也是非常重视，其中一个重要原因就是古玩毕竟有限，难以满足当时社会强烈的需求。对"时玩"的重视推动了明代中晚期工艺美术的大发展。由于社会上对于文玩器物的追逐，以至于市场上出现了为数不少的指导性的鉴赏类书籍，其作者多是"山人墨客"之流的市民文人。《清秘藏》作者张应文，"昆山监生，屡试不第，乃一意以古器书画自娱"（《四库全书·清秘藏提要》）。又如《考槃余事》作者屠隆，"以诗文雄隆、万间，在宾州四十子之列。虽宦途不达，而名重海内。晚年优游林泉，文酒自娱，萧然无世俗之思。今读先生《考槃余事》，评书论画、涤砚修琴、相鹤观鱼、焚香试茗，几案之珍、巾易之制，靡不曲尽其妙。具此胜情，宜其视轩冕如浮云矣"（钱大昕《〈考槃余事〉序》）。

二 生活的艺术化

文人雅士追求的理想生活经常是："所居有水竹亭馆之胜，图书鼎彝充牣错列，四方名士过从无虚日，风流文彩，照映一时。"把玩文玩是明代中晚期文人日常生活的重要内容。文房清玩作为休闲文化的载体，成为日常生活的一部分，就是将生活艺术化，或是摩挲古玩，或是焚香弄墨，或是鼓琴蓄鹤，用种种能唤起审美体验和审美情感事物的经营来装点悠闲风雅的生活，由于在休闲生活中的审美诉求，本来应该是烟火味十足的日常生活充满超脱的艺术气息。学者陆庆祥指出："休闲实践表明，越是高层次的休闲越是充满了审美的格调，越是体现出休闲主体对自我生命本身的爱护与欣赏，也越是能体验到生活的乐趣。他不仅会为自己拥有了生命的自由、自得与自在而感到愉悦，而且这种愉悦一旦与其他同类的自由生命相感召，甚而与天地自然、周围环境的自由生命相呼应，他的愉悦程度会更加强烈。在这样的休闲实践中，他感到的是个体自我生命意义的扩大与充满。"①

"审美化的休闲追求的是诗意的、超功利的人生。只有人的心灵得到休息，摒弃外在诱惑的干扰，方能开启人对于自身生命的价值和意义的追问。"② 明代中晚期赏玩文化发展的意义也就在此。时人借助文玩的把玩赏鉴建立起来的是优雅的休闲美学。赏玩的意义很大程度上在于其与生活的结合，在于对富有雅趣的生活情景的营造。对此乐纯有一段颇有趣味的说道："余犹念一曲房、一竹榻、一茶灶、一罐烟。一古琴、一麈尾。一溪云、一潭月、一庭花、一林雪、一文僮、一爱妾、逍遥三十年。"③ 雅器、山水、美人等可以说是文人用来打造美感生活的要素。值得注意的是，种种经营不是求之于外，而是行之于家庭生活内，正是透过以清玩为代表的美学元素来经营富有艺术美感的生活，从而发展出别有意味的生活理论。

透过解读古董，借此提升雅境，重要的是这些器物如何与生活

---

① 潘立勇、陆庆祥：《中国传统休闲审美哲学的现代解读》，《社会科学辑刊》2011年第4期。

② 黄达安：《超越工作至上的世界——论休闲的本质及其当代意义》，博士学位论文，吉林大学，2011年，第165页。

③ （明）乐纯：《雪庵清史·清景一卷·红雨楼》，北京图书出版社1989年版，第16页。

情境融合，如何彰显文人别具一格的人生情调，品鉴和生活紧密关联和互动。玩物活动不只是知识的解释，也不单纯是寓情于物，进一步追求的是与生活的联系，是生活与文化共同建构的问题。文玩是文人诗意生活中不可缺少的美感要素，是在生活中经营美学必不可少的："往往赋与物特定的质感，对它们具有特定的情感想象，因此，被'性情化'的物也就可以作为人的交往（感）对象，而人与物在感官、情感上的交流互动，则可以营造出一个寄托个人生命境界。"① 经由清玩文物的审美激发，个人能够从世俗生活中超脱出来，进入一个艺术的美感世界，文玩被他们编织到日常休闲生活的范围里面，以此来安顿身心，寄寓生命的价值和意义。

三 别具意义的文化符号

文玩作为社会流行时尚，不只是物的赏析，重要的是它和品鉴文化的勾连发展。作为审美诉求，和其他休闲文化活动相比，其更具有纯粹的文化象征意义，是文人精英文化的重要内容，自宋元以来，成为文人文化的重要传统。就文玩的功能来说，文玩有待客和自适两种功能。一是自适。文人借助文玩的把玩，一是建构个人的审美理想空间。明末焦竑有言："世之所谓乐者可知矣。兰膏明烛，二八递代徘徊于觞俎之间，穷日夜而不能自休，叫枭呼卢，搊手交臂，离合于一枰之上，掷百万而不满其一睨，此世俗之所共愉快也。有鉴古玩物者，过而笑之曰，此何其垢且浊也，则以法书图画之为清，弹琴奕棋之为适矣。"② （焦竑《李如野先生寿序》）兰膏、明烛、觞俎及与之相伴的是猎艳、聚赌

---

① 王鸿泰：《闲情雅致——明清间文人的生活经营与品赏文化》，《故宫学术季刊》2004 年第 9 期。

② （明）焦竑：《焦氏澹园集》卷 18，（台北）伟文图书公司 1977 年版。

等世俗之乐，这是欢娱的低级层次，而文人雅士的欢娱之乐来自古玩书画琴弈等高洁之物，以发怀古之幽思，得闲适之雅乐，自然在境界上胜过世俗之乐。通过对凝聚文人情志的文玩古物的把玩摩挲，可以寄托文人独特的情志，而文玩古物在被赋予特殊的文化含义后，成为文人实现雅致人生的出口。文人通过这一审美行为建立起来的艺术世界，使得赏玩这一行为本身也成为价值来源，所以"骨董非草草可玩也。宜先治幽轩邃室，虽在城市，有山林之致，于风月晴和之际，扫地焚香！烹泉速客，与达人端士谈艺论道；于花月竹柏间，盘桓久之，饭余晏坐，别设净几，铺以丹厨，袭以文锦，次第出其所藏，列而玩之，若与古人相接欣赏，可以舒郁结之气，可以敛放纵之习"（董其昌《骨董十三说》）。古玩这一休闲行为是文人自我的投射。文人津津乐道于这些闲事闲情，实际上是在这些闲事闲情上投射当时文人的普遍境遇。明代中叶以后，尤其是晚明时期，由于科举人口增长过于迅猛，科举名额没有相应增加，大部分的士人学子都只能闲居在野。明代山人群体的庞大，文人对仕隐的选择早已经不是个人心志上的抉择，而更多的是迫于现实的无奈。在传统身份日益面临挑战的情况下，文人不得不在清玩文化所代表的符号体系中强化身份认知，在古董清玩的把玩摩挲以及论述上，投射自我的文化精英形象。文人事实上是将各种以文玩为代表的器物抽象化为具有文化意义的意象。在这样的文化建构之后，文玩器物成为文人投射情感的对象。抽象化的文玩和文人在现实世界中遇合，文人透过对文玩器物的认知赏鉴，衍生出来的审美趣味，构成文人文化的重要内容。令人遗憾的是文人理想中的文物玩赏是用来"疏解尘世郁结之气，收敛世俗放纵之习"，但是明代中晚期文人对精神境界的关注更多被转化成对生活和品位的装饰。

二是待客。在文人之间互出所藏，相与评陈，相与鉴赏中，在借由艺术品进行交流中，形成了有别世俗生活的审美空间，审美和生活的紧密结合，又加强了这个文化阶层的自足与区分。这一雅文化，自宋元已有相当发展，到了明代中期以后，和发达的商品经济结合起来，成为一时之盛。可见明代中晚期文人对文房清玩的追逐，不仅是个体的行为，作为一个阶层具有象征性的文化行为，其应该是这个文化阶层的文化象征。

四 雅俗之分

文物清玩活动自宋代开始一直被视为雅俗之分的重要场域。宋代画家米芾的好事与鉴赏之别影响深远："好事者与鉴赏之家为二等。鉴赏家谓其笃好，遍阅记录，又复心得，或能自画，故所收皆精品。"赵希鹄《赏鉴家指南》条陈指出文物赏玩重在营造赏心悦目之境。文物收藏本心不在于拥有，而在于心物一体的审美愉悦。当代学者王鸿泰指出，文玩作为赏玩文化是文人雅文化的代表："从历史的角度来看赏玩文化初期的发展，我们大抵可以说，从北宋到南宋赏玩意识已逐渐明确，品赏活动在此发展过程中渐成一种别具意趣的雅文化。此种雅文化自南宋以来即稳定地在士大夫阶层中传承，入元之后，由于政治参与管道的限制，疏离于政治的文人乃更以此为寄托且与文艺活动更紧密地结合在一起，以致形成颇为活跃的文艺社群。"①

作为文人雅文化的载体，文玩本身被赋予了一定的文化内涵和象征意义，成为文人区隔雅俗的重要标签。张法指出："这

---

① 王鸿泰：《闲情雅致——明清间文人的生活经营与品赏文化》，《故宫学术季刊》2004 年第 9 期。

'玩'不是一般的玩，而是以一种胸襟为凭借，以一种修养为基础的'玩'。它追求的是高雅的'韵'，它的对立面是'俗'。"①外国学者柯律治在对《长物志》研究中也指出，"文人藉物建构的鉴赏品味成为用来区分身分的时尚"②，所以文人看重古物，价值取向不在物本身，李渔说："非重其物，重其年久不坏，见古人所制与古人所用者，如对古人之足乐也。"（李渔《闲情偶寄》卷十"器玩部"古董条）

值得注意的是，大量文人寄情文物清玩、借此表达文人超脱世俗的清雅之志的同时，文玩古物的商品化发展迅速："比来则徽人为政，以临邛程卓之赀，高谈宣和博古，图书画谱。钟家兄弟之伪书，米海岳之假帖，渑水燕谈之唐琴，往往珍为异宝。吴门新都诸市骨董者，如幻人之化黄龙，如板桥三娘子之变驴，又如宜君县夷民改换人肢体面目，其称贵公子大富人者，日饮蒙汗药，而甘之若饴矣。"③

可见，明代中期以来，因为社会上对古玩清赏文化的追逐，尤其是家资厚实的市民阶层的加入，以古玩字画为代表的文玩器物已经成为附庸风雅的商人在市场中争相购求的对象，而部分文人从事仿制伪造之事，将之"商品化"。王鸿泰在《雅俗的辩证——明代赏玩文化的流行与士商关系的交错》一文中指出："明后期艺品的交易赏玩促成文人与商人的交杂，这种交杂又推动经济与文化的流通。商人的参与也激起文人的文化紧张感，因而促发雅与俗的辩证，此则又刺激文人文化内涵与形式的不断拓

---

① 张法：《中国美学史》，四川人民出版社 2006 年版，第 224 页。
② 转引自巫仁恕《明清消费文化研究的新取径与新问题》，《新史学》（季刊）2006 年第 17 卷第 4 期，（台北）三民书局 2006 年版，第 221 页。
③ （明）沈德符：《万历野获编》卷二十六《玩具·好事家》，中华书局 2012 年版，第 654 页。

展。此种文化内容的拓展，又与市场机能相互作用，因而推动整个社会文化的发展。"① 文玩商品化意味着文玩作为物，不仅是雅文化的象征符号，是用来进行雅俗区隔的表征，同时由于市场和商人的介入，作为文化商品，成为消费文化里面的一个重要部分，文玩成为财富的一个部分。这个市场的异常繁荣，使得商品的范围不只是局限在古物上，当代人所制作的时器也非常受欢迎。商品化带来的不良影响也不小，突出表现在大量的赝品出现。此外文玩商品化后，古物文玩成为缙绅阶级追逐的优雅的装饰。文玩的商品化，也使得玩物成为丧志的标识，所以文震亨在《长物志》序言中说道"遂使真韵真情之士，相戒不谈风雅"。

古典趣味本身成为消费的对象，对古典的消费不仅意味着向贵族品位的靠拢，同时由于清玩本身的商品化，对清玩的占有也就意味着对财富的占有，清玩和园林一样是财富的象征性符号，文人本来希望借助清玩古典展示一个隔离世俗的审美世界，却进一步卷入世俗的欲望。

清玩文化作为休闲文化的代表，其重要意义不仅是对传统物质观念的突破，还有一个重要意义在于文玩的鉴赏从宋代开始逐渐成为一门显学。器物的价值，不仅是在器物本身，还在于对它的品评与鉴赏。某种意义上来说，器物的超越性价值，才是支撑文玩文化发展的基础，也是其作为文人休闲文化特色的重要原因。借助文玩古物，建构人格理想，在文玩古物的把玩摩挲中，在物质和精神的相互映照下，凸显人格，在玩古物营造的审美空间寄寓人格理想一直是清玩文化的重要意义。物虽为"长物"，但是可以寄托闲情逸致，文玩的摩挲把玩背后的是文人精神上的

① 王鸿泰：《雅俗的辩证——明代赏玩文化的流行与士商关系的交错》，《新史学》第17卷第4期，（台北）三民书局2006年版，第73页。

自由和解放，是文人在不遇之后的安身立命所在，这是文玩赏玩中彰显的无用之用，也是自宋元以来文人热衷文玩鉴赏之学的重要原因。宋代文人那里已经建立了这一理想，艺术品本身价值和品鉴价值纠结，艺术品的价值很大程度上来自名人的品鉴行为。米芾对好事者和鉴赏者的区分是先驱。此外，还有欧阳修的《集古录》收集了多达千卷的金石文。南宋赵希鹄的《洞天清录集》是关于文玩品鉴最早的文献。这一市场在明代中晚期达到极盛，明代中晚期关于品鉴的书是当时出版市场的热点之一。

第三节　品茗焚香

一　煮水品茗

茶和酒相比，其美感更能体现文人韵致，而且在文化和审美上意蕴更为丰富。茶可以用来自适，也是待客之道。茶是文人休闲文化的主要代表。品茗是文人休闲文化生活的重要部分。各种关于品茶文化的论述就是这一休闲文化的重要结果。现在保存下来的茶书不少，主要集中在明代中叶以后。明代初年保存至今的茶书只有朱权的《茶谱》，大部分的茶书的刊印时间在嘉靖以后，其中以万历时期的茶书最多，根据夏涛《中华茶书》的统计，万历年间的茶书多达 22 种，而整个明代有明确记录的茶书不过 35 种，其中比较有代表性的是田艺蘅的《煮泉小品》、陆树声的《茶寮记》、徐渭的《煎茶七类》、屠隆的《茶说》、陈继儒《茶话》等。这些茶书主要从茶具、用水、煮茶之法，包括对煮茶饮茶的情境的设置等方面对茶文化进行了总结。

品茗作为文人雅文化的重要代表，之所以成为文人闲雅生活的重要一部分，关键在于其为一雅事，所以文人品茗多有讲究。

许次纾在其《茶疏》中就有讲到品茶之道有各种忌讳："不宜用恶水、敝器、铜匙、铜铫、木桶、柴薪、麸炭、粗童、恶婢、不洁巾帨、各色果实香药。"（《不宜用》）

首先茶之道重在水。好水才能出好茶。张大复的《梅花草堂笔谈》就说："烹茶，水之功居大。"田艺蘅的《煮泉小品》和徐献忠的《水品》，都是在谈水品及其重要性，高濂和屠隆都有好茶须得"灵水"相配之说。

其次饮茶的器物也很重要，好茶必须配备好器，屠隆在《茶说》中有："宣庙时有茶盏，料精式雅，质厚难冷，莹白如玉，可试茶色，最为重要。"[1] 江苏宜兴的紫砂壶因为在冲泡茶叶上的独特功能受到极大欢迎，大师频出，在当时尤其受到文人的喜爱。

再次，品茗要有相应的清雅之境配合，所以品茗常常和美人美景结合。品茗常和美人并提，展现文人休闲生活的风流蕴藉，营造极具典型性的文人生活图景。许次纾："一壶之茶，只堪再巡，初巡鲜美，再则甘醇，三巡意欲尽矣。余尝与冯开之戏论茶候，以初巡为停停袅袅十三余，再巡为碧玉破瓜年，三巡以来，绿叶成阴矣，开之大以为然。"（《茶疏》）昌襄："姬能饮，自入吾门，见余量不胜焦叶，遂罢饮每晚侍荆人数杯而已。而嗜茶与余同性，又同嗜岕片。每岁，半塘顾子兼择最精者缄寄，具有片甲蝉翼之异。文火细烟，小鼎长泉，必手自吹涤。余每诵左思《娇女》诗：'吹嘘时鼎鬲'之句，姬为解颐。至沸乳看蟹目鱼鳞，传瓷选月魂云魄，尤为精绝。"（昌襄《影梅庵忆语》）

茶品与人品。唐代陆羽主张以茶修道得到广泛的肯定。品茶是一个精神修炼的过程。茶之道不仅在于其色香味，更重要的是要以茶修道，以茶养性，品茶饮茶是文人精神修炼的一部分。所

---

[1] （明）屠隆：《茶说》，转引自余悦《研书》，浙江摄影出版社 2010 年版，第 71 页。

以朱权在《茶谱》中说到，品茶是要"志绝尘境，栖神物外，不伍于世流，不污于时俗"，茶之道还在茶外。明人论茶也是在品人论道，所以陆树声说："煎茶非浪漫，然要须人品与茶相得。"徐渭论茶："翰卿墨客，缁流羽士，逸老散人或轩冕之徒，超然世味者"方能"晏坐行吟，清谈把卷。"①

二　焚香度日尽从容

中国古代的焚香文化渊源甚早，宋人丁谓说道："香之为用，从上古矣。"（丁谓：《天香传》）香最早应该是祭祀所用，后来逐渐成为帝王和贵族休闲养生文化的代表，民间少有使用。从宋代开始，焚香成为文人休闲文化的主要代表。刘克庄"把《茶经》《香传》，时时温习"（《满江红·夜雨凉甚忽动从戎之兴》）；陆游"衡茅随力葺幽居，扫地焚香乐有余"（《北窗即事》）；范成大更是将焚香视作日常功课，自称"煮茗烧香了岁时，静中光景笑中嬉"（《丙午新正书怀十首》）；辛弃疾自称"焚香度日尽从容"（《朝中措》）；北宋丁谓的《天香传》、沈立的《香谱》对关于香的制作、品种、器具等做了理论和实践上的总结，都对后世影响深远。除了上层社会热衷用香，民间也逐渐有所波及："且如供香印盘者，各管定铺席人家，每日印香而去，遇月支请香钱而已。"（吴自牧《诸色杂货》，《梦粱录》卷十三）

明代中晚期继承宋元遗风。用香之风从文化上层蔓延到下层，成为休闲文化的重要内容。香料的普及得益于供应市场的扩大。除了传统的本土供应。香料也是海外贸易的重要产品。大量来自海外的香料进入内地市场。明代中晚期海外贸易的发达，使

---

① （明）徐渭：《煎茶七类》，转引自冯天瑜主编《文人雅言》，湖北教育出版社1996年版，第281页。

得市场上除了本土香料以外，还聚集了大量外域香料。明代郑和的船队曾经多次到达生产香料的国家和地区，包括索马里、波斯湾、西亚等国家，这些国家在历史上都是盛产香料地方，郑和的船队应该带回了不少香料。香料也是朝贡的主要东西。《明实录》记载永乐、宣德年间香药"堆积如山，或折支官俸，或赏赐大臣"。另外一个重要原因是明代中晚期商业发达，市民阶层不断壮大的同时，在经济上的力量也是越来越强大，对奢靡生活的追逐是当时社会上的一个引人关注的现象。用香历来是贵族阶层奢靡生活的象征之一，市民阶层无论是从经济实力的增长还是从对贵族生活的趋从来说，都使得用香之风比前代更为盛行。

　　用香是文人休闲文化生活的重要一部分，往往和其他休闲活动一起举行，譬如静坐、读书、品茗、睡眠、宗教活动等。明代中晚期宗教发达，尤其是佛教思想兴盛，焚香是很好的背景，在香雾缭绕中，更能进入佛教情理中。叶朗指出："中国古人的文化生活中，不仅重视视觉的审美、听觉的审美，而且重视嗅觉的审美、味觉的审美，特别是嗅觉的审美，即香的审美。……中国古人常常着眼在日常生活中营造一种诗意弥漫的氛围，从而获得一种美的享受。在营造这种诗意的生活氛围时，香的审美起了很大的作用。"① 焚香文化体现的是古典审美文化中对感官的综合性审美的重视。首先是视觉，具有古雅之美。视觉上，香雾的缭绕飘动，似云似雾，会带人进入缥缈的境界，孕育自在自得之情。其次是对嗅觉上，香味的久久不衰，引人醉心。

　　闻香常常和品茗一起进行。这在宋代文人那里就比较盛行，宋人有"茶鼎声号对，香盘火度萤"（陆游《道室夜意》）的诗

---

① 转引自章辉《南宋休闲文化及其美学意义》，博士学位论文，浙江大学，2013 年，第 213 页。

句。明代中晚期继承这一遗风。明人文震亨说："香名为用，其利最济。物外高隐，坐语道德，可以清心悦神；初阳薄暝，兴味萧骚，可以畅怀舒啸；晴窗榻帖，挥麈闲吟，篝灯夜读，可以远辟睡魔；青衣红袖，密语谈私，可以助情热意；坐雨闭窗，饭余散步，可以遣寂除烦；醉筵醒客，夜语蓬窗，长啸空楼，冰弦戛指，可以佐欢解渴。第烹煮有法，必贞夫韵士，乃能究心耳。"①

江南文人尤其热爱焚香煮茶，当时作为一种流行时尚，有"苏样"和"苏意"之称。明人沈弘宇在《嫖赌机关》卷上曾有这样的解释："房中葺理精致，几上陈列玩好，多蓄异香，广贮细茶。遇清客，一炉烟，一壶茶，坐谈笑语，穷日彻夜，并不以鄙事萦心，亦不以俗语出口。这段高雅风味，不啻桃源形境。""焚香煮玄，从来清课，至于今讹曰：'苏意'。天下无不焚之煮之，独以意归苏，以苏非着意于此，则以此写意耳。"（吴从先《小窗自纪》）焚香煮茶，重不在内容，重在形式，在于其符号象征，在于其背后的休闲文化内涵，其作为文人追求清雅脱俗境界的象征而备受欢迎："藏书万卷其中，长几软榻，一香一茗，同心良友闲日过从，坐卧笑谈随意所适，不营衣食，不问米盐，不叙寒暄，不言朝市，丘壑涯分，于斯极矣。"②"亭午深夜，坐榻隐几，焚香展卷，就笔于研取丹铅而雠之，倦则鼓琴以抒其思，如此而已。"③可见焚香煮茶和文玩清赏，琴棋书画等诸多文雅活

---

① （明）文震亨著，陈植校注：《长物志校注》卷十二《香茗》，江苏科学技术出版社1984年版，第394页。

② （明）谢肇淛：《五杂俎》卷十三《事部一》，上海书店出版社2009年版，第258页。

③ （明）胡应麟：《少室山房笔丛》卷二《经籍会通二》，中华书局1958年版，第26页。

动一起构成文人对仕途经济之外的休闲人生的追求，在这里，文人可以清心悦神，可以在香雾的缭绕飘动中进入缥缈的境界，孕育自在自得之情。

第四节　品墨玩画

书法和绘画是文人雅文化的传统构成，有悠久历史。明代中晚期书法和绘画艺术出现了新的变化，不再是贵族士大夫的专利，而飞入寻常百姓家。明代书画市场无论在规模还是交易上都很大。书画商品化在这个时期的发达，直接影响了文人品墨玩画这一传统的休闲娱乐方式。

一　书法

书法作为一门传统艺术，从魏晋时期就已经走向成熟，一直以来其作为传统的雅文化的代表，对于文人生活来说有着重要的社会和交际功能。尤其随着科举文化的发展，书法对于参加科举考试的文人不可或缺。明代有专门负责书画艺术的部门，书画是明代皇帝的爱好，明人沈德符说："本朝列圣极重书画。"[1] 太祖虽然出身微贱，但是通过后天的勤奋好学，在书法上有一定造诣。成祖对书法的热爱与重视，使得一批以书法之能的文人晋升朝堂，著名的有以篆书闻名的陈登、翰林学士沈度等，沈度的书法清丽婉约，被称为当朝王羲之，沈灿也以善书见知于成祖，被拜为翰林待诏。神宗和崇祯二帝在历史上都以善书留名。明代初期，由于统治者对书法艺术的重视，代表朝廷正统文化规范的"台阁体"统治书法界，但是明中叶以后，随着"台阁体"的衰

---

① （明）沈德符：《万历野获编》卷四，中华书局 2012 年版，第 907 页。

落，文人书法崛起，书法艺术逐渐休闲化，人们更愿意将书法作为娱情自适之用。书法艺术经常成为文人营造精致生活的一种手段。这在当时很多文人笔下都有描述："蓄精茗奇泉，不轻瀹试，有异香亦不焚爇，必俟天日晴和，帘疏几净，展法书名画，则荐之贵其得味。"① 晚明禅宗代表憨山老人喜欢在书道中修禅："余平生爱书晋唐诸帖，或雅事之，宋之四家，犹未经思。及被放海外，每想东坡居儋耳时，桄榔莽中风味，不觉书法近之。献之云：'外人那得知此语？'殊有味也。书法之妙，实未易言，古来临书者多，皆非究竟语。独余有云：'如雁度长空，影沈秋水。'此若禅家所说，彻底掀翻一句也。学者于此透得，可参书法上乘。"② 高濂在《燕闲清赏·论历代碑帖》中，专门谈到如何用书法来装饰书斋，传达雅意。文人的把玩不仅是在手中和案几上的展示摩挲，也很注重书法艺术的挂壁装饰效果："悬画宜高，斋中仅可置一轴于上，若悬两壁及左右对列最俗。长画可挂高壁，不可用挨画竹曲挂，画桌可置奇石，或时花盆景之属，忌置朱红漆等架。堂中宜挂大幅横披，斋中宜小景花鸟。若单条扇面斗方挂屏之类，俱不雅观。画不对景，其言亦谬。"③

　　明代中晚期书法市场很是发达，虽然对文人来说货殖趋利也是有的，但是大多数文人还是愿意将其作为雅文化的象征，尤其是在对古代碑帖的把玩中玩味古人的精神境界："立身以德，养身以艺。先王之盛德在于礼乐，文士之精神存于翰墨，

---

　　① （明）李日华：《紫桃轩杂缀》卷一，《四库全书存目丛书》"子部"第108册，第17页。
　　② （明）憨山德清：《憨山老人梦游集》下册《杂说》，北京图书馆出版社2005年版，第203页。
　　③ （明）文震亨著，陈植校注：《长物志校注》卷八《位置·悬画》，江苏科学技术出版社1984年版，第351页。

玩礼乐之器可以进德，玩墨迹旧刻可以精艺。居今之世，可与古人相见，在此也。"①

明代中晚期书法艺术休闲化发展的还有一个重要方面是行草之风大盛。"吴门"和"松江"的代表人物皆以行草闻名。行草毫无疑问是书法艺术里面最能够让文人自由发挥性情的地方，而明代中后期普遍使用长锋毛笔，也是这一时期文人书法尤其是行草书法大盛的重要表现。行草艺术在表现文人个性和纾解文人心志上自然是最好不过的，但是明代中晚期文人在境界追求的同时，也喜好追逐世俗的物质享受。明代中晚期书画市场交易颇为活跃，而文人喜欢选择行草的一个重要原因可以说是出于货殖目的，对于市场来说，行草是让书家获利最容易的选择，所以此时的艺术诉求，在闲适和从容中，亦暗含狂怪和自任，虽然书家的个性张扬，却由于商业化的缘故，多了几分矫饰浮躁，所以后来碑学复兴，其中更多的是晚明书法流弊的反思。

二 绘画

(一)"卧游"之风

明代中晚期画风很盛，其中一个重要原因是文化市场对书画的需求旺盛，尤其是江南地区，职业画家不少。另一个原因是绘画艺术是文人休闲文化生活的重要组成部分。明代中晚期绘画尤其是山水画发达。山水画的发达与休闲文化尤其是园林文化和旅游文化发达有重要关联。

旅游是明代中晚期文人重要的休闲方式。文人旅游一是拜访山水胜境，二是探访各处有名的园林美景，其中以"吴派"最为

① （明）董其昌：《骨董十三说》，江苏古籍出版社1986年版，第1184页。

热衷。"吴门"画派所画山水的原型大多是自己、友人或者是雇主的私家园林，其代表是沈周。沈周喜好以画纪事，其事多为发生在园林，其中的自然万象、花卉虫鸟、宴饮雅集等都可以入画。明代中晚期文人对山水的热爱，一方面是通过探访各地的山水胜地，另一方面是通过所谓的"卧游"来实现。旅游休闲虽然是文人的理想，但是大部分人出于经济的考虑，并不能长期在外进行山水游历。在山水画中"卧游"成为他们很好的代替旅游的休闲考虑。所谓"卧游"，指的是从山水画的观看研摩中体悟山水中蕴含的境界，而不需要亲身跋山涉水。魏晋时期的宗柄最先提出这一思想，后来成为中国美学史的一个重要话题。山水画作为"卧游"审美之资，欣赏画中的山水和登临真实的山水一样富有"真趣"。在朝夕闲暇之时加以赏玩，可以减少功利之心，获得愉悦幸福，并起到涵养之显著效果，因此，这种"卧游"成为一种极佳的休闲功夫。

(二) 作为文人雅玩的版画插图

明代是古代版画艺术的高峰。版画本是起自民间，到明代中叶以后，由于版画艺术的高度发展，不少著名画家都加入版画创作的行列，极大提升了版画的艺术水平，版画中的精品常常成为文人的案头所好。

明代是小说戏曲的时代。书商为了吸引更多的读者，常常采用上图下文的插图方式，邀请不少当世的名家参与插图的创作，戴不凡云："明人刻小说戏曲恒多整页之'出像'、'全图'。"[①]插图对于图书的发售如此重要，以至于天启乙丑（1625）武林刻《牡丹亭还魂记·凡例》讲道："戏曲无图，便滞不行，故不惮仿

---

① 戴不凡：《小说见闻录》，浙江人民出版社 1980 年版，第 294 页。

摹，以资玩赏，所谓未能免俗，聊复尔尔。"

因为有不少才华出众的文人画家加入版画插图的队伍，明代版画插图工笔细致，极富雅趣，其中的优秀之作成为文人案头清玩，为士人所好，如人瑞堂刻的《隋炀帝艳史凡例》强调："坊间绣像，不过略似人形，止供儿童把玩。兹编特恳名笔妙手，传神阿睹，曲尽其妙。一展卷，而奇情艳态勃勃如生，不啻顾虎头、吴道子之对面，岂非词家韵事，案头珍赏哉！"明代刻版名家胡正言前后用了二十六年，完成《十竹斋画谱》和《十竹斋笺谱》，其在内容和形式上都堪称彩色版画的代表作。1616 年刊刻于杭州的《青楼韵语》选录了众多名妓的创作词曲，其中的插图是由徽派著名刻工黄桂芳、黄端甫等所刻，细腻精美。六观居士张梦徵在其"凡例"中特别指出："图像仿龙眠、松雪诸家，岂云遽工？然刻本多谬称，仿笔以污古人，不佞所不敢也。"仇英、陈洪绶、崔子忠等文人画家都曾经画过大量的版画插图，名重一时，流传后世。

附有版画插图的书籍一旦和古玩书画一样成为文人案头之好以后，其目的就不仅仅是满足人的视觉所好，而是产生了新的文化意义。文人将其视为雅物，希望和一般民众的阅读物区别开来，成为文人雅文化的标志之一。关于这一点，高居瀚指出："雕版印刷及插图刊印同样也因为文人寄寓兴趣并参与其中，于是被提升到了较高的艺术及技术层次。在中国，如果是真正的通俗艺术的话，通常是无法达到这种成就的。《方氏墨谱》和《程氏墨苑》二部辑录墨谱的书籍，都是当时图画印刷最精良的范本。这两部书籍的内容题材都具有玄秘的象征意涵，而且当中的题识也都带有博学的典故，所以想当然耳，并不是为了中下阶级的顾客而刻，而是为文人而作的。……我们没有理由相信，陈洪绶的木刻版画作品是为了更'通俗'的目的而作的——所谓'通俗'，指的就是社会大众。尽管《水浒叶子》的根本用途意味着金钱的消费和闲暇，但是，写在这些纸牌上的题识，却是假设游戏者具有高度的识字能力。"①

---

① ［美］高居翰：《山外山：晚明绘画 1570—1644》，王嘉骥译，生活·读书·新知三联书店 2009 年版，第 316 页。

结　　语

　　明代初年，一方面是社会经济能力的限制，另一方面是统治者推行"衣冠治国"，将礼制强行推行到生活的每个层面，但是社会发展有着自己的方向和逻辑，统治者的高压手段只能一时有效，随着城市和商业文化的发展，结合明代中晚期心学的发展，明代中晚期的休闲文化展现出和前代不同的审美特征，其中物质性占据主导地位，个体的欲望诉求不可遏制的发展态势一方面成就了明代中晚期休闲文化的大盛，另一方面促成了明代中晚期奢靡的文化图景。在休闲文化的盛景面前，明代中晚期文人展示了复杂的审美意识。

一　文化影响

　　明代中晚期休闲文化的发展首先促进了明代中晚期文化艺术的繁荣，在文化领域诞生了大量的文学、艺术作品。

　　首先明代中晚期丰富的休闲文化生活为明代中晚期文学提供了广泛的题材，明代中晚期盛行的小品文本身就是对文人休闲文化生活的描绘。再比如，明代中晚期戏曲尤其是昆曲的发展直接得益于明代中晚期园林文化的发展。明代中晚期戏曲艺术发展的一个重要变化是戏曲艺术的日益小众化。在"华堂、青楼、名园、水亭、云阁、画舫、花下、柳边"顾曲观剧是文人雅士闲雅生活的选择。戏曲本来是源自民间的大众艺术，多是在城市的勾栏瓦舍表演，明代中晚期私人园林成为戏曲表演的主要场所，文人成为主要的创作人群，这都直接促成了戏曲艺术格局的变化，元代兴盛一时的杂剧逐渐衰微，更能够体现文人审美趋向的传奇兴起发展。明代中晚期是四大声腔的成熟期，其中高度雅化的昆曲和园林文化结合，成为明代中晚期戏曲文化的一枝独秀。由于昆曲主要在私家园林的厅堂或水榭楼阁中表演，其受众主要是文人雅士，其审美风格自然是越发细腻绵长。

　　明代中晚期休闲文化对整个文学文化的意义不仅是在戏曲这一文学艺术形式上，其发展对于整个明代中晚期文化格局的变化都具有重要意义。明代中晚期休闲文化走的是中间路线，其文化市场既是区别于宋代的大雅，也不同于清代的大俗，而是雅俗兼容，传统的雅文学和新兴的通俗文学各擅胜场。以书画艺术来说，明代中晚期是文人画发展的兴盛期，以董其昌为代表的"松江派"更是将元代的文人画传统推到高峰。同时因为文化市场的商业化发展和雅文化的普世化发展，版画和年画市场吸引了大批有才华的文人画家，极大提升了民间文化的品位。雅俗文化格局的变动，极大丰富了文化市场的种类和内容，加深和促进了雅俗文化的融合发展，在文化受众的变化和拓展上意义重大。文化受众更多的从上层贵族拓展到了下层民众，民俗民情成为文化艺术的重要表现对象。

　　明代中晚期文学的重要发展与变革和休闲文化的发展也是息息相关。比如园林休闲文化的发展，直接影响和催生了明代中晚期戏曲、诗词、歌舞、书画等人文景象。更为重要的是，明代中晚期休闲文化中的游戏精神使得文学和艺术作为游戏和休闲生活本身成为享乐文化的重要组成部分,客观上促进了文学艺术本身的发展,并且对文学艺术的转型有着重要意义,包括小说、戏曲艺术的成熟、工艺美术的高度发达、文人书画审美风格的转型等。

明代中晚期休闲文化的发展能够推动文学艺术的发展,其重要原因在于文学艺术本身是休闲的对象和目的,休闲不是简单的物质消费,其本身是文化创造的一部分,所以说休闲方式的选择和审美方向是很重要的,现代社会是一个休闲的社会,但是我们的文化艺术并没有达到明代中晚期的辉煌成就,流行文化在审美境界上普遍低俗化,使得文化本身的品格难以得到提升,对比明代中晚期休闲文化的发展,我们有必要对当代休闲文化进行反思。

首先休闲文化的发展对于打破不同群体间的壁垒有积极意义,尤其是不同阶级、阶层间的差异关系常常会在休闲文化的发展中被削弱。比如"善为新声,人皆爱之。其始不过供宴剧,而其后则诸豪胥奸吏席间非子玠不欢,缙绅贵人皆倒屣迎,出入必肩舆"①,这说的是明季著名的昆曲演员王紫稼在当时受欢迎的程度。明代初年实行"衣冠之治",在衣食住行上都有着严格的规定,对人们休闲生活的规格是有严格的限制的,轿子的乘坐是有严格的等级规范,晚明由于戏曲艺术的发展,在休闲娱乐的狂欢中,人们对等级和身份的认知界限显然变得模糊。这在当时不是个别现象,应该说是一个普遍现象。在休闲文化中,由于共同的爱好,等级和身份的界限常常被打破。时人有描述,"生旦丑净兼末外,曼声阔口随分派。有时主仆或倒呼,不然叔侄同交拜"②,甚至大家闺秀居然破天荒地可以在公开场合于男士面前度曲、客串:"郡中某家,有三妹,皆能吹箫度曲,杂优童中,奏梨园伎,

----

① 沈云龙辑:《明清史料汇编》,(台北)文海出版社 1971 年版,第 35 页。
② (清)袁学澜:《吴郡岁华纪丽》,江苏古籍出版社 1998 年版,第 385 页。

客皆得观之。"①

　　明代文人对休闲文化生活的重视和经营，对生活的美学营造，由此衍生出来的女性想象和情感活动，虽然没有向现代的男女平等方向发展，但是在特定范围里面，女性被作为具有一定对等意义上的对话对象，尤其是在家庭休闲生活的范围里面，女性成为主角，成为文人情感观照的对象，尤其是成为可以共同开展艺术化生活的伴侣。虽然这谈不上是女性的独立，但是其在某种意义上的文化创新意义还是存在的。明代文人至少开创了一个新的看待女性的视角，即使女性仍然是一个抽象化的被美化的文化符号，但是它毕竟延展出来了有别传统的男女情感模式，从历史的角度来看，还是具有重大的社会文化价值。大概来说，女性形象包括三个层次：一是女性作为肉欲的对象；二是女性本身成为审美的对象，被抽象化为美感元素；三是女性被视为艺术生活的一部分，被视为解语花和情感对话的对象。明代中叶以后，随着城市生活的繁荣，这三个层面的内容互相交错，开掘出极为丰富的情色文化，关于女性的文化想象有诸如《金瓶梅》中着眼于肉欲层面的，也有才子佳人小说中对女性才色情的想象，还有文人小品中美人相伴而生的艺术生活的建构。正是有了明代休闲文化对女性形象的丰富想象，才有后世《红楼梦》中众多个性鲜明的女性形象。宝玉的不分阶层，喜欢与女子对话交流的思想，也可以说是晚明休闲文化中女性观发展的重要成果。

二　美学影响与意义

　　明代中晚期是中国古代休闲文化发展的集大成期，也是古典休闲文化向近代的转型期。总体上来说，明代中晚期的休闲文化

---

① （明）叶绍袁袁：《甲行日注》卷三，岳麓书社 2016 年版。

在审美上体现了雅俗兼容的综合性审美。对于有着一定经济实力的文人士大夫来说，自然在休闲文化中为了显示社会文化地位，要维护文化和审美趣味的正统和纯洁性，他们将生活的每一个细节都审美化。值得注意的是，尽管在休闲生活中他们追求的是"闲"的意境，但是休闲首先是一个物质消费行为，是建立在一定物质基础上的，要维持文人的优雅生活，和商业、市场的结合在所难免，尤其是晚明文人的各种嗜癖行为，使得他们在物质上展示出强烈的占有欲望，使得传统雅文化难逃商品文化的影响。而心学更是在理论上实现了儒家的世俗化方向，其中李贽和公安三袁在生活美学上走得更远。李贽在日用伦理中寻找生命的意义，袁宏道以快乐主义和个体欲望的伸展来定义生命的价值。休闲文化的极大发展，可以说是重新定义了精神和物质的关系问题，面对一个物质欲望极度膨胀的社会，传统的儒家和道家对物质消费的压制都显得过时，晚明文人更关心的是对欲望的释放。正是由于休闲文化的生活化和世俗化发展，传统的文人审美有了不一样的意趣。

对于拥有雄厚经济实力的商人阶层来说，在休闲文化的方式和审美趣味上向文人阶层学习和模仿是必然的，虽然不能在内涵和气质上一蹴而就，至少首先可以从形式上达到目标，所以在文人传统休闲文化的各个层面都有商人的身影。大量资金的流入自然会催生休闲文化市场的发展，同时也为处在经济和政治底部的下层文人提供了治生之道。休闲文化的公共平台性质也是士商彼此交往的重要地方，明代中晚期由于士商在休闲文化各个层面上的密切联系，在审美取向上，虽然上层文人在休闲文化方式上有通过生活化审美来区隔阶层的目的在里面，但是由于彼此对物质欲望和现世生活的热爱，消费文化的逻辑可以说是连接和沟通不同阶层之间审美趣味的重要桥梁，这是晚明审美文化发人深思的地方，下层文人由于在经济和地位上处于不利位置，往往充当了文化中介的角色。

明代中晚期休闲文化思潮，体现了文人人生价值的重大转折。明代中晚期文人在休闲文化发展中展示的生活美学，体现了明代中晚期文人对生命价值和意义的具有近代意义的认识，这是对中国传统美学的重要贡献。在关于休闲文化的思考中，文人或是直接或是间接展示了对休闲和自由、公共和私人领域，对人的身体性思考以及形而上的境界思考，对休闲文化在自我实现和超越方面的价值思考，对传统美学的发展有着重要的充实意义。明代中晚期文人休闲活动中展示出丰富的审美元素，对传统美学的建设和发展具有重要贡献。而对于休闲文化的审美意义的探究是区别积极的闲暇和消极的享乐的重要依据。美学贡献可以说是休闲文化对明代中晚期文化发展的重要贡献，对明代中晚期文化中休闲意义的探究，不仅是对传统美学范畴的丰富，同时对现代休闲文化的发展有着重要的借鉴意义。

从审美实践上来说，明代中晚期休闲文化的高度发达，使得明代中晚期文人在日常生活中呈现出趋于极致的艺术化审美风貌。有闲阶层对生活的质量和品质越来越重视，在日常生活中注重生活的品位和审美情趣的营造。明代中晚期人在玩乐上可谓是达到了极致，生活本身变成了一种艺术，关于这一点，在园林文化和清赏文化两章中都有比较详细的描述，尤其是像书画、清玩、古董等本来在传统休闲文化活动中应该是日常生活之外的，是传统雅文化的审美对象，但是由于文人对生活的审美化追求的普泛化，这些也成为流行时尚的一部分。就是普通市民对生活的追求也体现出精致化的趋向，这在明代中晚期市民观灯、听曲、过节等的记载中可以窥见一二。明代中晚期对生活本身意义的重视，是将生活本身作为审美的对象，即使是在今天，对于高度发达状态下的都市文明来说，也具有重要的借鉴意义。

明代中叶以来，由于商业文化和市民文化的发达，尤其是印刷文化发达带来的资讯发达，对传统的雅文化的冲击，带来了区别于传统的流行文化，尤其是大量夹杂商业元素的文化产品，包括通俗文学、园林、清玩古董、版画等都是市场交易的热门商品，尤其是刻版技术的发达和出版市场的高度市场化，使得文化以及品位可以被大量复制，过去与现在、雅与俗等过去泾渭分明的审美风格可以被随意地拼接组合，对历史和风格的随意改变和组合，势必会造成深度的缺乏、历史情感的消退，而这种拼接和组合的方式，或隐或显的是对当代美学意义的呼应。

三　社会风气影响

"闲"在文化指向上，有两种维度，一是"防闲去蔽"，这是从现实生存的角度来说，主要是通过对政治的疏离来安身立命；二是闲适和闲静，"闲"是道德和审美境界的修习，是精神的价值所在，包括对正统伦理和文化的疏离。张法将休闲分为"士人的休闲"和"富贵的休闲"，两者的区别在于一个是心灵上的，一个是物质享受上的，前者是审美，后者是纵欲。胡伟希认为中国的休闲哲学是通过休闲来认识"生命存在的价值和意义"（胡伟希《中国休闲哲学的特质及其展开》）。苏状指出："明清文人的心灵浸染在日常意识之中，心的道德超越意义变得不像唐宋文人那般明显。比如玩物适情一直是明代中晚期清玩文化的主题，这和儒家的比德观念是合拍的，儒家的比德传统，使得文人总是在玩物上寄托或者是寻找道德伦理价值。"（苏状《"闲"与中国古代文人的审美人生》）明代中晚期休闲文化的发展正是如此，在休闲文化生活中，文人对道德伦理的坚持被认为是区别于世俗文化的重要方面。这与西方休闲有着不同的出发点，中国人将休闲本身作为人的自然性的一部分，强调要"以道制欲"；西方休闲学视其为人的神圣权力，是"快乐"的源泉，必须加以肯定。

　　休闲文化的发展不能绕开其物质基础。对于先秦儒道两家来说，道家是主张寡欲甚至是无欲，儒家主张用礼仪和等级来节制欲望。明代中晚期是一个物质文化极大丰富的社会，适逢个性解放思潮的发展，尤其是对个体欲望的解禁甚至是放纵，使得整个社会风尚都趋向奢靡，这就不得不涉及对这样一个极度膨胀的物欲的认识问题。明代中晚期的休闲文化发展中一直存在着这样一个精神和物质的平衡和斗争的问题，在审美上主要体现为雅俗之间的嬗变上。

　　明代中晚期文人在物质享受上的膨胀，常常是在借物怡情的审美名目下。明代中晚期在物质文化的丰富和奢靡上同样突出。对于物质欲望的膨胀带来的诸多问题，明代中晚期文人自己就已经有所认识，陈继儒就谈到清玩文化的局限："予寡嗜，顾性独嗜法书名画，及三代秦汉彝器瑗璧之属，以为极乐国在是。然得之于目而贮之心，每或废寝食不去思，则又翻成清净苦海矣。"①可以说极乐和苦海是物欲的两面，既可以让人借物怡情，也可以叫人沉沦其中，不可自拔。园林戏曲、清玩古物在成为文人安身立命所在后，"闲"本身成为审美的价值来源以后，人可能会陷入欲望的泥潭，也就是陈继儒所说的"清净苦海"。

　　对于这个问题，阳明心学有密切关注。王阳明提出"致良知"一说，"良知"如果不在经书典籍中，而在于一己之心，就

---

① （明）陈继儒：《妮古录》，华东师范大学出版社 2011 年版，第 1 页。

要听从本心去安顿生命。在明代中晚期商品文化发达、社会风气不良的情况下，所谓的"听从本心"很容易变成纵情任性。阳明后学王艮、王畿等人融通儒家和禅宗，以禅宗的顿悟来解释良知，以为"当下即是，眼前具足"。① 李贽更进一步将生命的价值追问定位在现世："凡为学者，皆为穷究自己生死根因，探讨自家性命下落。"（李贽《答马历山》，《焚书·续焚书》）所谓自家性命不在形而上的玄思，而存在人的现世生活。对当下的重视，使得李贽将生活的目的归结为"为己"和"自适"。"公安三袁"对人生之乐的描述多是用"狂""极""穷""谑"等带有强烈情感色彩的词语。袁宗道将"狂饮"和"谑谈"视为"人间第一乐事"（袁宗道《答陈徽州正甫》，《白苏斋类集》卷十五），袁中道说："四时递推迁，时光亦何远。人生贵适意，胡乃自局促。欢娱即欢娱，声色穷情欲。"［袁中道《咏怀》，《珂雪斋集》（上）卷二］。可以说无论是在理论上还是在生活实践上，袁氏兄弟的快乐主义哲学对晚明休闲文化审美思潮的影响相当深刻。晚明文人在物质主义和唯美主义的道路上可以说是走得太远，已经偏离了王阳明当初希望借助"良知"和"本心"来根除功名利禄之心的本意。

另外，明代中晚期高度发达的休闲文化结果之一还在于催生了奢靡的社会图景。这一文化盛景并不完全是文化本身自然发展的结果，在很大程度上可以说是商业文明和市场操控的结果。所以当时就有人指出，"文至今日可谓极盛，……可谓极蔽"②，所谓"极盛下的极蔽"，说的就是在文人闲雅至极的审美生活背后是道德的沦丧、政治上的弊政丛生、艺术上的粗浅鄙俗等。历史

---

① 转引自钱穆《略论王学流变》，生活·读书·新知三联书店2009年版，第169页。
② （明）于慎行：《谷山笔麈》卷八，中华书局1994年版，第86页。

没有给明代文人更多的思考时间来反思和探究，明朝的穷奢极欲最终将其引向覆灭。当然明朝的灭亡不能简单地归结为休闲文化的不良发展上，但是明代中晚期以消费和享乐为宗旨的休闲文化美学，其中虽然体现了人的自然诉求，由于没有相应的节制和制衡，难以避免走向"极蔽"的状态。晚明盛大的物质文化图景最终在明末清初的历史更替中消弭，往昔的盛景大多成为文人凭吊昔日生活的象征，王夫之《杂物赞·小序》中就有写道："雨坐无绪，念平生风物，或时已灭裂，或人间尚有，而荒山不得邂逅，各为叙其原委而赞之。诸有当于大制作者不与。感其一叶，则摇落可知已。"[1]

明代中晚期休闲文化的影响和意义可以说是泥沙俱下，我们不能忽视休闲文化的繁荣对民间文化生活的丰富以及对相关行业的兴盛有着重要意义，但是也要看到晚明休闲文化展现出来的奢靡之习的负面影响，这不仅仅是休闲文化在发展过程中存在的问题，同时和人们参与休闲文化的某些行为方式有关，也就是说，休闲文化释放和反映了人们正常的审美文化需求，同时也刺激了过度的欲望和需求，因为官僚的奢靡生活成本大多会转嫁给下层人民，从而加重了这一时期的政治经济危机。对于文人来说，当"闲"被看作文人的本体价值所在后，文人之心自然少有在民生疾苦上。而过度的笙歌燕舞，也使得文人的政治责任心几乎可以说是没有，所以顾炎武会说："今日士大夫才任一官，即以教戏唱曲为事，官方民隐，置之不讲，国安得不亡，身安得不败。"[2]万历十六年（1588）"因直、浙水灾"，朝廷遣派给事中杨文举赈济，而"文举乘楼船，拥优伶"。屠隆在游历了江南后感叹："余

---

[1] （清）王夫之：《姜斋文集》卷九，中华书局 2006 年版，第 95 页。

[2] （明末清初）顾炎武：《日知录》卷十三，上海古籍出版社 1985 年版，第 67 页。

见士大夫居乡","广亭榭，置器玩，多僮奴，饰歌舞。"① 编辑
《吴诗集览》的靳荣藩说："有明兴亡，俱在江南，固声名文物之
地，财赋政事之区也。梅村追言其好，宜举远者大者，而十八首
中止及嬉戏之具、市肆之盛、声色之娱，皆所谓足供儿女之戏
者，何欤？盖南渡之时，上下嬉游，陈卧子谓其'清歌漏舟之
中，痛饮焚屋之内'，梅村亲见其事，故直笔书之，以代长言咏
叹，十八首皆诗史也。"②

　　晚明文人集团的糜烂在苟安江左后依然如故："闻守江诸将
日置酒唱戏，歌吹声连百余里。"马克思说："古代国家灭亡的标
志不是生产过剩，而是达到骇人听闻和荒诞无稽程度的消费过度
和疯狂消费。"③ 明代最后的覆灭和晚明奢靡的社会习气有着密切
关系。休闲文化的发展是社会进步的标志，但是如果没有对它的
正确引导，也会流弊横生。

　　当然，任何一种文化都不会是完美无缺的，同样明代中晚期
休闲文化发展中还是存在着不少问题，我们必须批判地看待其发
展。无论如何，明代中晚期休闲文化体现了积极正面的审美价
值，虽然在物质上的过度消费使得明代中晚期休闲文化有着奢靡
之气，但是其中展示的人文主义精神具有进步意义，值得当代文
化继承和发扬。

四　明代中晚期休闲文化的当代观照

　　万历通常被认为是明代文化转型的重要时期。万历以后，王

　　① （明）屠隆：《鸿苞》卷21"清秽"，《四库全书存目丛书集部》第89册，齐鲁
书社1996年版。
　　② （清）吴伟业著，靳荣藩集注：《吴诗集览》，台北：台湾"中央"书局1982年
版，第5页。
　　③ 《马克思恩格斯全集》第46卷上，人民出版社1979年版，第424页。

道不振，思潮解放带来的异端横行，明代中晚期的休闲文化发展呈现出前所未有的景观，其中休闲文化是推动整个社会发展方向的重要力量，如果我们以当代的眼光来审视这一时期的休闲文化的审美意识，将是一件很有意思的事情。

首先是审美上的反拨和颠覆。

当代社会最著名的社会思潮是后现代主义的兴起。关于后现代主义的特征，利奥塔在《后现代主义状况》对后现代的定义着眼在对"元叙事的不信任"，所谓"元叙事"，是指古典主义的"真理"。解构和质疑是后现代主义的基本特征，后现代不再对超越和传统感兴趣，对后现代主义者来说，用庸常来对应崇高，以形而下的日常来对抗形而上的理想是有必要的。反观明代中晚期，反拨和颠覆也是明代中晚期休闲文化的重要主题。比如复古和新变一直是明代中晚期文学思潮变动的主线，到了晚明，主张变革的"公安三袁"代表了明代中晚期文学的主要方向。小品文在内容和体裁上解放，信手拈来、无拘无束的自由作风就是这一思潮的最集中的体现。边缘的市民艺术的勃兴开始极大动摇传统诗文的地位，艺术在逐渐远离经世致用的功利美学，生活渐渐成为艺术的主题。

其次是情之为主体。

客观来说，传统的儒家审美不排斥情感，但是情感必须被礼教节制，要中庸，要克己复礼。明代中晚期情教的重要意义在于情感的自然原始魅力得到重视。在明代中晚期审美中，充分展示了对情感本身价值的追求，而休闲文化场域的热闹，很大程度上得益情爱主题的盛放。情爱是休闲文学的主要内容。情爱可以说在休闲文学中，才真正恢复到真实的世界和自由的状态中来。对情爱和欲望的解放，使得晚明出现了大量的所谓"市井艳词"，真正可以说是对声色情爱的纯粹描写刻画。

明代中晚期存在大量对情爱文化的形而下的追求，以一种近乎粗野的力量冲击和完成了对传统诗教的颠覆和反拨。爱情至上甚至有相当一部分被视为淫秽的篇什公然粉墨登场。这种趣味只属于特定时期在特定状态下的特殊受众，受众文化圈的变更导致了文化的转型。明代中期以后，社会面临着这样一个转型的情况下，一味追求道德和礼仪的正统文化和时代的审美期待之间自然有着不太和谐的地方，而一直和文人文化有着密切联系的各种休闲文化可以说是和当时社会心态最为契合的，尤其是在晚明新思潮发展中，"闲"是最能够展示自由精神和思想解放的审美心态，而且由于明代中晚期个性解放思潮对文人道德和身体的解放，其更加体现出末世狂欢的特点。

休闲文化的受众在明代中晚期发生了很大变化，休闲文化的主要受众还是文人，当时明代中晚期文人在很大程度上可以说已经成为市民阶层的一部分，休闲文化受众群的变化，使得社会审美心理也发生了变化，从而产生了特定意义上的社会期待，明代中晚期休闲文化对传统审美文化的变革是对受众群体变化的响应和契合，而这种响应由于和时代心理的吻合，而成为社会流行文化的代表。我们前面讲过，中国传统文化并不是缺少情感，而是缺少被充分释放的情感，这一问题在明代中晚期休闲文化发展中得到一定程度缓解。明代中晚期是一个纵情狂欢的时代，文人休闲文化的内容和前人相比，变化并不大，重要区别之一在于投入的热烈与强度，明代中晚期的名士多以"痴"和"狂"著称，关于明代中晚期文人对痴癖文化的热爱和推崇我们在前面几章都先后谈到这个问题。

明代中晚期是古代休闲文化发展的重要时期。休闲文化在精英文化的雅趣之外，融合市民文化的世俗趣味，变得更加自由活泼，更注重趣味性和通俗性。城市的平民阶层正在成长为休闲文化的主体，人们在休闲文化的审美价值上更倾向于追求对个体生命本身的装饰和养护，休闲的品格也是一个消费文化的问题。金钱和物质的介入催化了当时奢靡的社会风气，人们在休闲文化方式和价值观念上的变化体现了当时文人阶层和新兴市民阶层的审美价值变动。社会的审美心理趋向于复杂化和多元化：炫耀、求新、求奇、逆反等同时并存。休闲文化体现个人和社会的审美趋向，和传统农业文化培养出来的审美趣味不同的是，明代中叶以后领导社会时尚的是多元化的城市文化。

明代中晚期是一个特别的时代，早期统治者在文化上的禁锢和中叶以后的放纵使得明代文化呈现出两个不同的方向。休闲文化的发展也是，它在推动明代中晚期文化自觉和独立化发展的道路上意义重大，同时也有着显而易见的弊端，比如和商业的过度接近，使得明代中晚期文化中不乏鄙俗市侩之气；过度重视个体在物质和感官欲望上的私密体验，使得其审美趣味难以得到提升。把怡情养性作为人生价值的终极指向，最后可能只能成为文人逃避现实的遮羞布。明代中晚期休闲文化在个体意义上的矫枉过正，可能变成文人打开欲望闸门的借口，如果没有一定的反思和节制，其精神标榜可能沦为表演和形式。

建立一个和谐健康的现代休闲文化是当今文化建设的目标之一，休闲的价值和意义自然是不能忽视。明代中晚期的休闲文化虽然距离今天已经比较远，但是其发生形态和其中体现出来的审美特质在今天的文化建设中还是具有很好的借鉴价值。明代中晚期休闲文化的发展可以说和我们今天的文化发展一样，鱼龙混杂、泥沙俱下，如何对休闲文化进行正确的引导和提升，对于当代文化的良性发展具有重要意义。对于休闲文化中存在的不良因素，必须加以纠正，否则会带来种种不好的结果。这里文化精英对于休闲的价值引导作用具有重要意义，传播健康、有意义的休闲审美理念对于整个社会文明的发展具有现实意义。充分的休闲空间的保障和发展是社会和谐发展的重要基础，如何用充实的内容、富有创新和向上的文化成果丰富社会的休闲文化，寓教于乐，推动社会的和谐与进步，相信应该成为我们研究休闲文化的重要目的。

参考文献

一 古代文献

1. （唐）白居易著，朱金城笺校：《白居易集笺校》，上海古籍出版社 1988 年版。

2. （明）陈继儒：《太平清话》，商务印书馆 1936 年版。

3. （明）陈继儒：《陈眉公先生全集》，崇祯年间刻本。

4. （明）陈继儒：《妮古录》，华东师范大学出版社 2011 年版。

5. （明）陈贞慧：《秋园杂佩》，商务印书馆 1936 年版。

6. （明）董其昌：《画禅室随笔》，山东画报出版社 2007 年版。

7. （明）冯梦龙：《冯梦龙全集》，江苏古籍出版社 1993 年版。

8. （明）范濂：《云间据目钞》，《笔记小说大观》，广陵古籍刻印社 1983 年版。

9. （明）高濂：《遵生八笺》，巴蜀书社 1985 年版。

10. （明末清初）顾炎武：《日知录》，上海古籍出版社 1985 年版。

11. （明末清初）顾炎武：《顾亭林诗文集》，中华书局 1983 年版。

12. （明）顾起元：《客座赘语》，中华书局 1987 年版。

13. （明）管志道：《从先维俗议》，海南出版社 2001 年版。

14. （明）归庄：《归庄集》，上海古籍出版社 2001 年版。

15. （明）归有光：《归先生文集》，四库全书存目丛书本。

16. （明）胡应麟：《少室山房笔丛》，中华书局1958年版。

17. （明）胡应麟：《诗薮》，上海古籍出版社1979年版。

18. （明）何良俊：《四友斋丛说》，中华书局1997年版。

19. （明）何良俊：《曲论》，《中国古典戏曲论著集成》，中国戏剧出版社1959年版。

20. （明）黄省曾：《吴风录》，《吴中小志丛刊》，广陵古籍刻印社2004年版。

21. （明末清初）黄宗羲：《明儒学案》，中华书局2008年版。

22. （明）华淑：《闲情小品二十七种》，明刻本。

23. （明）焦竑：《焦氏澹园集》，（台北）伟文图书公司1977年版。

24. （南朝梁）刘勰：《文心雕龙》，人民文学出版社1981年版。

25. （明）陆绍珩：《醉古堂剑扫》，岳麓书社2003年版。

26. （明）李贽：《焚书》，中华书局1975年版。

27. （明）李贽：《李贽全集》，中华书局2009年版。

28. （明）李维桢：《大泌山房集》，齐鲁书社1997年版。

29. （明）李开先著，卜键笺校：《李开先全集》，文化艺术出版社2004年版。

30. （明）李流芳：《檀园集》，上海古籍出版社1982年版。

31. （清）李渔：《闲情偶寄》，中华书局2009年版。

32. （清）李渔：《李渔全集》，浙江古籍出版社1991年版。

33. （明）李梦阳：《空同集》，影印文渊阁四库全书本。

34. （明）茅坤著，张大芝、张梦新点校：《茅坤集》，浙江古籍出版社1993年版。

35. （明）孟称舜：《古今名剧合选》，齐鲁书社1989年版。

36. （明）祁彪佳：《远山堂文稿》，上海古籍出版社2002年版。

37.（明）祁彪佳：《祁彪佳文稿》，北京图书出版社 1991 年版。

38.（清）钱泳：《履园丛话》，中华书局 1997 年版。

39.（明末清初）钱谦益：《列朝诗集小传》，上海古籍出版社 1983 年版。

40.（明末清初）钱谦益著，钱曾笺校，钱仲联标校：《牧斋初学集》，上海古籍出版社 2009 年版。

41.（明）唐寅：《唐伯虎全集》，中国书店出版社 1985 年版。

42.（明）沈德符：《万历野获编》，中华书局 2012 年版。

43.（明）沈周：《石田诗选》，（台北）台湾商务印书馆 1986 年版。

44.（明）申时行等：《万历明会典》，中华书局 1989 年版。

45.（清）宋起凤：《稗说》，江苏人民出版社 1982 年版。

46.（明）屠隆：《考槃余事》，中华书局 1985 年版。

47.（明）屠隆：《白榆集》，《续修四库全书》，上海古籍出版社 2002 年版。

48.（明）屠隆：《婆罗馆清言》，中华书局 2008 年版。

49.（明）汤显祖著，徐朔方笺校：《汤显祖诗文集》，上海古籍出版社 1982 年版。

50.（明）文徵明：《甫田集》，西泠印社出版社 2012 年版。

51.（明）文徵明著，周道振辑校：《文徵明集》，上海古籍出版社 1987 年版。

52.（明）文震亨著，陈植校注：《长物志校注》，江苏科学技术出版社 1984 年版。

53.（明）汪道昆：《太函集》，黄山书社 2004 年版。

54.（明）谢肇淛：《五杂俎》，上海书店出版社 2009 年版。

55.（明）徐渭：《徐渭文集》，中华书局 1983 年版。

56. （明）徐复祚：《曲论》，《中国古典戏曲论著集成》，中国戏剧出版社 1959 年版。

57. （明）袁宏道：《袁中郎全集》，上海古籍出版社 1981 年版。

58. （明）袁宏道著，钱伯城笺校：《袁宏道集笺校》，上海古籍出版社 1981 年版。

59. （明）袁中道：《珂雪斋集》，上海古籍出版社 1989 年版。

60. （明）叶盛：《水东日记》，中华书局 1980 年版。

61. （清）严可均辑：《全梁文》，商务印书馆 1999 年版。

62. （清）叶梦珠撰，来新夏点校：《阅世编》，上海古籍出版社 1981 年版。

63. （明）叶盛：《水东日记》，中华书局 1980 年版。

64. （明）姚广孝等修：《明太祖实录》，台北中央研究院历史语言研究所 1962 年校印本。

65. （清）永瑢、纪昀等修：《四库全书总目提要》，中华书局 1965 年版。

66. （明）张岱：《琅嬛文集》，岳麓书社 1985 年版。

67. （清）张廷玉等：《明史》，中华书局 1974 年版。

68. （明）王锜：《寓圃杂记》，中华书局 1984 年版。

69. （明）王士性：《王士性地理书三种》，上海古籍出版社 1993 年版。

70. （明）王思任：《王季重杂著》，（台北）伟文图书出版社 1977 年影印本。

71. （明）王守仁著，吴光等编校：《王阳明全集》，上海古籍出版社 1992 年版。

72. （明）王骥德：《曲律》，湖南人民出版社 1983 年版。

73. （清）赵翼著，王树民校证：《廿二史札记校证》，中华书局

1984 年版。

74. （汉）郑玄注，（唐）孔颖达疏：《礼记正义》，李学勤主编：《十三经注疏校点本》，北京大学出版社 1999 年版。

75. （宋）朱熹：《四书章句集注》，上海古籍出版社 2001 年版。

76. （宋）朱熹：《朱子语类》，中华书局 1986 年版。

77. （明）张瀚：《松窗梦语》，上海古籍出版社 1986 年版。

78. （清）张潮：《幽梦影》，江苏古籍出版社 2001 年版。

79. （明）张居正：《张太岳集》，上海古籍出版社 1984 年版。

80. （明）张岱著，蔡镇楚注译：《陶庵梦忆》，岳麓书社 2003 年版。

81. （明）紫柏著，曹越主编：《紫柏老人集》卷九，北京图书馆出版社 2005 年版。

82. （明）周应治：《笔记小说大观》，广陵古籍刻印社 1983 年版。

二　今人著作

1. ［英］彼得·伯克：《知识社会史》，贾士衡译，（台北）麦田出版社 2003 年版。

2. ［法］波德里亚：《消费社会》，刘成富、金志钢译，南开大学出版社 2000 年版。

3. ［加拿大］卜正明：《纵乐的困惑：明代的商业与文化》，方骏、王秀丽、罗天佑译，方骏校，生活·读书·新知三联书店 2004 年版。

4. 陈宝良：《明代社会生活史》，中国社会科学出版社 2004 年版。

5. 陈宝良：《中国的社与会》，浙江人民出版社 1996 年版。

6. 陈垣：《明季滇黔佛教考》，河北教育出版社 2000 年版。

7. 陈江：《明代中后期的江南社会与社会生活》，上海社会科学院出版社 2006 年版。

8. ［日］大庭修：《江户时代日中秘话》，徐世虹译，中华书局 1997 年版。

9. 邓长风：《明清戏曲家考略》，上海古籍出版社 1994 年版。

10. 傅衣凌：《明代江南市民经济试探》，上海人民出版社 1957 年版。

11. 傅衣凌：《明清社会经济变迁论》，人民出版社 1989 年版。

12. 傅衣凌：《明清时代商人及商业资本》，人民出版社 1956 年版。

13. 冯友兰：《中国哲学简史》，北京大学出版社 1996 年版。

14. 冯天瑜主编：《文人雅言》，湖北教育出版社 1996 年版。

15. 樊树志：《晚明史》，复旦大学出版社 2003 年版。

16. 樊树志：《明清江南市镇探微》，复旦大学出版社 1990 年版。

17. ［英］费尔南·布罗代尔：《15 至 18 世纪的物质文明、经济和资本主义》，顾良译，生活·读书·新知三联书店 1997 年版。

18. ［美］凡勃伦：《有闲阶级论》，蔡受百译，商务印书馆 1964 年版。

19. 郭英德：《明清传奇戏曲文体研究》，商务印书馆 2000 年版。

20. 葛兆光：《中国思想史》，复旦大学出版社 2009 年版。

21. ［美］高居翰：《山外山：晚明绘画 1570—1644》，王嘉骥译，生活·读书·新知三联书店 2009 年版。

22. ［美］高居翰：《画家生涯：传统中国画家的生活与工作》，杨宗贤、马琳、邓伟权译，生活·读书·新知三联书店 2012 年版。

23. 龚鹏程：《晚明思潮》，商务印书馆 2005 年版。

24. ［美］克里斯多夫·爱丁顿：《休闲：一种转变的力量》，李一译，浙江大学出版社 2009 年版。

25. ［美］黄仁宇：《万历十五年》，中华书局 2006 年版。

26. 韩大成：《明代城市研究》，中华书局 2009 年版。

27. ［美］托马斯·古德尔、杰弗瑞·戈比：《人类思想史中的休闲》，成素梅、马惠娣、季斌、冯世梅译，云南人民出版社 2000 年版。

28. 嵇文甫：《晚明思想史论》，东方出版社 1996 年版。

29. 蒋孔阳：《蒋孔阳全集》，安徽教育出版社 1999 年版。

30. ［美］克里斯托弗·贝里：《奢侈的概念：概念及历史的探究》，江红译，上海人民出版社 2005 年版。

31. ［英］柯律格：《明代的图像与视觉性》，黄晓鹃译，北京大学出版社 2012 年版。

32. ［英］柯律格：《雅债：文徵明的社交性艺术》，刘宇珍等译，生活·读书·新知三联书店 2012 年版。

33. 李泽厚、刘纲纪主编：《中国美学史》，中国社会科学出版社 1984 年版。

34. 李泽厚：《古代思想史论》，人民出版社 1985 年版。

35. 李泽厚：《美的历程》，文物出版社 1981 年版。

36. 李泽厚：《华夏美学·美学四讲》，生活·读书·新知三联书店 2008 年版。

37. 李昌集：《中国古代曲学史》，华东师范大学出版社 2007 年版。

38. 刘石吉：《明清时代江南市镇研究》，中国社会科学出版社 1987 年版。

39. 刘大杰：《中国文学发展史》，上海人民出版社 1973 年版。

40. 刘绍瑾：《复古与复元古》，中国社会科学出版社 2001 年版。

41. 鲁迅：《鲁迅全集》，人民文学出版社 2005 年版。

42. 鲁迅：《中国小说史略》，上海古籍出版社 1998 年版。

43. 鲁枢元等主编：《文艺心理学大辞典》，湖北人民出版社 2001 年版。

44. 马慧娣：《休闲：人类美丽的精神家园》，云南人民出版社 2000 年版。

45. 孟森：《明清史讲义》，中华书局 1981 年版。

46. ［美］牟复礼、［英］崔瑞德：《剑桥明代中国史》，中国社会科学出版社 1992 年版。

47. 钱钟书：《写在人生边上》，中国社会科学出版社 1990 年版。

48. 钱穆：《晚学盲言》，广西师范大学出版社 2004 年版。

49. 吴存存：《明清社会性爱风气》，人民文学出版社 2000 年版。

50. 吴攀升等编著：《旅游美学》，浙江大学出版社 2006 年版。

51. 万明：《晚明社会变迁问题与研究》，商务印书馆 2005 年版。

52. 徐子方：《明杂剧史》，中华书局 2003 年版。

53. 谢国桢选编：《明代社会经济史料选编》，福建人民出版社 2004 年版。

54. 夏咸淳：《晚明士风与文学》，中国社会科学出版社 1994 年版。

55. 徐朔方：《明代文学史》，浙江大学出版社 2006 年版。

56. 尹恭弘：《小品高潮与晚明文化》，（香港）华文出版社 2001 年版。

57. 叶德辉：《书林清话》，复旦大学出版社 2008 年版。

58. 叶朗：《美学原理》，北京大学出版社 2009 年版。

59. ［美］余英时等：《中国历史转型时期的知识分子》，台北联经出版事业公司 1992 年版。

60. ［美］余英时：《中国近世宗教伦理与商人精神》，北京大学出版社 2006 年版。

61. ［美］余英时：《士与中国文化》，上海人民出版社 2003 年版。

62. ［美］杨晓山：《私人领域的变形》，文韬译，江苏人民出版社 2009 年版。

63. ［美］约翰·凯利：《走向自由：休闲社会学新论》，赵冉译，云南人民出版社 2000 年版。

64. ［美］约翰·凯利：《休闲导论》，王昭正译，（台北）品度有限公司 2003 年版。

65. ［德］约瑟夫·皮珀：《闲暇：文化的基础》，刘森尧译，新星出版社 2005 年版。

66. 周振鹤：《中国历史文化区域研究》，复旦大学出版社 1997 年版。

67. 周玉波编：《明代民歌集》，南京师范大学出版社 2009 年版。

68. 郑振铎：《中国文学研究》，人民文学出版社 2000 年版。

69. 郑振铎：《插图本中国文学史》，北京大学出版社 1999 年版。

70. 郑振铎：《中国古代木刻画史略》，上海书店出版社 2006 年版。

71. 张岱年：《中国哲学大纲》，中国社会科学出版社 1994 年版。

72. 张秀民著，韩琦增订：《中国印刷史》，浙江古籍出版社 2006 年版。

73. 赵园：《明清之际士大夫研究》，北京大学出版社 1999 年版。

74. 左东岭：《王学与中晚明士人心态》，人民文学出版社 2000 年版。

75. 张法：《中国美学史》，四川人民出版社 2006 年版。

76. 张维昭：《悖离与回归——晚明士人美学态度的现代观照》，凤凰出版社 2009 年版。

77. 王世襄：《中国画论研究》，生活·读书·新知三联书店 2013 年版。

78. 王镇远：《中国书法理论史》，上海古籍出版社 2013 年版。

79. 王朝闻：《美学概论》，人民出版社 1987 年版。

80. 王英：《晚明小品文总集选》，上海南强书局 1935 年版。

81. 左东岭：《李贽与晚明思潮》，人民文学出版社 2012 年版。

82. 周贻白：《中国戏剧史长编》，上海书店出版社 2004 年版。

三 期刊论文

1. 张秀民：《明代南京的印书》，《文物》1980 年第 11 期。

2. 衣俊卿：《日常生活批判刍议》，《哲学动态》1989 年第 4 期。

3. 吴承学：《晚明的清赏小品》，《古典文学知识》1996 年第 5 期。

4. 孟彭兴：《17 世纪江南社会之丕变及文人反应》，《史林》1998 年第 2 期。

5. 孙承志：《休闲哲学观思辩》，《社会科学家》1999 年第 4 期。

6. 魏怡：《论休闲文学》，《常德师范学院学报》（社会科学版）2000 年第 1 期。

7. 李伯重：《工业发展与城市变化：明中叶至清中叶的苏州》，《清史研究》2001 年第 3 期。

8. 陈宝良：《明代文人辨析》，《汉学研究》2001 年第 1 期。

9. 胡伟希：《中国休闲哲学的特质及其开展》，《湖南社会科学》2003 年第 6 期。

10. 徐放鸣、张玉勤：《全球化语境中的休闲文化研究》，《江苏社会科学》2004 年第 4 期。

11. 潘立勇：《西学"存在论"与中学"本体论"》，《江苏社会科学》2004 年第 4 期。

12. 陈盈盈：《中国传统文化中的休闲观念》，《自然辩证法研究》2004 年第 5 期。

13. 王鸿泰：《闲情雅致——明清间文人的生活经营与品赏文化》，《故宫学术季刊》2004 年第 9 期。

14. 张玉勤：《审美文化视野中的休闲》，《自然辩证法研究》2004

年第 10 期。

15. 黄兴：《论休闲美学的审美视角》，《成都大学学报》（社会科学版）2005 年第 1 期。

16. 张玉勤：《试论中国古代休闲的"境界"》，《广西社会科学》2005 年第 10 期。

17. 吴小龙：《试论中国隐逸传统对现代休闲文化的启示》，《浙江社会科学》2005 年第 6 期。

18. 潘立勇：《休闲与审美：自在生命的自由体验》，《浙江大学学报》（人文社会科学版）2005 年第 6 期。

19. 潘立勇：《"自得"与人生境界的审美超越——王阳明的人生境界论》，《文史哲》2005 年第 1 期。

20. 陈宝良：《明代社会风俗的历史转向》，《中州学刊》2005 年第 2 期。

21. 吴小龙：《试论中国隐逸传统对现代休闲文化的启示》，《浙江社会科学》2005 年第 6 期。

22. 潘立勇：《休闲、审美与和谐社会》，《杭州师范学院学报》（社会科学版）2006 年第 5 期。

23. 徐春林：《儒家休闲哲学初探》，《江西师范大学学报》（哲学社会科学版）2006 年第 3 期。

24. 吴功正：《明代游赏美学研究》，《湖南师范大学学报》（社会科学版）2006 年第 5 期。

25. 陈宝良：《从旅游观念看明代文人士大夫的闲暇生活》，《西南师范大学学报》（社会科学版）2006 年第 2 期。

26. 杨正文：《休闲理念辨析》，《浙江经济》2007 年第 5 期。

27. 俞香云：《在高雅与世俗之间对自由人格理想的追寻——晚明文人心态新论》，《北方论丛》2008 年第 6 期。

28. 刘士林：《江南文化与江南生活方式》，《绍兴文理学院学报》2008 年第 1 期。

29. 宋立中：《闲隐与雅致：明末清初江南士人鲜花鉴赏文化探论》，《复旦学报》（社会科学版）2010 年第 2 期。

30. 张法：《休闲与美学三题议》，《甘肃社会科学》2011 年第 4 期。

31. 吴树波、吴树堂：《佛教休闲思想初探》，《中国石油大学学报》（社会科学版）2011 年第 2 期。

32. 潘立勇、陆庆祥：《中国传统休闲审美哲学的现代解读》，《社会科学辑刊》2011 年第 4 期。

33. 李瑞豪：《且尽芳樽恋物华——明代的休闲器物》，《文史知识》2014 年第 6 期。

34. 赵强：《说"清福"：关于晚明士人生活美学的考察》，《清华大学学报》（社会科学版）2014 年第 4 期。

四 硕博论文

1. 吴潇：《晚明"杂志类"消闲文艺读物研究》，硕士学位论文，上海师范大学，2005 年。

2. 彭砺志：《尺牍书法：从形制到艺术》，博士学位论文，吉林大学，2006 年。

3. 苏状：《"闲"与中国古人的审美人生》，博士学位论文，复旦大学，2008 年。

4. 张志云：《礼制规范、时尚消费与社会变迁：明代服饰文化探微》，博士学位论文，华中师范大学，2008 年。

5. 王晓光：《晚明休闲文学研究》，博士学位论文，山东大学，2009 年。

6. 陆庆祥：《苏轼休闲审美思想研究》，博士学位论文，浙江大学，2010 年。

7. 张玉勤：《明刊戏曲插图本"语—图"互文研究》，博士学位论文，复旦大学，2011 年。

8. 董雁：《明清戏曲与园林文化研究》，博士学位论文，陕西师范大学，2012 年。

9. 胡晓旭：《明代木刻插图印刷史》，硕士学位论文，中国美术学院，2013 年。

10. 赵强：《"物"的崛起：晚明的生活时尚与审美风会》，博士学位论文，东北师范大学，2013 年。

11. 章辉：《南宋休闲文化及其美学意义》，博士学位论文，浙江大学，2013 年。

12. 王胜鹏：《明清时期江南戏曲消费与日常生活（1465—1820）》，博士学位论文，华中师范大学，2013 年。

索　引

后　记

　　本书以休闲美学为理论视野，以明代中晚期休闲审美意识作为考察对象，希望可以以古鉴今，对当代的休闲文化及其审美意识的发展有所借鉴。

　　首先，明代休闲审美意识是整个中国审美意识发展史上的重要转变期，时间主要集中在明代中期以后。作为明代文化史的一个重要组成部分，明代中晚期休闲文化及其审美意识发生转变和当时的政治经济变化密切相关。明代中晚期特殊的"两京格局"、集权统治及其后期逐渐失去控制是休闲文化及其审美意识发展流变的重要原因。经济上尤其是商品经济的发达为休闲文化的繁荣奠定了稳固的物质基础。城市文化和市民阶层的壮大是明代中晚期休闲文化发展的根基，"心学"及其后学的发展，推动异端思潮的兴起，对传统的伦理道德观提出挑战，奢靡的消费潮流使得明代初期严格的等级制度不能得到很好推行，逾礼越制逐渐成为一种常态，这对休闲文化的全面繁荣和审美意识的流变具有重要意义。

　　其次，明代中晚期休闲文化在继承前代文明发展的基础上开拓出属于自己时代的审美特征。对于"闲"这一审美范畴的认知从先秦开始，在儒家和道家那里就有不少关于"闲"这一审美范畴的思考。魏晋时期是休闲文化发展的重要时期，"闲"开始作为一个独立的审美范畴获得重视，各种休闲文化都得到发展，不过这一时期休闲文化主要是集中在上层阶级。唐、宋、元时期，尤其是宋代文化，一方面基本上确定了休闲文化的文人化方向，另一方面平民文化得到很大发展。明代中晚期继承和发展了宋代文化，并且在平民化道路上走得更远，概括来说，其表现在审美意识的深化、审美对象多元化、审美诉求的雅俗兼容等方面。本书特别选取了休闲文化中具有代表性的艺术、园林、清玩等三个部分，希望能够从具体的文化实践的发展上透视明代中晚期休闲文化的发展。其一，明代中晚期艺术文化的大发展，改变了中国古典艺术文化发展的格局，明代中晚期休闲文化借助发达的文化市场，艺术文化的受众得到前所未有的拓展。其二，园林休闲是明代中晚期休闲文化的重要场域。园林休闲具有公共休闲和私人休闲双重性质，明代中晚期私家园林的兴盛和发展，园林文化具有的综合性审美指向，极大丰富了明代中晚期人们的休闲文化生活。其三，在休闲文化实践上，文人多是偏好具有艺术审美气息的清玩文化，文人"玩物"的过程同时也是生活的审美化过程。艺术、园林、清玩文化借助商业和城市文化的力量，逐渐世俗化，其影响不仅集中在少数的上层文人阶层，而且在市民阶层中也是风靡一时，这对于明代中晚期审美意识的下沉具有重要意义。

总之，明代中晚期休闲文化发展及其审美意识流变具有重要意义。明代中晚期休闲文化及其审美意识的流变，一方面是当时社会时代精神的体现，另一方面具有重要的文化和美学上的影响和意义。结语部分同时对休闲审美意识影响下呈现的文化景象进行了反思。明代中晚期休闲文化的兴盛一方面是前代文化发展累积的结果，另一方面是明代商业和城市文化发展的结果，极盛的同时伴随着诸多危机，如欲望的泛滥化、艺术的粗浅化、形式上的同一性等，对比当今社会休闲文化的发展，同样的问题依然存在，以史为鉴，对明代中晚期休闲文化审美意识发展的辩证认识，希望可以对当今的文化建设有一个借鉴之用。

　　以上是对于拙作的一个总结，也是一个告别。回望这几年的学习和生活，推动我完成论文的是身边的恩师、亲人和同窗好友，其中特别是李天道教授多年的教诲和指导。先生为人谦和宽容，在专业上一丝不苟，真正让我知道什么是"学高为师，身正为范"。"登山始觉天高广，到海方知浪渺茫。"明代文化研究著述汗牛充栋，得幸先生学识渊博、眼界宽广，时时拨冗赐教，每遇难解之处，先生总是旁征博引、耐心讲解；历经三载，终成一文，对先生的感激之情不胜言表。衷心感谢四川师范大学钟仕伦、董志强、马正平等师长的传道授业解惑，他们传授的知识和他们的人格魅力让我终身受益，感谢师长们在开题时给予我诸多宝贵意见，让我受益良多。感谢同窗好友，多年相伴相随，我们共同分享了论文写作过程中的辛苦与快乐，不断的彼此鼓励让我们成为同欢喜共忧愁的挚友。感谢四川转化工大学的同事，他们在我学习期间给了我很大的支持和帮助。感谢我的家人，他们给予了我最大的支持和鼓励，让我可以专心学术和研究。感谢所有给予我帮助的老师和朋友。"别来十年学不厌，读破万卷诗愈美。"经由对明代休闲审美文化的相关整理工作，可以在明代丰富多彩的生活文化世界攀爬。当然，拙作的即将付梓也意味着另一种生活的开始，带着对美好生活的眷恋，我将在这条路上继续前进。

　　由于水平有限，本人在写作中有诸多疏漏和不足的地方，敬请学界前辈和同道批评指正。